前　言

随着电力行业的快速发展，配电自动化已成为保障电力供应的关键技术。2010 年以来，我们团队全程参与宁波电网配电自动化建设历程，一路见证宁波配电网智能化水平的飞跃式提升。宁波已建成国内领先的大型配电自动化系统，全市范围内上万座站点、八千余个架空开关完成数据接入，五千余条线路全面启用馈线自动化功能，实现电网拓扑全展示、设备状态全监测、配网故障全自愈，大幅提升宁波配网的供电可靠性。

配网发展日新月异，随着能源结构转型和分布式能源广泛接入，配电网正逐步从无源网络向有源网络演变，宁波配电网也面临新的挑战。我们深耕配电自动化技术，开展新的探索和实践，对过往经验进行总结归纳、提炼沉淀，编写此书。本书通过全面梳理和分析有源配电网的状态监测、故障处置以及精益管控等内容，深入剖析有源配电网下的配电自动化智能应用场景。我们期望此书为读者构建一个系统性、前瞻性的知识体系框架，进而激发行业内外对配电自动化智能技术创新的深度思考与广泛交流，使配电自动化技术在新型电力系统资源优化调节、故障快速处置、负荷精准预测、新能源高效响应等方面发挥更大作用。

本书在编写和审核过程中，得到公司各专业相关人员的鼎力支持，在此深表感谢！鉴于编写时间和人员水平有限，书中难免有疏漏、不妥或错误之处，恳请各位专家和读者提出宝贵意见。

感恩有你，共赴未来。

PEIDIAN ZIDONGHUA SHUZHI JIANSHE YU YINGYONG

配电自动化
数智建设与应用

国网浙江省电力有限公司宁波供电公司 编

中国电力出版社
CHINA ELECTRIC POWER PRESS

内 容 提 要

本教材以推动配电网向数智化转型为目标，全书共七章，主要包括数智化配电网、有源资源接入、运行状态监测、配网故障处置、数智配网应用、电网安全保障以及运维精益管控。

本教材适用于电气工程及其自动化、智能电网、信息工程等相关专业的本科生及研究生，也可作为电力行业从业者、智能电网技术研发人员、电网运维管理人员的培训教材和自学参考书，旨在培养读者在智能电网时代背景下，掌握配电网数智化转型的核心理论、关键技术及其实践应用能力。

图书在版编目（CIP）数据

配电自动化数智建设与应用 / 国网浙江省电力有限公司宁波供电公司编. -- 北京 : 中国电力出版社, 2025. 6. -- ISBN 978-7-5198-9781-9

Ⅰ. TM76

中国国家版本馆 CIP 数据核字第 2025E3N617 号

出版发行：中国电力出版社
地　　址：北京市东城区北京站西街 19 号（邮政编码 100005）
网　　址：http://www.cepp.sgcc.com.cn
责任编辑：雍志娟
责任校对：黄　蓓　张晨荻
装帧设计：郝晓燕
责任印制：石　雷

印　　刷：三河市万龙印装有限公司
版　　次：2025 年 6 月第一版
印　　次：2025 年 6 月北京第一次印刷
开　　本：710 毫米×1000 毫米　16 开本
印　　张：13.75
字　　数：239 千字
定　　价：100.00 元

目　录

第一章 数智化配电网

本章聚焦

- 了解电网资源业务中台的总体架构。
- 了解同源维护应用与电网资源业务中台架构关系。
- 掌握电网一张图的含义以及静态电网一张图的元素。

知识脉络

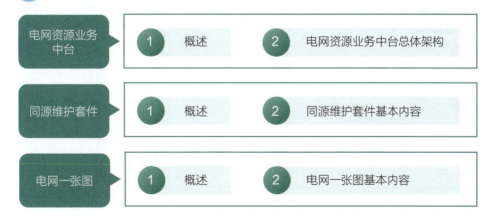

电网资源业务中台	1 概述	2 电网资源业务中台总体架构
同源维护套件	1 概述	2 同源维护套件基本内容
电网一张图	1 概述	2 电网一张图基本内容

第一节 概 述

配电网上承主网，下接万户，是电力供应的“最后一公里”，是新型电力系统主战场，承担“双碳减排”的重要角色。国家高度重视配电网的发展，2024年2月，国家发改委、能源局印发《关于新形势下配电网高质量发展的指导意见》，指导配电网进一步提质升级，支撑电力安全可靠供应和清洁低碳转型。7月25日，国家发展改革委、国家能源局、国家数据局联合印发《加快构建新型电力系统行动方案（2024—2027年）》，里面单独为配电网发展明确专项任务。8月2日，国家能源局关于印发《配电网高质量发展行动实施方案（2024—2027年）》，明确配电网重点任务，加速推进配电网高质量发展。

近年来，国网公司高度重视配电网的发展，紧扣形势，探索实践电网资源业务中台，夯实基础数据，完善电网一张图，深化“数据一个源、电网一张图、业务一条线”，不断落实数字中国建设、新型电力系统建设等国家战略部署，推动能源绿色清洁低碳转型、保障能源安全，纵深推进公司全业务、全环节数字化智能化转型。

❖测一测

1. 说一说配电网的作用。
2. 简述国网公司的数智化理念。

答案

1 配电网上承主网，下接万户，是电力供应的“最后一公里”，是新型电力系统主战场，承担“双碳减排”的重要角色。

2 数据一个源、电网一张图、业务一条线。

第二节　电网资源业务中台

一、概述

2018年底，国家电网有限公司已建成全面覆盖企业经营、电网运行和客户服务等业务领域的各层级系统应用，但在电网一张图及电网资源共享方面仍存在一些突出问题：一是缺乏统一的电网描述标准，各专业在“电网一张网”的应用需求、模型范围及建模方法等方面存在差异，导致跨专业共享与应用不畅；二是系统建设仍是“部门级”，多源维护、穿墙打洞导致的乱麻模式日益严重，电网一张图的构建、维护与管理存在不贯通、不一致、不及时与费时费力等弊端；三是以系统用户为导向的理念仍需加强，面向一线基层人员定制化、差异化、移动化需求的“电网一张图”应用支撑不足，导致工作效率低、体验差等问题。因此，国家电网有限公司提出建设标准统一、维护应用便捷的电网资源业务中台的工作要求。

2019 年 4 月 12 日，公司互联网部发布《国家电网有限公司 2019 年企业中台建设方案》，明确了企业中台建设的必要性、思路、目标和原则，并提出了企业中台建设的总体架构，部署了 2019 年的重点工作任务，明确把电网资源业务中台作为 2019 年三大类重点建设任务之一。国网公司设备部开展了营配调统一信息模型和电网资源业务中台框架设计集中攻关工作，形成了《电网资源业务中台建设方案》、模型设计、服务清单等一系列指导性成果，正式启动全面建设“企业级”的电网资源业务中台。

2020 年，国网设备部深入贯彻落实公司建设“具有中国特色国际领先的能源互联网企业”的战略目标，加快设备管理数字化转型、赋能电网建设运营的工作部署，遵循国网顶层设计和集中研发的成果，稳步推进配网侧深化、主网侧服务延伸和数据接入，全面深化中台建设，支撑系统中台化改造。2020 年 12 月配网、主网侧均建成并全面推广。

根据电网资源业务中台建设方案及相关工作要求，电网资源业务中台通过整合电网资源及共性业务沉淀，形成企业级电网资源共享服务中心，各业务系统不再单独建设共性电网资源应用服务，直接调用电网资源业务中台的共享服务，支撑各业务前端应用快速构建和迭代。

从 2021 年起，按照三区四层的架构，开展以电网资源业务中台为核心的新一代设备管理体系（PMS3.0）建设。依托电网资源业务中台的 13 大共享服务中心，全面支撑输电无人机自主巡检、配网工程数字化移交、新一代应急指挥系统等前端应用，大力推进电网资源业务中台实用化进程。

2022 年 6 月建成静态一张图，按照电网图模与地图服务分离的设计思路，建成覆盖发、输、变、配、用各环节的电网一张图。7 月全面实现同源维护单轨应用。12 月基于实时量测中心探索建立动态一张图。

二、电网资源业务中台总体架构

电网资源业务中台定位是对核心业务提供共享服务，将公司各核心业务

（发、输、变、配、用）中共性的内容进行整合，形成微服务清单，通过微服务形式供前端应用调用，实现业务应用的快速、灵活构建。业务中台的核心价值在于将传统业务能力IT化的模式转变为业务能力资产化的模式，提高业务敏捷性及响应市场速度，达成企业提质转型、降本增效的目标。为实现电网资源业务中台的高内聚低耦合，标准化的信息模型，是业务中台交互的载体，是保证业务一致性的基础，是确保数据质量和达成数据共享的充分条件。电网资源业务中台在整个企业中台体系中需要与其他业务中台、物联管理中心协作，实现更大跨度综合应用。电网资源业务中台的总体架构图如图1-1所示。

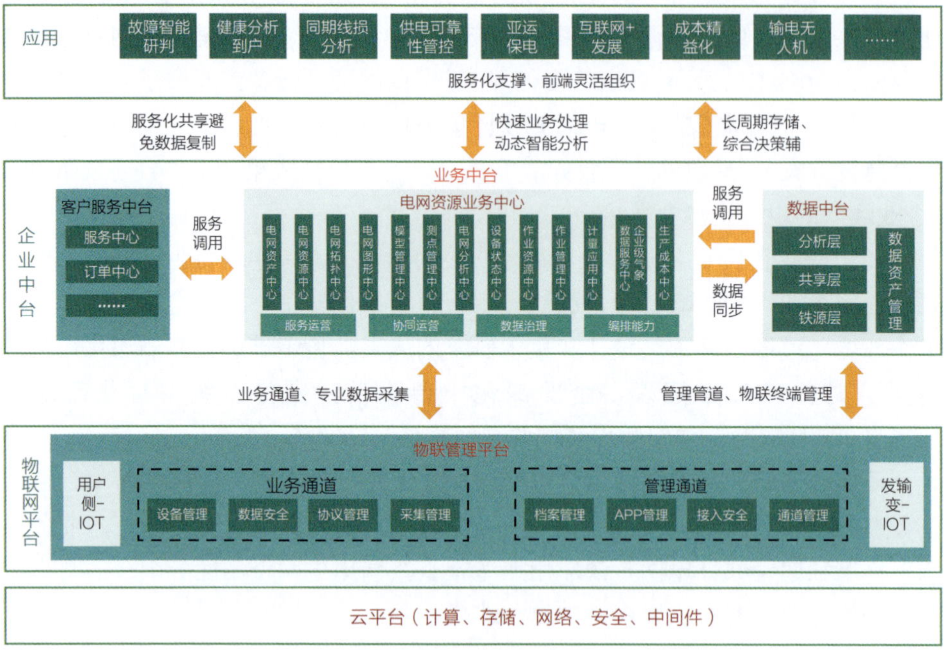

图1-1　电网资源业务中台总体架构

电网资源业务中台应用纵向覆盖云平台、物联网平台、企业中台及应用层，围绕电网资源业务中台，横向实现与数据中台进行数据贯通，向下广泛接入智能设备，汇聚物联感知数据，向上支撑各大应用样板间，已建设电网资源、资产、拓扑、模型、分析、作业等13大共享服务中心，构建标准服务557，覆盖输电线路、变电站、中压馈线、低压台区等多个环节，以及异动管理、作业管理、计划管理、运维管理等多项业务为供电服务指挥系统、配电自动化Ⅳ区主站、输变电智能运检管控平台、变电站辅助一体化监控等核心业务系统提供支撑。

数据中台定位于为各专业、各单位提供数据共享和分析应用服务，以公司全业务统一数据中心为基础，根据数据共享和分析应用的需求，沉淀共性数据服务能力，通过数据服务满足横向跨专业间、纵向不同层级间数据共享、分析挖掘和融通需求。数据中台负责汇聚企业内外部各类数据，通过萃取加工处理，为业务应用提供有价值的数据共享和数据分析服务，面向公司各专业、各基层单位和外部合作伙伴提供便捷开放的数据分析和共享服务，提升公司智慧运营和新业务创新能力。

物联管理平台定位于发、输、变、配、用侧 IoT 服务，负责融合终端和传统终端的配置、管理、接入，负责融合终端的容器管理、App 管理，负责现场终端设备量测数据的采集，并将采集数据一发双收的方式传送到电网资源业务中台和数据中台。

业务应用平台为用户提供友好、简洁、美观的交互界面，业务逻辑处理部分包括在业务中台和数据中台支撑下搭建的业务模块，以及未在业务中台实现共享服务沉淀的业务逻辑。在日常中电网运维人员接触的业务系统就部署在这些平台上。

电网资源业务中台、数据中台、物联管理平台的关系：电网资源业务中台与物联管理中心进行协作，完成边和端的配置、管理，云端和边端分析能力的协同。通过调用物联管理中心相关服务实现终端联调和配置信息的下发。物联管理中心负责现场设备量测数据的采集，数据中台负责数据清洗、存储管理、分析以及对外的数据服务，电网资源业务中台负责量测数据的业务化使用；电网资源业务中台、数据中台通过一发双收的模式通过物联管理中心接入现场感知数据，电网资源业务中台存储短期量测数据、电网数据、业务数据从而支撑电网资源业务中台相关服务能力实现。

前端应用平台、电网资源业务中台、数据中台的关系：电网资源业务中台和数据中台通过微服务形式向前端应用提供共享服务；前端应用自身维护的数据通过调用电网资源业务中台的服务进行业务数据化，并通过数据同步的方式向数据中台实时数据存储；电网资源业务中台可调用数据中台提供的服务支撑自身业务逻辑处理。

其他业务中台、电网资源业务中台的关系：各业务中台负责各自业务范围内的业务数据化，以及公共服务的建设、应用和安全管理，根据跨业务域的业务功能需求，进行相关服务的跨域调用。

调控系统、电网资源业务中台的关系：近期，调控系统负责维护主网资源、拓扑、专题图形，通过服务接入电网资源业务中台，在电网资源业务中台中对接对应形成主配网完整的“一张图”；电网资源业务中台负责维护中低压、营配调贯通的配网电网资源，通过服务按需提供给调控系统；远期，电网资源业务中台实现电源、电网、用户的一源维护，所有电网资源通过服务调用的方式提供给调控系统。

❖测一测

1. 电网资源业务中台定位是什么？
2. 物联管理中心的功能有哪些？

答案

1 电网资源业务中台定位是对核心业务提供共享服务，将公司各核心业务（发、输、变、配、用）中共性的内容进行整合，形成微服务清单，通过微服务形式供前端应用调用，实现业务应用的快速、灵活构建。

2 负责融合终端和传统终端的配置、管理、接入，负责融合终端的容器管理、App管理，负责现场终端设备量测数据的采集，并将采集数据一发双收的方式传送到电网资源业务中台和数据中台。

第三节　同源维护应用

一、概述

对于电网来说，存在海量的设备，为了对这些设备进行管理，需要将设备信息维护到电网系统中。原先各专业之间自己维护各自系统，存在模型不统一，分散维护、重复存储；模型设计和集成设计不正确；用数据交换替代业务闭环；电网模型与 GIS 平台耦合过紧；电网资源数据维护不友好、数据约束不完整；专题图成图一致性、可用性较差等问题。

针对以上这些问题，结合各专业实际业务开展情况，为深入解决电网资源、资产、拓扑等核心数据“多头维护、边界不清、冗余存储、重复治理”的问题，以“数据一个源、电网一张图、业务一条线”为目标导向，建立电网设备图数模一体化管理模式，构建图形和台账一体化的同源维护机制，保障设备资源、资产、图形、拓扑信息的一致性、准确性和完整性，实现“源端唯一、一次录入、全局共享”。

二、同源维护应用基本内容

遵循顶层设计，按照问题导向，以“设备管理业务数字化转型”为目标，以数据融通为主线，围绕电网资源业务中台建设，构建“一个体系”（基于中台化技术体系），坚持“四个原则”（业务运行不间断、存量数据不丢失、外部集成不影响、使用习惯不改变），推动数据一个源、电网一张图、业务一条线，实现电网资源管理和业务应用系统效率变革。同源维护应用与电网资源业务中台架构关系如图 1–2 所示。

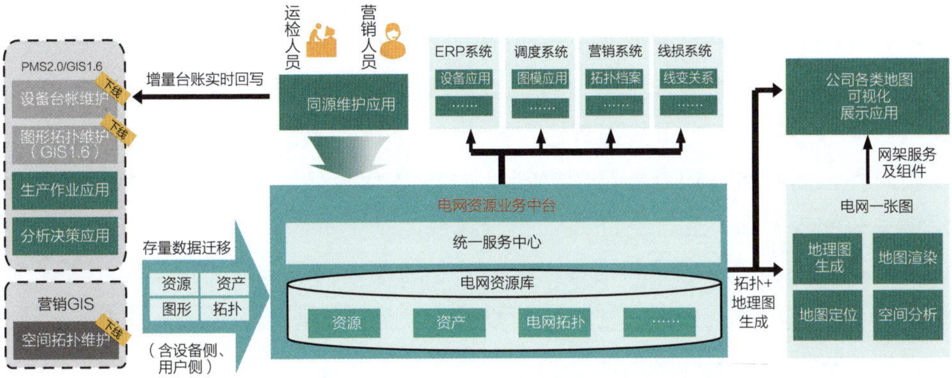

图 1–2　同源维护应用与电网资源业务中台架构关系

确保业务稳定运行不间断：PMS2.0、营销系统、调度系统都是实时生产信息系统，班组基于系统开展运维检修、业扩等工作，在开展数据同源维护的时候保证业务运行稳定是演进关注重点。

确保存量数据迁移不丢失：原有系统积累了生产设备和运行数据，数据量大且关联复杂。演进过程中数据迁移需要进行新旧数据模型映射、转换、拆分，要充分考虑数据关联关系，确保迁移过程中数据无损。

确保外部系统集成不影响：原有 PMS2.0、营销系统、ERP、OMS 等 34 个外部系统集成交互逻辑复杂。演进过程中，需要确保接口运行不中断，不影响业务协同和数据共享，同时协调调度、财务等系统协同演进。

确保用户使用习惯尽量不改变：基层单元已适应 PMS2.0 等应用，最大限度维持原有使用习惯，使得整个演进过程对用户扰动最小化，减少基层单位工作量。

数据同源维护是电网资源业务中台建设的关键，从调度、运检、营销、财务等多个专业对模型的应用需求出发，按照资源、资产分离建模思路，为杜绝电网资源、资产、拓扑等核心对象在各专业系统分散存储、分散管理，遵循SG－CIM来统一资源、资产企业级模型标准。为了简化电网资源维护模式，采用先电网拓扑快捷维护、后地理图形自动生成模式，提升图数维护效率。同时为了解决原有营配调财流程多处开口、孤立运转问题，以流程贯通代替数据交换，一条流程贯穿到底，提高线变关系交互的准确性及实时性。针对杆塔、变压器、电缆段、电缆终端、负荷开关、熔断器等维护数据量大、参数相似的设备类型，提供批量编辑，以类 EXCEL 编辑的方式维护设备台账信息，按设备分类对设备属性进行批量维护。

同源维护应用后，突破原有的“馈线模式”“大馈线模式”，减少系统概念对业务捆绑，采取“所见即所得”的管理方式，确保图纸看到的线变关系和数据中台（ODS）库产生的线变关系保持一致，更加快速理清线变关系。改变原来业务流程各专业系统间孤立流转、数据事后同步的情况，实现营配流程从发起到结束的贯通闭环，由流程贯通代替 ODS 交互，提高线变关系交互的准确性及实时性。同时实现调度红黑图机制与 PMS 流程衔接，在红转黑后实现 PMS、营销系统同步发布，保障各系统数据一致性。基于资源、资产模型，从电网和设备实物维度，实现电网和设备变化记录和追溯，实现电网、设备的大事记全记录，全面实现设备全寿命周期的信息汇集，提高数据决策能力，支撑基层设备管理和管理层的宏观决策。

❖测一测

1. 针对维护数据量大、参数相似的设备类型，同源维护应用提供什么功能？
2. 为简化电网资源维护模式，如何操作？

答案

1 提供批量编辑，以类EXCEL编辑的方式维护设备台账信息，按设备分类对设备属性进行批量维护。

2 采用先电网拓扑快捷维护、后地理图形自动生成模式，提升图数维护效率。

第四节 电网一张图

一、概述

“电网一张图”是支撑整个前端业务应用的先决条件，国家电网有限公司积极研究重构原有的成图服务，实现面向不同专业、不同需求的电网专题图叠加技术，实现电网运行状态、设备健康状态、运维抢修状态等信息的统一呈现，为电网资源业务中台各中心、营配融合业务应用提供一体化、一站式“电网一张图”服务。

现在，电网一张图已提供全景展示、网架总览、专题分析等应用功能。网架总览实现设备规模、运行情况、资源分布的全局总览和逐层钻取分析；将电网运行一张图与业务数据、环境气象等数据融合贯通，利用一张图时空多维空间和拓扑分析能力，实现电网运行、特殊区域、环境气象等专题分析和展示，支撑专业管理和分析决策。

二、电网一张图基本内容

电网一张图核心涉及“静态电网一张图”和“动态电网一张图”。前期源端数据治理迁移阶段，逐步校核、治理，以构建完整的静态电网网架。同时，结合省侧实用化应用，保障静态网架数据可靠、可用，建设高质量静态电网一张图，如图 1–3 所示。通过拓展静态电网一张图要素纳管，实现电网一张图对新型电力系统“源–网–荷–储”要素全面纳管与图层发布。电源侧包括常规电厂、风电、抽水蓄能站、储能、集中式光伏站，电网侧包括电网设备、光缆等，负荷侧包括分布式光伏、充电站（桩）、虚拟电厂、微网、负荷聚合商等要素。

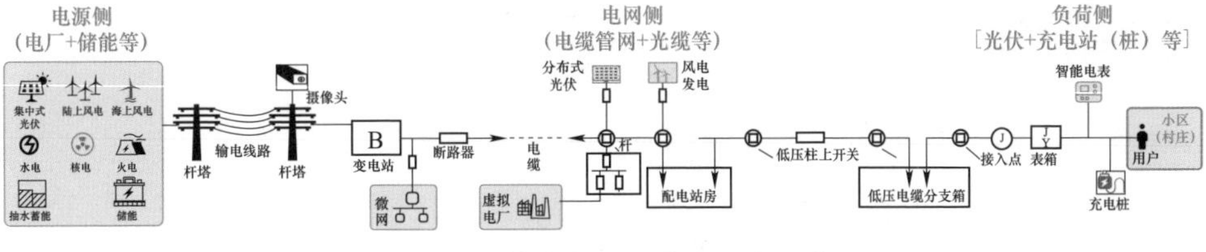

图 1–3 静态电网一张图元素示意

依托企业级量测中心建设，融合贯通“源–网–荷–储”全环节量测数据，加快完成企业级量测中心融合改造，推进量测数据拓展接入，提升量测开放共享、停电研判能力，强化量测数据质量提升保障，支撑动态“电网一张图”全面建成，实现电网一张图对实体电网运行状态的实时感知、精准反映。构建动态一张图如图 1-4 所示。

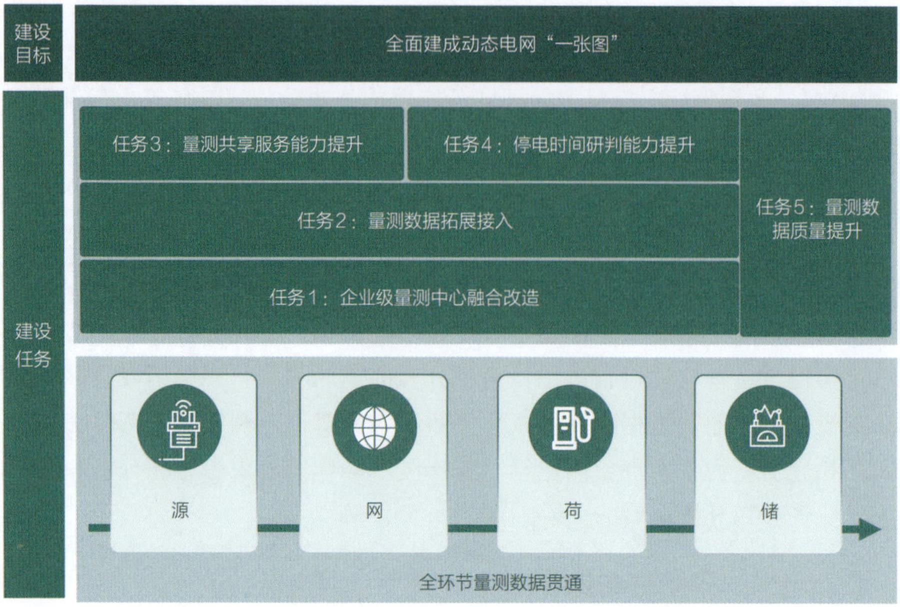

图 1-4 构建动态一张图

❖测一测

1. 电网一张图提供了哪些应用功能？
2. 电网一张图的电源侧包括哪些静态元素？

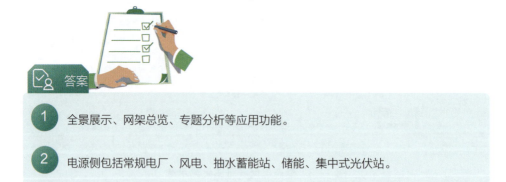

1 全景展示、网架总览、专题分析等应用功能。

2 电源侧包括常规电厂、风电、抽水蓄能站、储能、集中式光伏站。

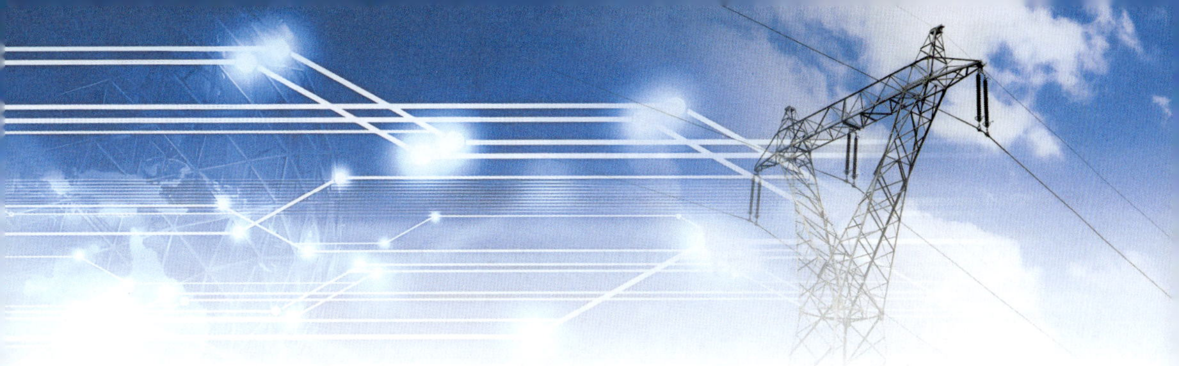

第二章　有源资源接入

本章聚焦

- 了解中压光伏接入配电自动化I区主站系统的流程、现场设备调试操作及主站侧的配置。
- 了解低压光储充新要素接入配电自动化主站流程。
- 掌握单个光伏逆变器、单个光伏断路器及台区整体的调控步骤。

知识脉络

中压分布式光伏

1. 概述
2. 光伏电站本体配置要求
3. 接入系统二次配置要求
4. 配电自动化主站侧配置

低压光储充新要素接入配电自动化主站流程

1. 准备工作
2. 设备挂接
3. 设备调试

低压分布式光伏调控

1. 概述
2. 光伏综合管理
3. 单个光伏逆变器调控
4. 单个光伏断路器调控
5. 台区整体调控步骤

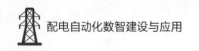

第一节　中压分布式光伏接入

一、概述

随着国家大力推广清洁能源产业及我国新能源产业的迅猛发展，大量的分布式光伏正在迅速接入配电网，双向潮流给配电网安全运行增加了不确定性，对电网的稳定运行造成影响，干扰全自动 FA 的正常运作。因此将光伏接入配电自动化Ⅰ区主站进行监控及调节是配电网发展的必然趋势。

中压分布式光伏接入主要介绍中压光伏接入配电自动化Ⅰ区主站的流程、现场设备调试操作及主站侧的配置，为配电自动化运维人员提供指导。

二、光伏电站本体配置要求

（一）电能质量

由于光伏发电系统出力具有波动性和间歇性，另外光伏发电系统通过逆变器将太阳能电池方阵输出的直流转换交流负荷使用，含有大量的电力电子设备，接入配电网会对当地电网的电能质量产生一定的影响，包括谐波、电流偏差、电压波动、电压不平衡和直流分量等方面。为了能够向负荷提供可靠电力，由光伏发电系统引起的各项电能质量指标应该符合 GB/T 33593—2017《分布式电源并网技术要求》。

1. 谐波

分布式电源所接入公共连接点的谐波注入电流应满足 GB/T 14549《电能质量　公用电网谐波》的要求；分布式电源接入后，所接入公共连接点的间谐波应满足 GB/T 24337《电测量仪表用电流互感器》的要求。

2. 电压偏差

分布式电源接入后，所接入公共连接点的电压偏差应满足 GB/T 12325《电能质量 供电电压偏差》的规定。

3. 电压波动和闪变

分布式电源接入后，所接入公共连接点的电压波动和闪变值应满足 GB/T 12326《电能质量　电压波动和闪变》的要求。

4. 电压不平衡度

分布式电源接入后，所接入公共连接点的电压不平衡度应满足 GB/T 15543《电能质量　三相电压不平衡》的要求。

5. 直流分量

变流器类型分布式电源接入后，向公共连接点注入的直流电流分量不应超过其交流额定值的 0.5%。

需要在并网点装设满足 GB/T 19862《电能质量检测设备通用要求》标准要求的 A 类电能质量在线检测装置 1 套。检测电能质量参数，包括电压、频率、谐波、功率因数等。电能质量在线检测数据需上传至相关主管机构。

（二）有功功率控制

根据 GB/T 33593—2017《分布式电源并网技术要求》的规定，通过 10（6）～35kV 电压等级并网的分布式电源应具有有功功率调节能力，输出功率偏差及功率变化率不应超过电网调度机构的给定值，并能根据电网频率值、电网调度机构指令等信号调节电源的有功功率输出。

（三）无功功率和电压调节

根据 GB/T 33593—2017《分布式电源并网技术要求》的规定，变流器类型分布式电源应具备保证并网点处功率因数应在 0.98（超前）～0.98（滞后）范围内连续可调的能力。在其无功输出范围内，应具备根据并网点电压水平调节无功输出，参与电网电压调节的能力，其调压方式和参考电压、电压调差率等参数由电网调度机构设定。

（四）电网异常时响应特性

1. 电压异常时响应特性

根据 GB/T 33593—2017《分布式电源并网技术要求》的规定，通过 10（6）kV 电压等级接入用户侧的分布式电源，应按照表 2－1 要求向电网停止倒送电。

表 2－1　　电压异常时响应特性

并网点电压	要求
$U<0.5U_N$	最大分闸时间不超过 0.2s
$0.5U_N \leqslant U<0.85U_N$	最大分闸时间不超过 2.0s
$0.85U_N \leqslant U \leqslant 1.1U_N$	连续运行
$1.1U_N<U<1.35U_N$	最大分闸时间不超过 2.0s
$1.35U_N \leqslant U$	最大分闸时间不超过 0.2s

注　1. U_N 为分布式电源并网点的电网额定电压；
　　2. 最大分闸时间是指异常状态发生到电源停止向电网送电的时间。

2. 频率异常时响应特性

满足《华东区域 B 类分布式光伏涉网频率技术要求》，电网频率异常时的响应要求见表 2–2。

表 2–2　频率异常时响应特性

频率范围	运行要求
低于 48Hz	按光伏逆变器允许运行的最低频率要求选择继续或停止向电网送电
48～49.5Hz	至少能运行 10min
49.5～50.2Hz	连续运行
50.2～50.5Hz	至少能运行 2min
高于 50.5Hz	按光伏逆变器允许运行的最高频率要求选择继续或停止向电网送电，且不允许处于停运状态的光伏电站并网

（五）一次调频

根据 GB 38755—2019《电力系统安全稳定导则》要求，电源均应具备一次调频、快速调压、调峰能力，且应满足相关标准要求。

根据《关于加快建立新能源消纳长效机制及构建以新能源为主体的新型电力系统的通知》（甬新经信〔2021〕24 号），杭湾新能源项目按照不低于发电装机容量的 20%配置储能、连续储能时长 2h 及以上。

三、接入系统二次配置要求

（一）继电保护配置

光伏系统并网时，必须根据 GB/T 14285—2006《继电保护和安全自动装置技术规程》等相关规定，在光伏电站及电网侧配置齐全的接入系统继电保护及安全自动装置。

1. 并网线路保护

光伏电站相关继电保护、安全自动装置以及二次回路的设计、安装满足电力系统有关规定和反事故措施的要求。

为保障供电可靠性，减少停电范围，应在光伏电站 10kV 并网线路两侧各配置 1 套方向过流保护。

2. 防孤岛保护及安全自动装置

光伏电站配置 1 套故障解列装置，实现频率电压异常紧急控制功能，跳开光伏电站侧断路器。同时配置 1 套防孤岛保护装置，分布式电源切除时间应与线路保护、重合闸、备自投等配合，以避免非同期合闸。

3. 系统侧保护

并网线路应配置方向过流保护，满足光伏电站接入要求。

（二）配电自动化Ⅰ区主站接入要求

1. 远动信息传输

光伏电站至配电自动化Ⅰ区主站需组织1路电力专用VPN远动通道，通信协议支持华东104规约。

2. 信号采集

通过10（6）kV电压等级并网的分布式光伏向电力调度机构提供的信号至少应包括：

（1）分布式光伏项目并网状态（含并网间隔、接入间隔）；

（2）分布式光伏项目有功和无功输出、发电量、功率因数；

（3）并网点的电压和频率、注入电力系统的电流；

（4）变压器分接头档位、主断路器开关状态等。

3. 远动设备

光伏电站应配置1套分布式协调控制装置，具备接受电网调度机构指令进行有功功率控制、无功功率和电压调节等功能。

分布式电源接入时，应根据“安全分区、网络专用、横向隔离、纵向认证”的二次安全防护总体原则配置相应的安全防护设备，技术满足国家发改委14号令和国能安全〔2015〕36号文的要求。光伏电站侧建议配置1台纵向加密装置、1台通信网关机、1台正向物理隔离装置、1台反向物理隔离装置、1台协议转换装置。

4. 系统通信

10kV并网光伏电站必须具备与电网调度机构之间进行数据通信的能力。并网双方的通信系统应以满足电网安全经济运行对电力通信业务的要求为前提，满足继电保护、安全自动装置、调度自动化等业务对电力通信的要求。

光伏电站通信可采用租用网络运营商电力专线方式接入调度系统安全接入区。

四、配电自动化Ⅰ区主站侧配置

（一）图模准备

根据现场一次接线图（如图2-1所示），在同源维护应用系统中完成光伏站点的图模绘制，包括接入柜、并网柜、光伏柜、SVG柜等，并通过总线上传至配电自动化Ⅰ区主站。

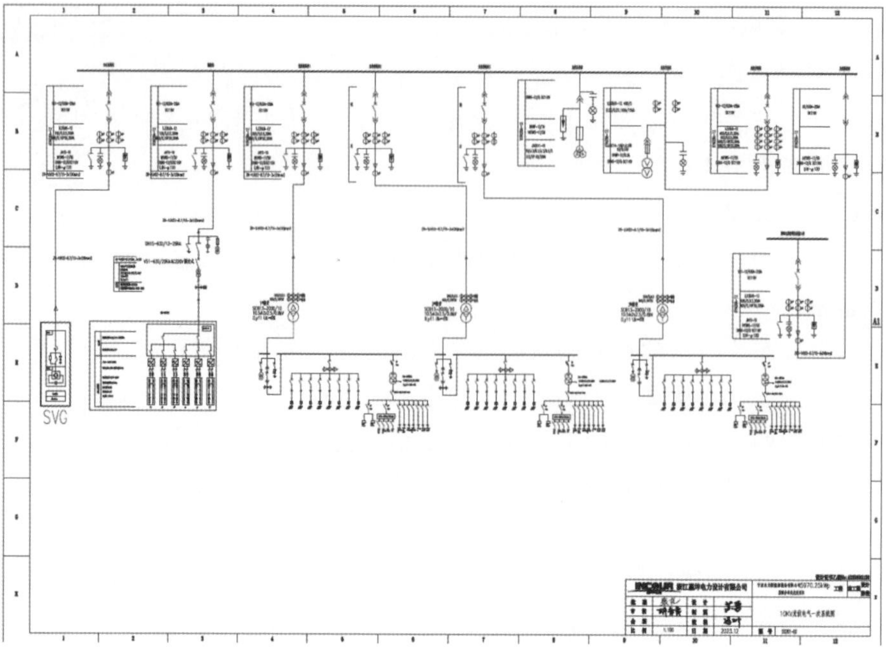

图 2-1　现场一次接线图

光伏站点在配电自动化Ⅰ区主站中展示要求如下：

（1）在单线图中需体现 10kV 光伏电源，站房不展开作点设备展示，如图 2-2 所示。

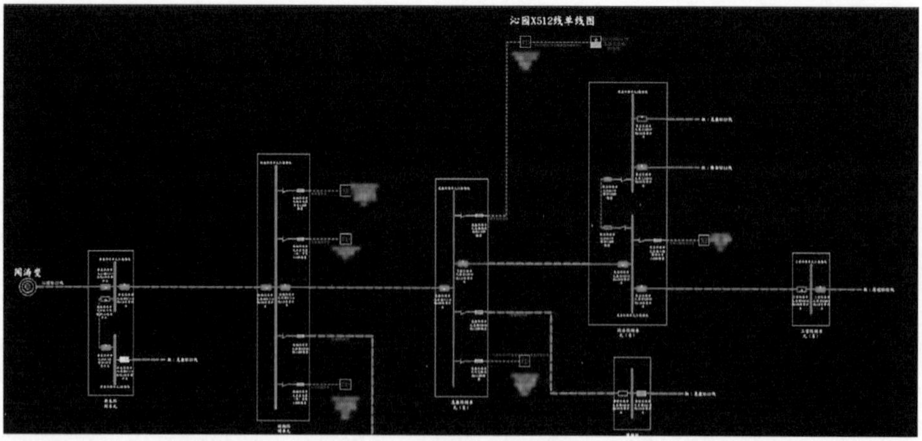

图 2-2　单线图绘制标准

（2）光伏站内图应清晰标注接入柜、并网柜、进线柜、无功补偿柜等，具体拓扑关系应按图纸绘制，站名标注带发电户号，间隔标注可省略站名及户号等，母线标注应区分 I 段、II 段，如图 2–3 所示。

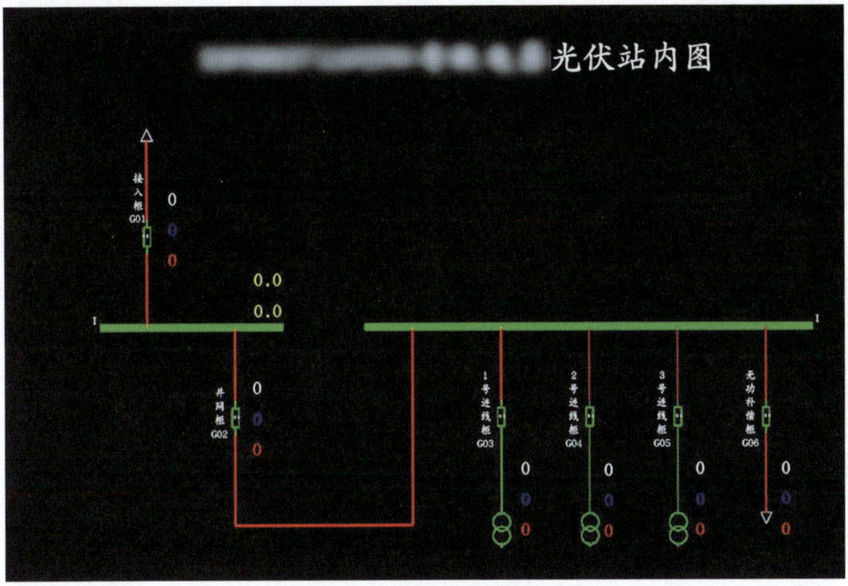

图 2–3　光伏站内图绘制标准

（二）图模导入

总线接收到分布式光伏图模后，将其导入配电自动化 I 区主站中。

（1）使用模型导入工具，将对应的光伏线路模型及光伏站内图导入配电自动化 I 区主站中，如图 2–4 所示。

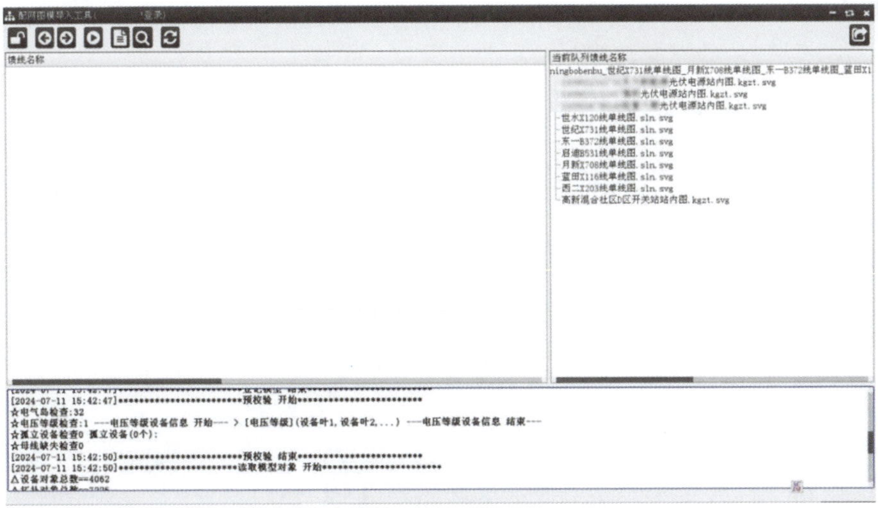

图 2–4　模型导入

（2）导入成功后核对光伏图形，确保光伏图形符合规范。

（三）点号录入

直采光伏应接入以下信号：

遥信信号包含开关、手车的分合闸位置（采用双遥信点位）、光伏电站异常、并网点频率异常、并网点电压调节上/下闭锁、功率因数调节上/下闭锁、控制装置远程/就地运行信号、无功功率调节至上/下限、有功增/减出力闭锁等。

遥测信号包含并网点三相电压、三相电流、并网点有功/无功功率、并网点频率、总上网、日发电量、无功设定上/下限 QU 设定值、功率因数容/感性 KQ 设定值、AGC 有功出力上/下限、有功/无功调节速率等。

遥控信号采取监护遥控方式。

遥调信号包含有功/无功运行方式 MQ 设置、一次调频调差系数给定值、有功/无功设定上限 QU、定有功/无功控制设置值 Q_{ref}、定有功设定百分比等。

（1）使用 term_manager 命令打开配网终端管理工具（新版点号录入工具，如图 2-5 所示），选择配网终端管理-配网终端资产管理菜单。

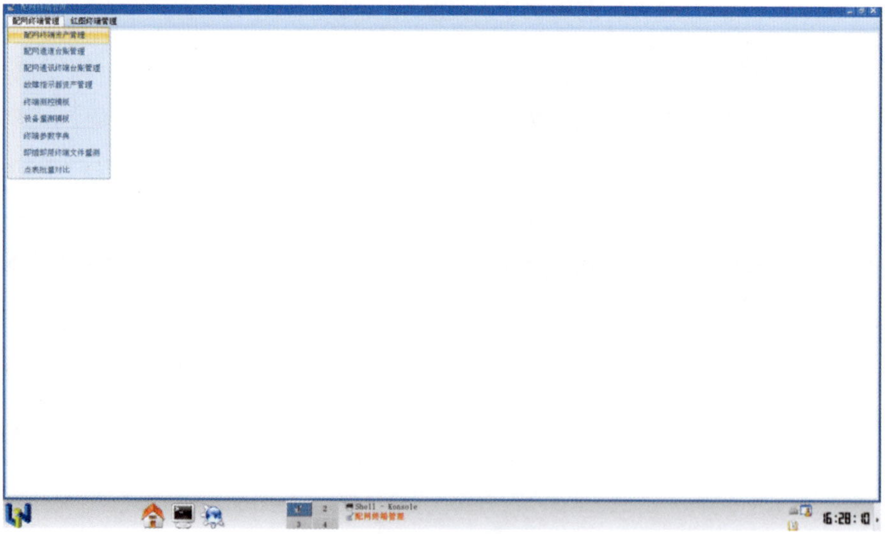

图 2-5　配网终端管理工具

（2）打开配网终端管理工具（新版点号录入工具，如图 2-6 所示）后，在左边的设备树中查找需要录入点号的开关，定位后右键新建终端。

（3）在弹出的终端信息录入界面中填写相关终端信息，包含终端类别、终端类型、所属责任区、所属站房等，如图 2-7 所示。

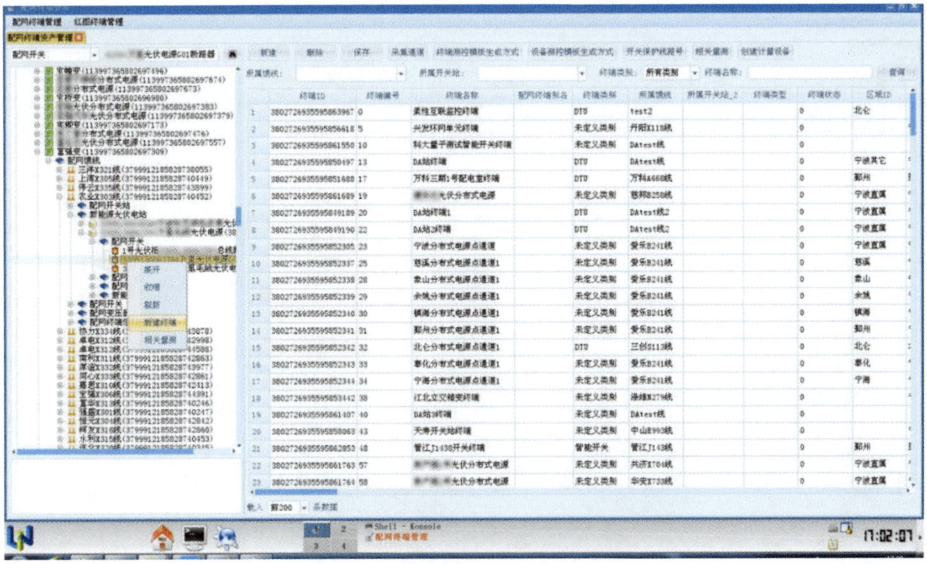

图 2-6　查找需要录入点号的开关

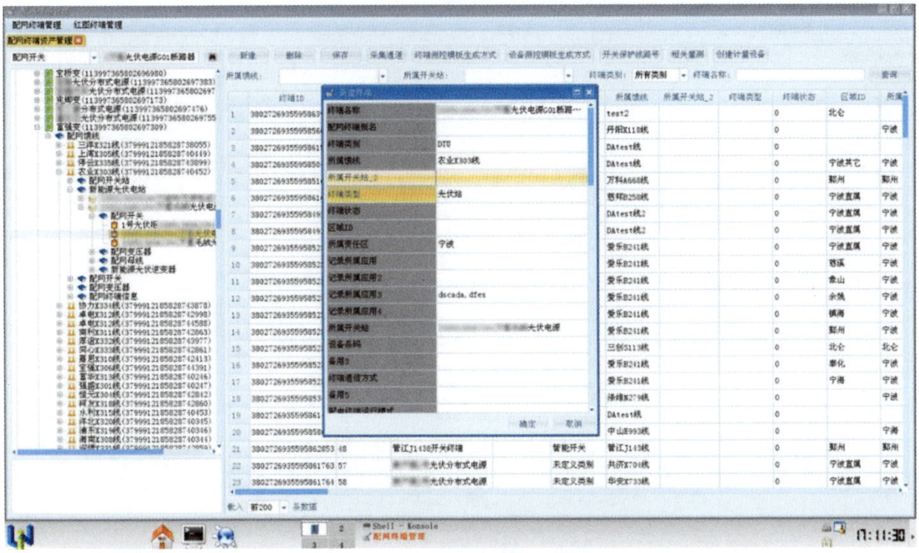

图 2-7　填写相关终端信息

（4）提交后终端列表中会生成此终端信息，此时可根据需求修改该终端的终端编号，若无需修改则点击保存在配网终端信息表、配网通道表、配网通信终端表、配网规约表中生成此终端对应记录，如图 2-8 所示。

（5）选中列表中对应的终端记录，点击终端测试模板生成方式，如图 2-9 所示。

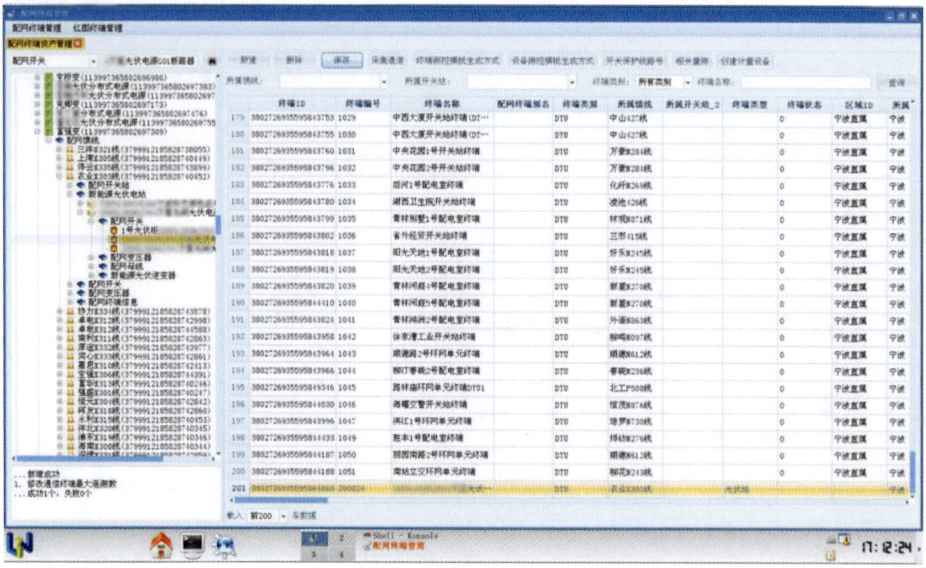

图 2-8　终端对应记录

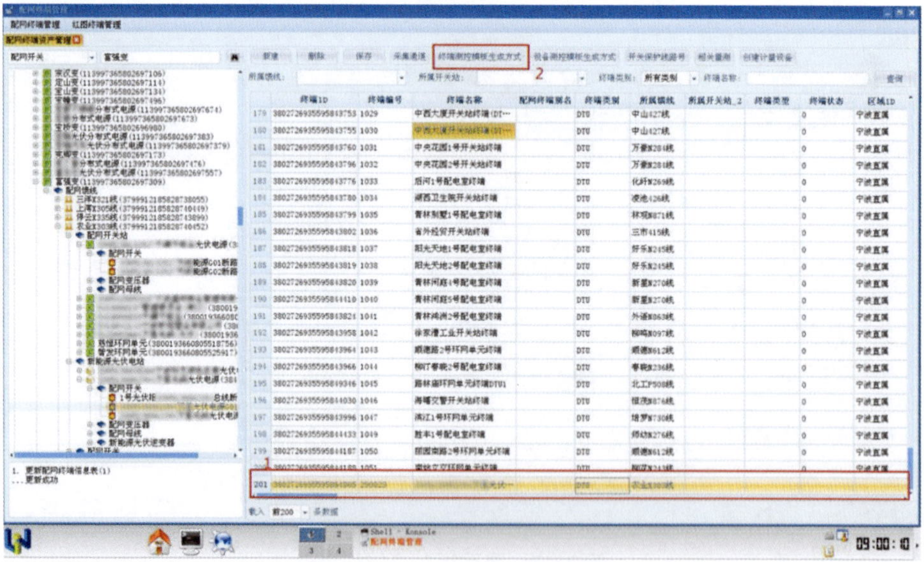

图 2-9　生成终端测试模板

（6）在点号生成界面中，双击选择模板（模板可根据需求自行配置），选择需要使用的模板，然后在对应文本框中填写信息，包含使用规约、IP 地址、所属系统、通信方式等，如图 2-10 所示。

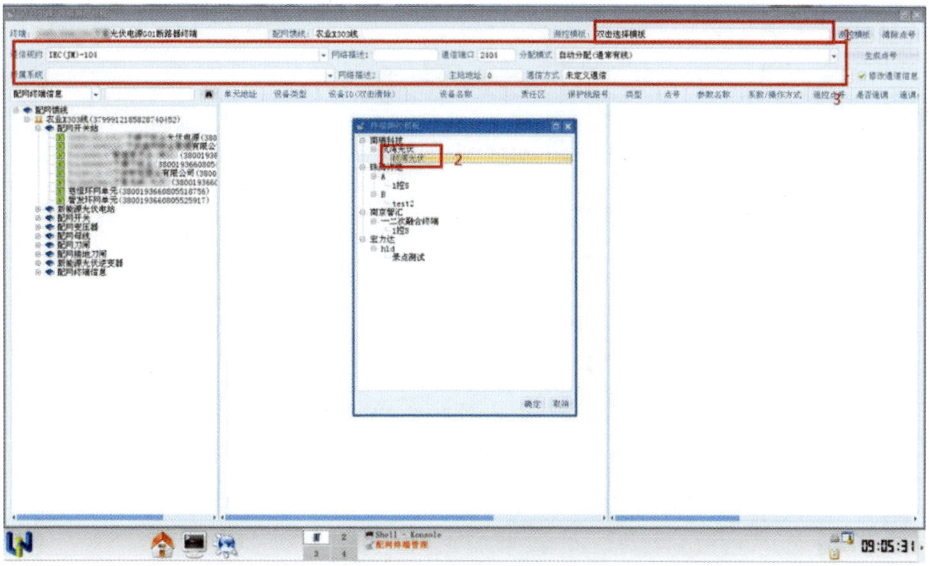

图 2－10　填写终端信息

（7）将左侧设备树栏中需要录点的开关拖至中间设备 id 这一栏，右侧点号树则会出现需要生成的点号，核对无误后点击生成点号，如图 2－11 所示。

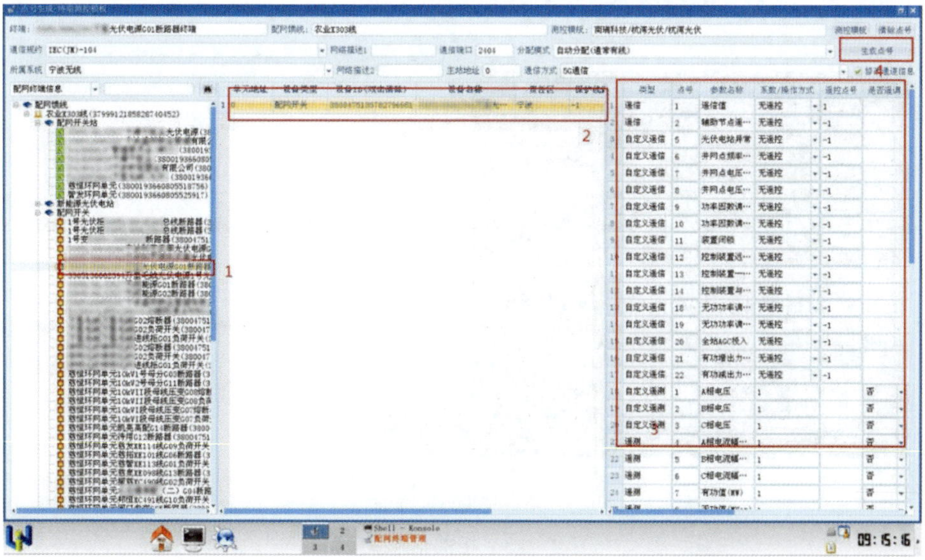

图 2－11　生成点号

（8）在点号生成界面中可再次核对点号，无误点击生成点号完成点号的入库操作，如图 2－12 所示。

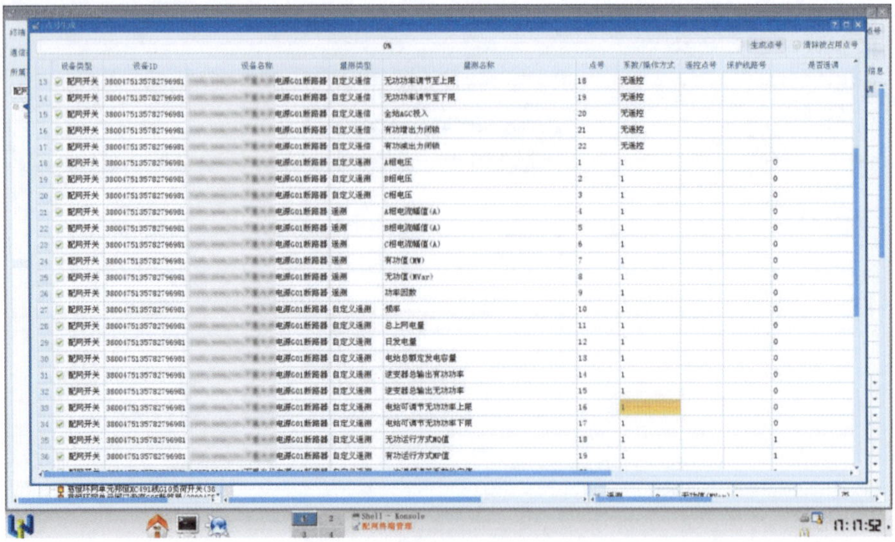

图 2-12　核对并生成点号

（9）完成点号录入后，在光伏站内图编辑图形，将遥调、遥测、遥信相关信号做在图形上，通过检索器进行关联，如图 2-13 所示。

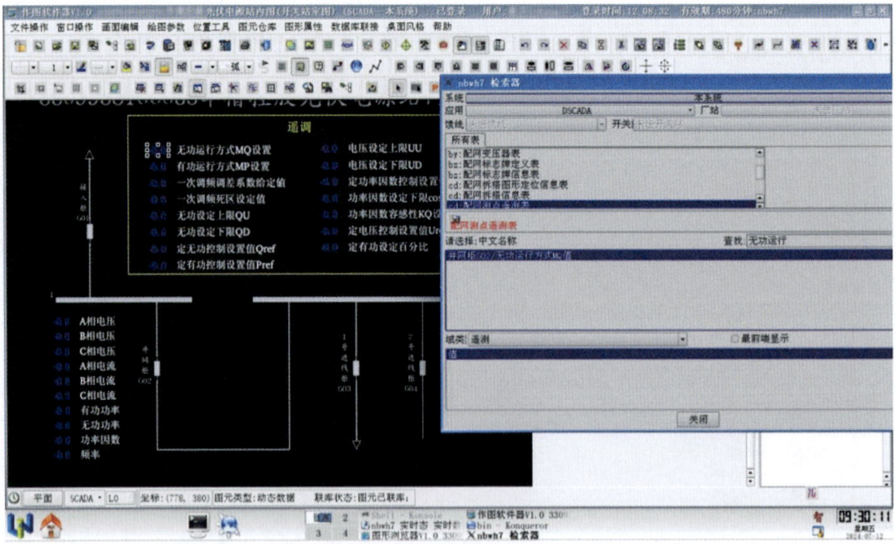

图 2-13　相关信息关联

（四）信息联调

完成点号录入，图形信号绘制后，与现场进行遥信、遥测、遥调、遥控等信息联调工作，完成光伏站的配电自动化 I 区主站接入。

❖测一测

1. 中压分布式光伏接入配电网会对当地电网的哪些电能质量产生一定的影响？

2. 通过 10（6）kV 电压等级并网的分布式光伏向电力调度机构提供的信号至少应包括哪些？

答案

1 接入配电网会对当地电网的电能质量产生一定的影响，包括谐波、电流偏差、电压波动、电压不平衡和直流分量等方面。

2 （1）分布式光伏项目并网状态(含并网间隔、接入间隔)；（2）分布式光伏项目有功和无功输出、发电量、功率因数；（3）并网点的电压和频率、注入电力系统的电流；（4）变压器分接头档位、主断路器开关状态等。

第二节　低压光储充新要素接入配电自动化Ⅳ区主站流程

随着全球能源结构的深刻调整，大量光伏、充电桩与储能系统的接入成为必然趋势。光伏作为绿色能源的主力军，以其清洁、可再生的特性，正逐步替代传统化石能源，引领能源革命。随着新能源汽车市场的迅速扩张，充电桩需求激增，成为连接新能源生产与消费的关键桥梁。储能技术的快速发展，有效解决了光伏发电的间歇性问题，实现了电能的储存与灵活调度，提高了能源系统的稳定性和可靠性。这三者的深度融合，构建了“光储充”一体化系统，不仅为新能源汽车提供了绿色、便捷的充电服务，还减轻了电网负担，促进了能源的高效利用。

在此背景下，配电自动化主站完善源网荷储全要素资源采集模型、丰富新要素量测数据接入，采用“台区内部自治、末端相邻互济、云边协同互动”的管控模式，来全面支撑低压配网分层次、分区域的可观、可测、可调、可控能力提升。

下面以低压光伏为例，来介绍光储充新要素接入配电自动化Ⅳ区主站流程。

一、准备工作（设备条码申请）

第一步，批次申请，填写以下信息，如图 2–14 所示。

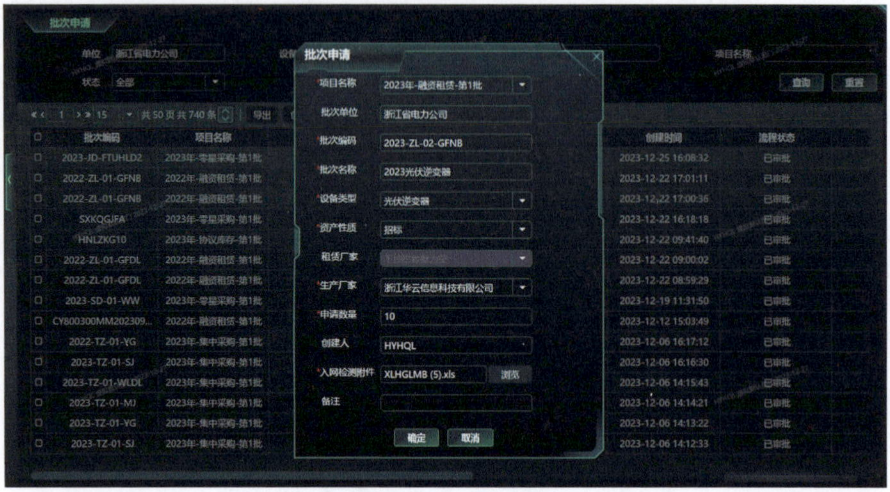

图 2–14　批次申请

第二步，批次审核，选择该批次申请的记录，检查上传的文件与申请批次编码、项目名称、批次名称、设备类型、厂家、数量是否一致，是就通过，否则退回，如图 2–15 所示。

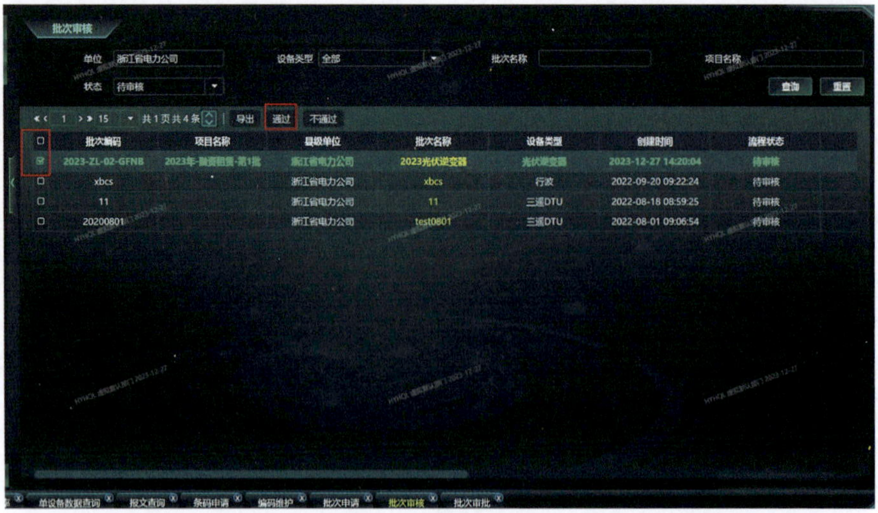

图 2–15　批次审核

第三步，批次审批，选择该批次申请的记录，检查上传的文件与申请批次编码、项目名称、批次名称、设备类型、厂家、数量是否一致，是就通过，否则退回，如图 2-16 所示。

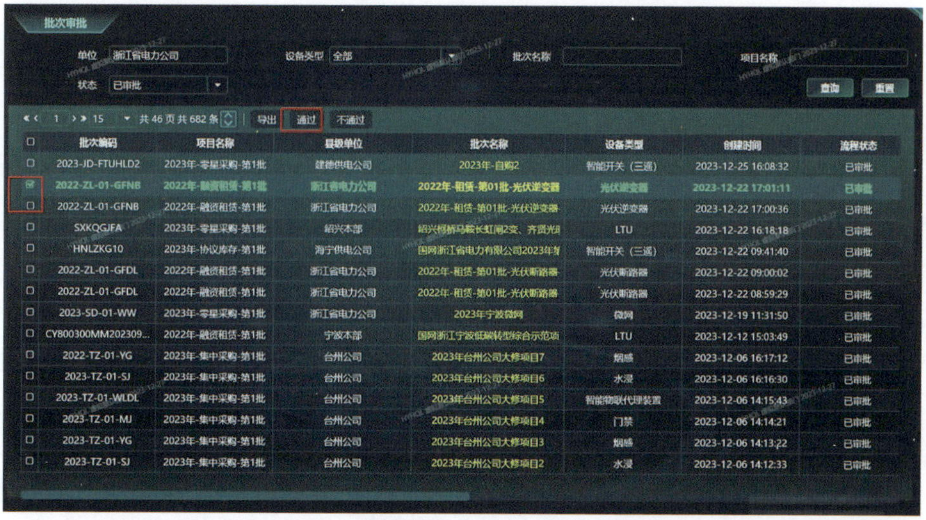

图 2-16　批次审批

第四步，条码申请，填写以下信息，如图 2-17 所示。

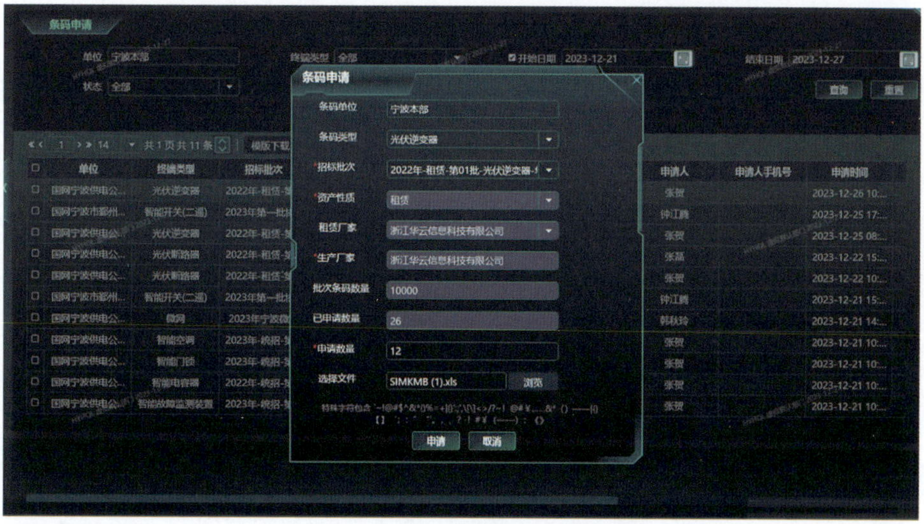

图 2-17　条码申请

第五步，条码审核，选择该条码申请的记录，检查上传的文件与申请的终端类型、招标批次、厂家、数量是否一致，是就通过，否则退回，如图 2–18 所示。

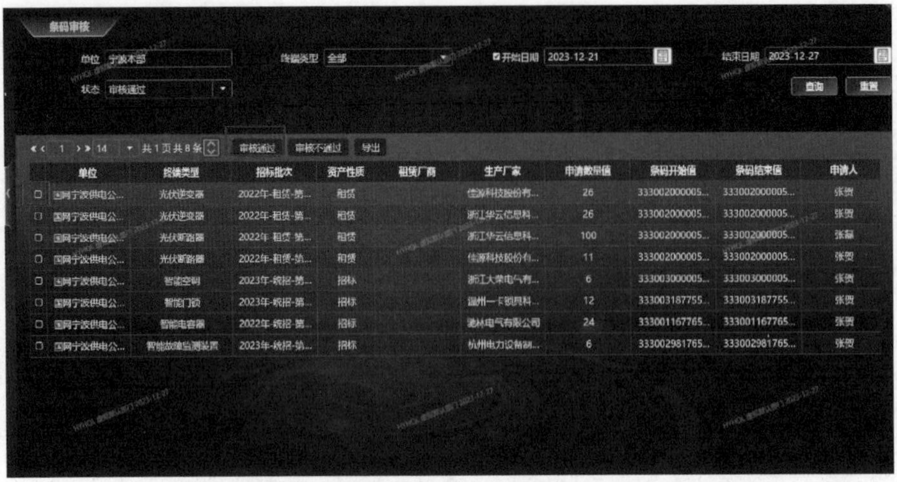

图 2–18　条码审核

第六步，在物料管理页面进行条码入库。按照以下页面操作，如图 2–19、图 2–20 所示。

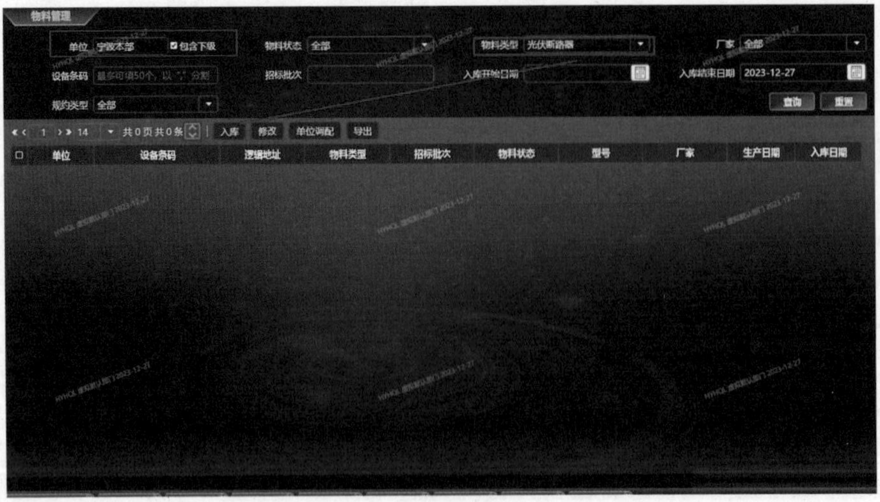

图 2–19　物料管理页面

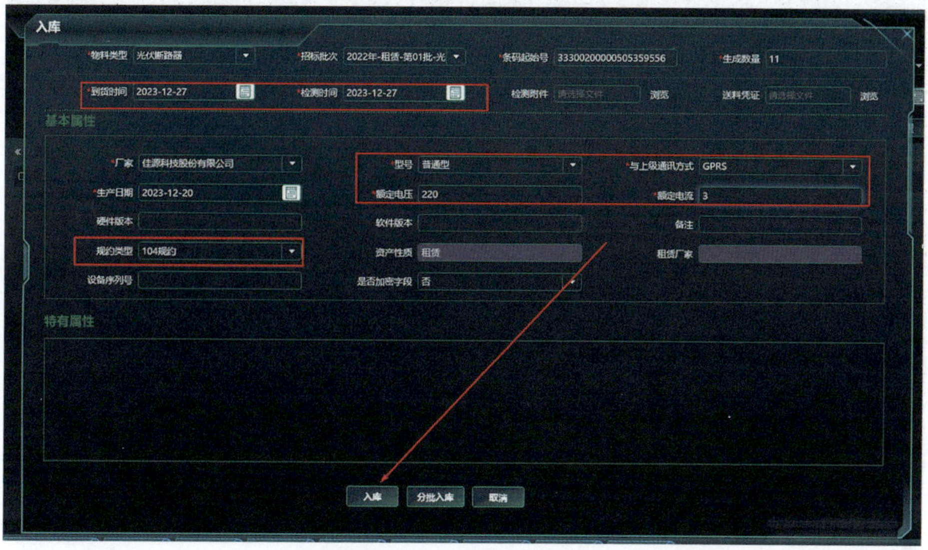

图 2-20　条码入库

第七步，将设备条码进行单位调配到所属供电所，如图 2-21、图 2-22 所示。

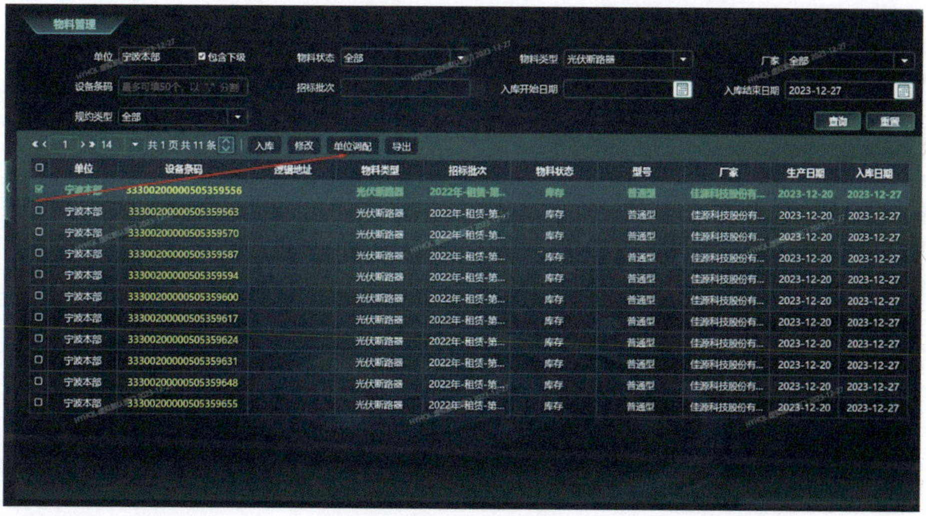

图 2-21　单位调配

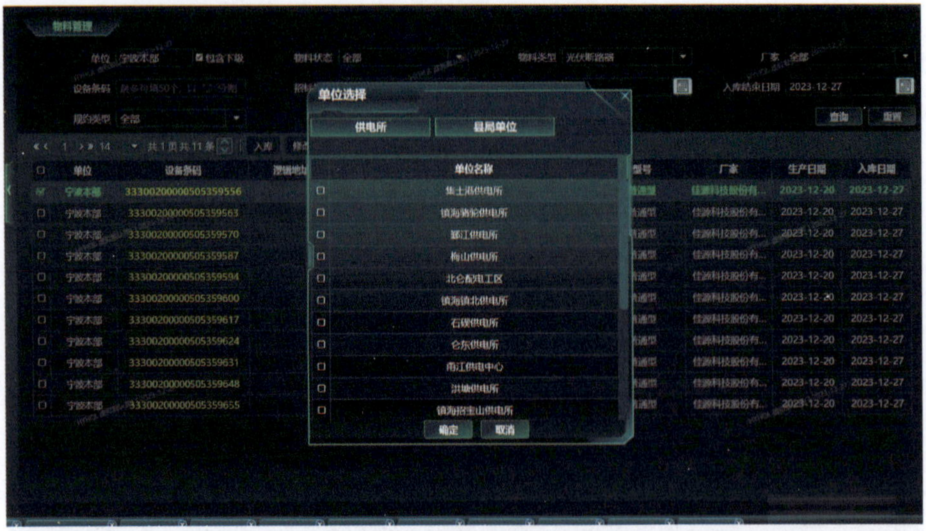

图 2-22　调配到所属供电所

二、设备挂接

1. 找到该融合终端设备，定位到所安装的位置，在装置安装页面，双击该公变，点击增加监测点，物料类型选择光伏断路器，选择对应的终端条码，点击选择按钮，如图 2-23、图 2-24 所示。

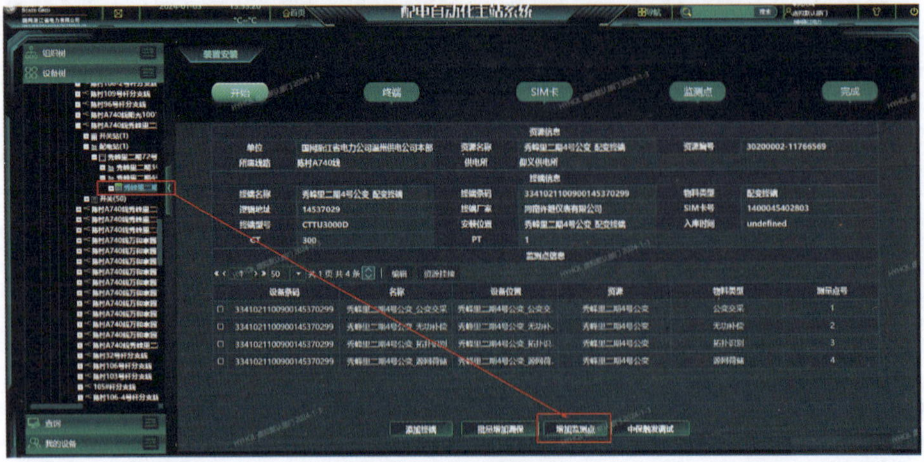

图 2-23　增加监测点

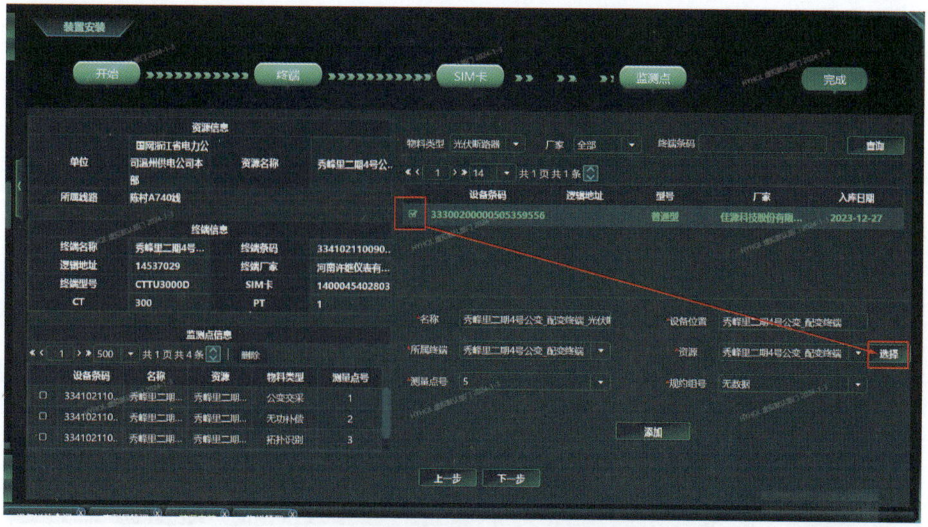

图 2-24　选择对应的终端条码

在资源类型中安装光伏断路器就选择低压站内断路器，安装光伏逆变器就选择逆变器组资源，找到对应的安装资源，最后点击保存按钮，如图 2-25 所示。

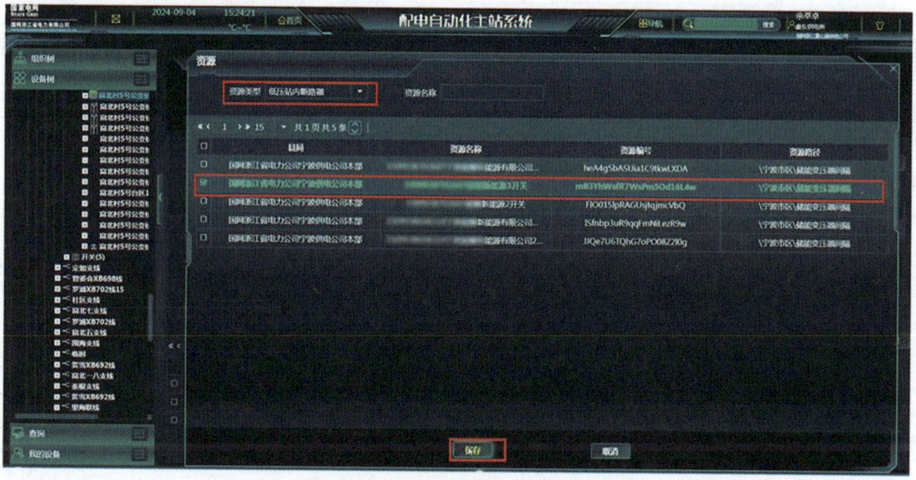

图 2-25　选择低压站内断路器

复制“设备位置”的内容到左边的“名称”空格里，如图 2–26 所示。

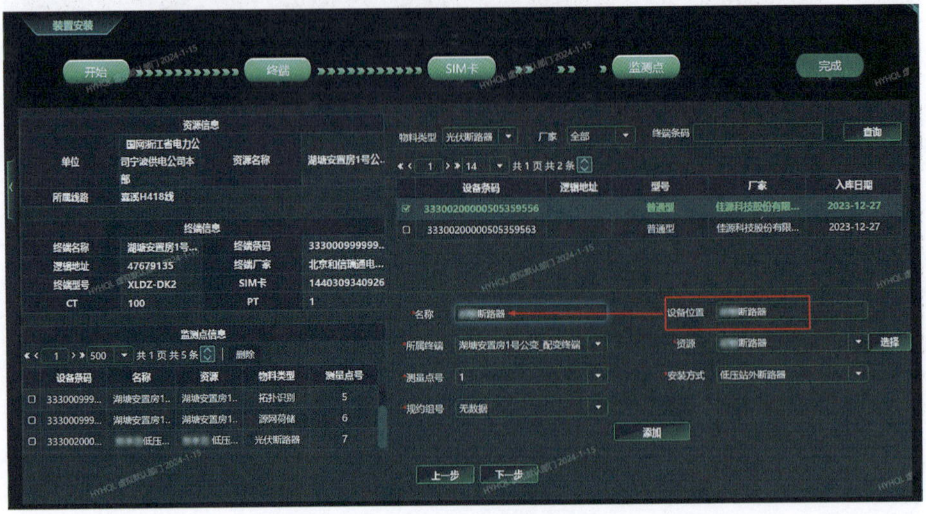

图 2–26　复制“设备位置”的内容

2. 点击添加按钮，选择下一步，点击完成按钮。到此安装流程结束，如图 2–27、图 2–28 所示。

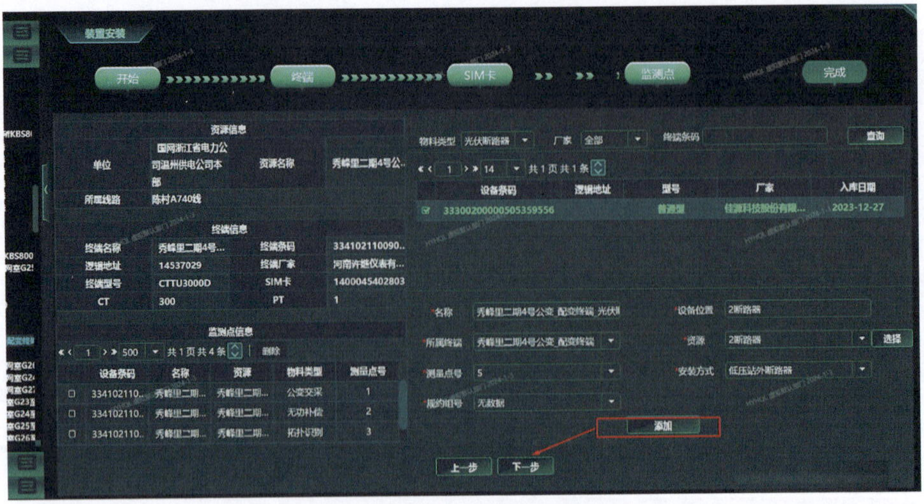

图 2–27　点击添加按钮

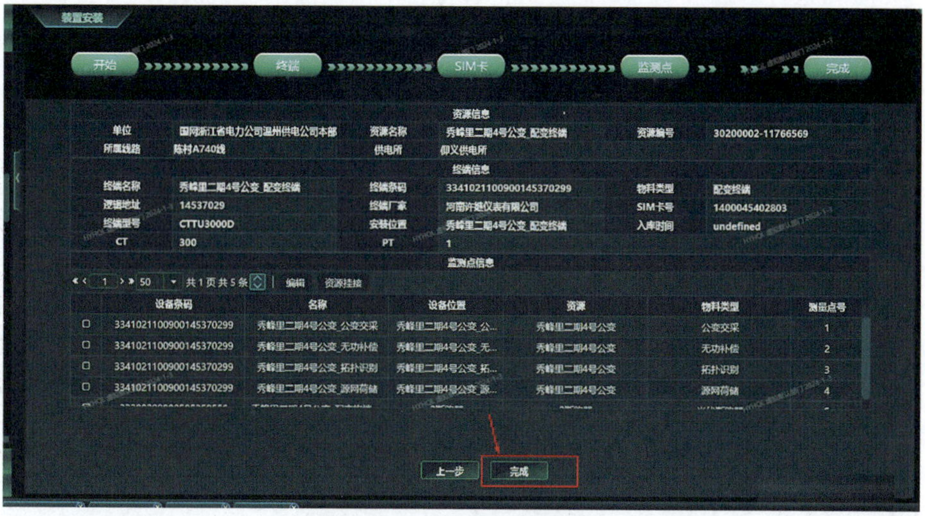

图 2-28　点击完成按钮

三、设备调试

1. 装置调试页面，找到安装好的光伏断路器点击手动调试，提示调试成功则说明设备与主站有通信；提示调试失败说明设备与主站通信不好，可能是设备问题、信号差等原因，如图 2-29 所示。

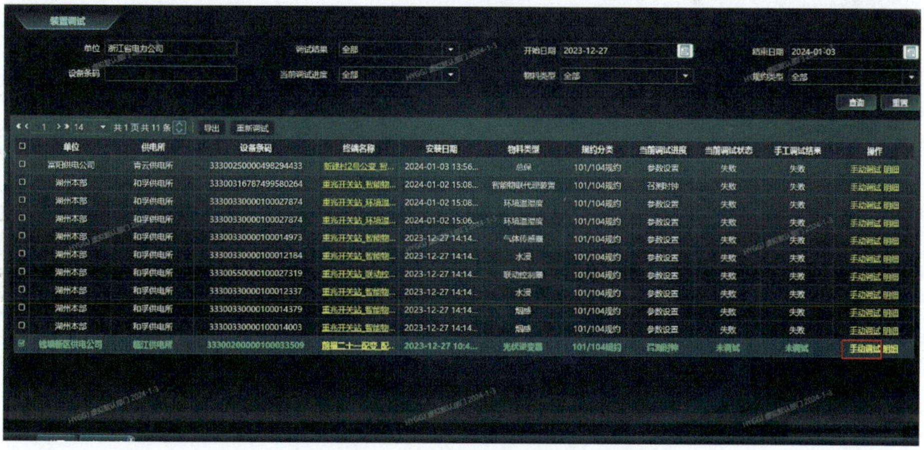

图 2-29　装置调试页面

2. 在单设备数据查询页面，可以看设备上送的冻结数据，证明设备调试成功，如图 2-30 所示。

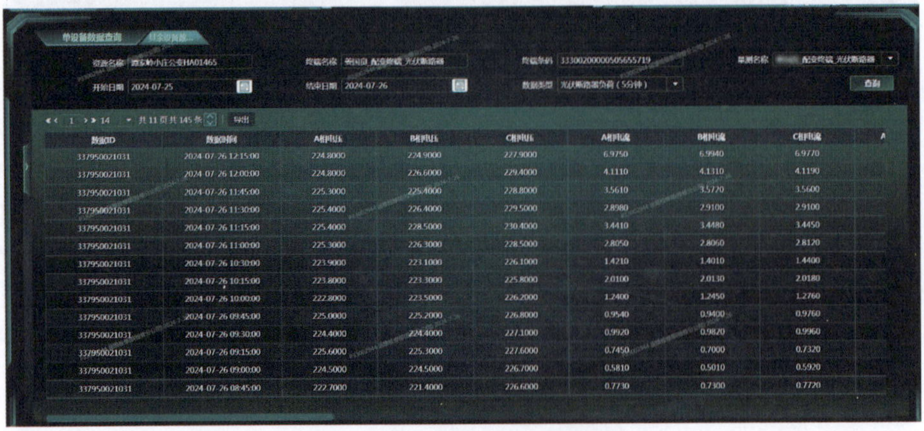

图 2-30　单设备数据查询页面

未看到设备上送的冻结数据时，可能是现场设备未上送，需要现场检查设备，如图 2-31 所示。

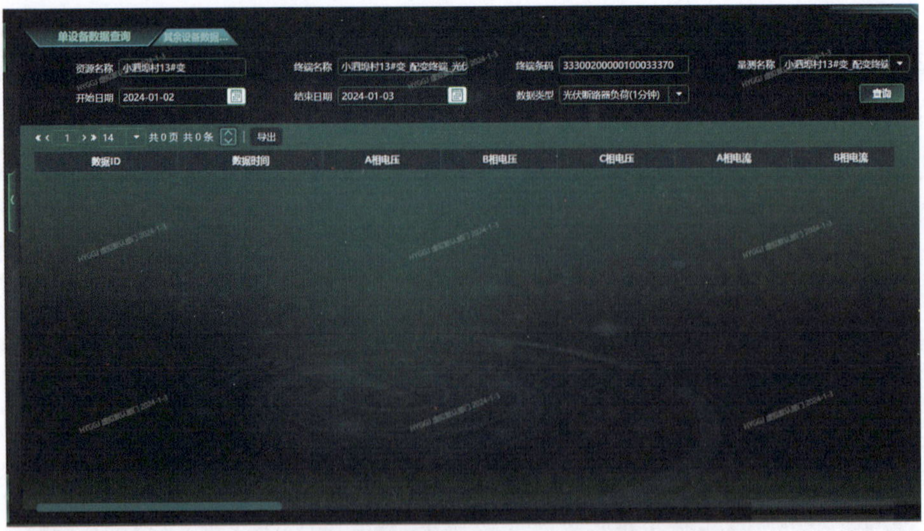

图 2-31　未看到设备上送的冻结数据

3. 安装光伏逆变器、充电桩和储能装置都是一样的流程，只需修改设备挂接第一步中的“物料类型”即可，不同设备对应的物料类型如表 2-3 所示。

表 2–3　设备–物料类型对应表

设备名称	物料类型	资源类型
光伏逆变器	光伏逆变器	逆变器组资源
充电桩	充电桩	低压充电桩
		低压站内充电桩
		配电站
储能装置	储能装置	低压储能单元
		低压站内储能单元

❖测一测

1. 设备挂接需要在哪个页面操作？
2. 调试设备时，提示调试失败的原因可能是什么？

答案

1 装置安装页面

2 提示调试失败说明设备与主站通信不好，可能是设备问题、信号差等原因。

第三节　低压分布式光伏调控

一、概述

随着国家对居民用户积极推广并鼓励大力发展光伏发电政策的深入实施，居民分布式光伏系统的数量正以前所未有的速度激增。然而，这一趋势也伴随着挑战，即大规模光伏电源的接入极有可能对电网的稳定运行造成一定影响与扰动。鉴于此，将这些广泛分布的居民光伏系统有效纳入电网的集中管理和调控体系之中，实现其可观、可测、可调、可控性能的全面提升，已显得尤为迫切与重要。

低压分布式光伏安装于台区下，通过配变融合终端统一上送信号至配电自动化Ⅳ区主站，通过远程遥控光伏微断，实现低压光伏的刚性可控，通过下发指令调节光伏逆变器，实现对低压光伏的柔性可调。

二、光伏综合管理

模块路径：

配网实时监测 → 台区大管家 → 光伏综合管理

在光伏综合管理专区主界面点击光伏台区的总数进入光伏台区管理页面，可以根据配变名称、线路名称、终端类型等，查询对应台区下安装情况，如图 2-32 所示。

图 2-32　光伏台区模块

三、单个光伏逆变器调控

低压分布式光伏可通过融合终端实现台区的整体调控，也可单个光伏单独进行调控。下面介绍单个光伏调控流程。

点击台区光伏监测模块，可以根据配变名称、线路名称、终端类型或者通过勾选是否有光伏逆变器来查询台区下安装情况。点击查询按钮，选择需要光伏调控的台区，点击明细按钮，如图 2-33 所示。

在左边的光伏逆变器列表中选择需调控的设备，点击调控按钮。调节时间可以手动设置，也可以勾选“是否立即执行”，如图 2-34、图 2-35 所示。

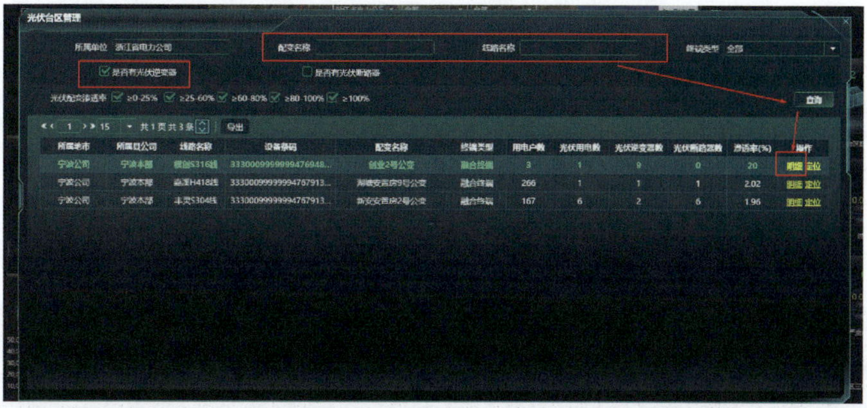

图 2－33　查询台区的明细

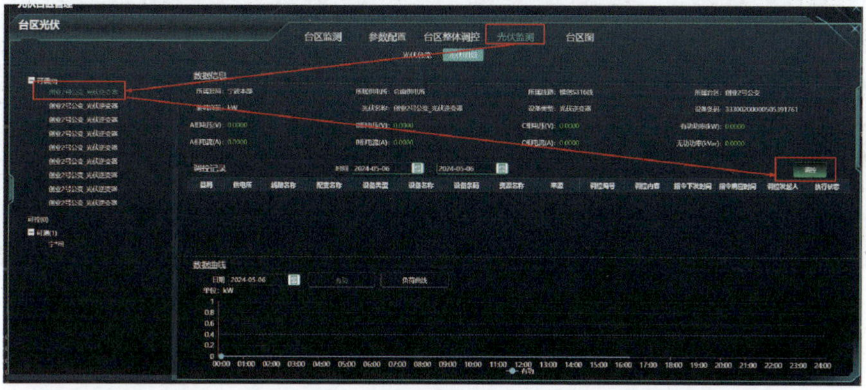

图 2－34　选择调控参数

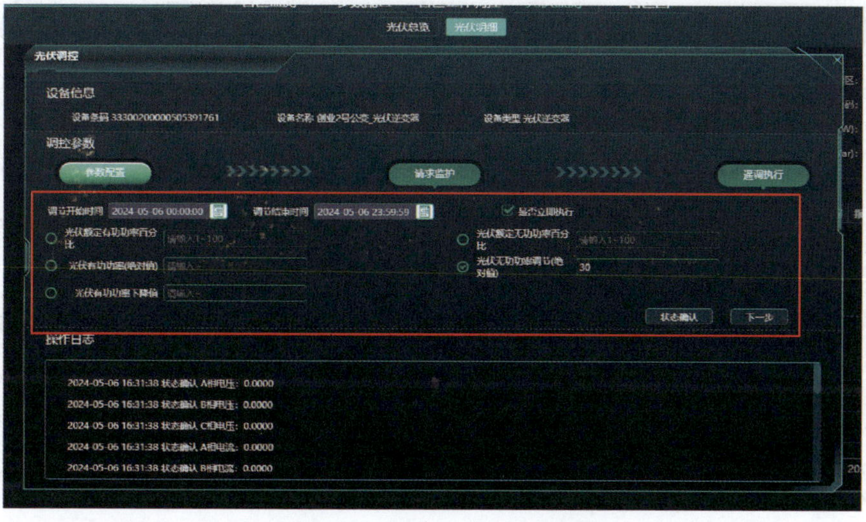

图 2－35　调控单台光伏逆变器

选择调控参数，对单台光伏逆变器的调控方式包括有功功率百分比、无功功率百分比、有功功率绝对值、无功功率绝对值、有功功率下降值等，需注意的是调控时调控的额度应大于该光伏的额定有功功率的 10%，若小于 10%光伏会进入休眠状态。

选择完调控模式后，点击状态确认按钮，确认该设备状态正常，在遥控监护界面填写人员内容，口令内容，点击下一步，如图 2-36 所示。

图 2-36　填写监护人员内容

点击执行按钮，系统会反馈命令已执行，至此调控指令已下发至设备，经过 2～3min 后设备响应并执行该指令，如图 2-37 所示。

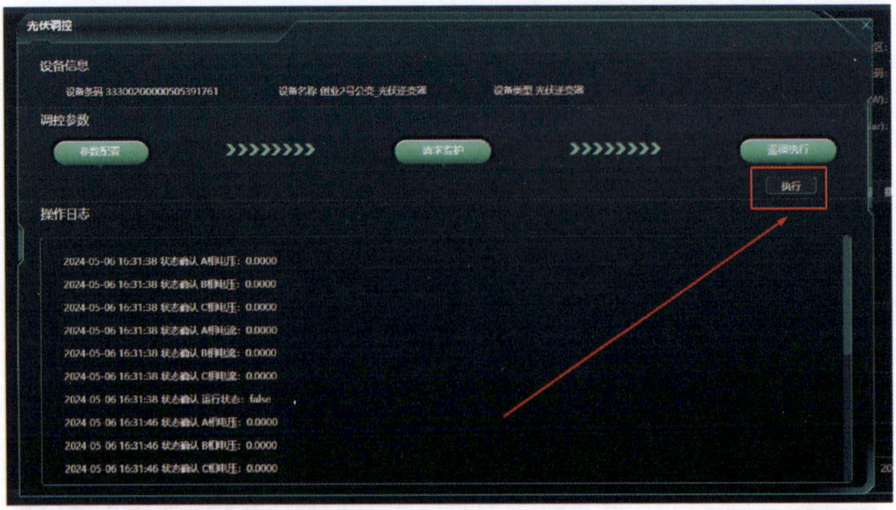

图 2-37　执行指令

四、单个光伏断路器调控

低压分布式光伏的接入与断开可通过遥控光伏断路器实现。

点击台区光伏监测模块，可以根据配变名称、线路名称、终端类型或者通过勾选是否有光伏断路器来查询台区下安装情况。

点击查询按钮，点击台区的明细，在左边的光伏断路器列表选择需遥控的设备，调控参数可以勾选远程断开或者远程闭合，点击状态确认按钮，确认开关状态正常后，点击下一步按钮，如图 2-38 所示。

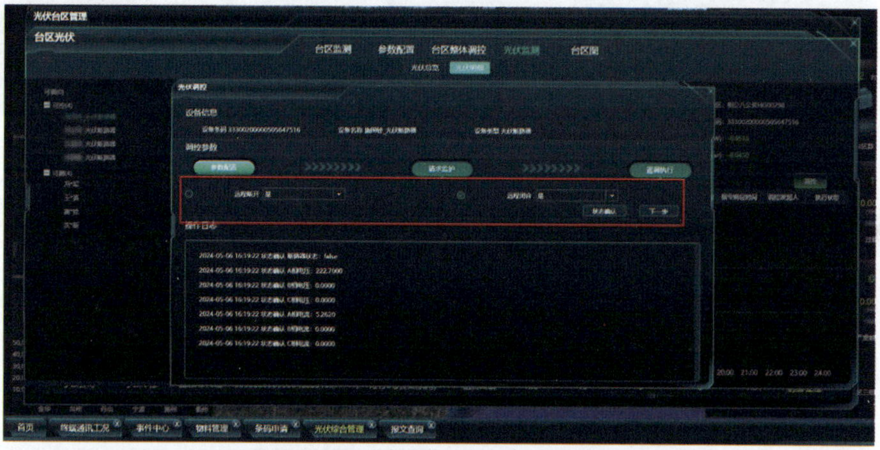

图 2-38　光伏断路器调控界面

在遥控监护人员填写内容，口令内容，点击下一步，如图 2-39 所示。

图 2-39　填写遥控监护人员和遥控口令

点击执行按钮，执行后现场光伏断路器即断开或合上，如图 2-40 所示。

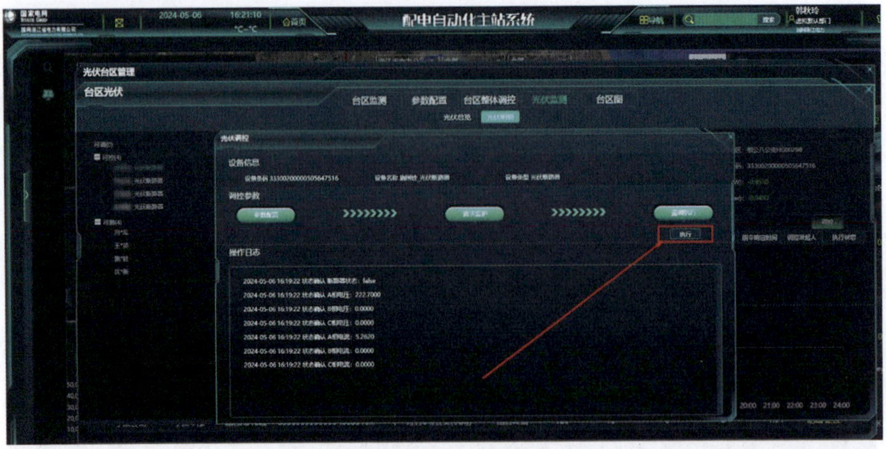

图 2-40　点击执行

五、台区整体调控步骤

当台区下光伏较多，发电结果对台区整体影响较高时，可通过台区整体的调控来控制光伏的有功无功功率输出结果，达到台区稳定运行的目标。

通过配变名称查询台区下安装设备的情况，点击明细按钮，如图 2-41 所示。

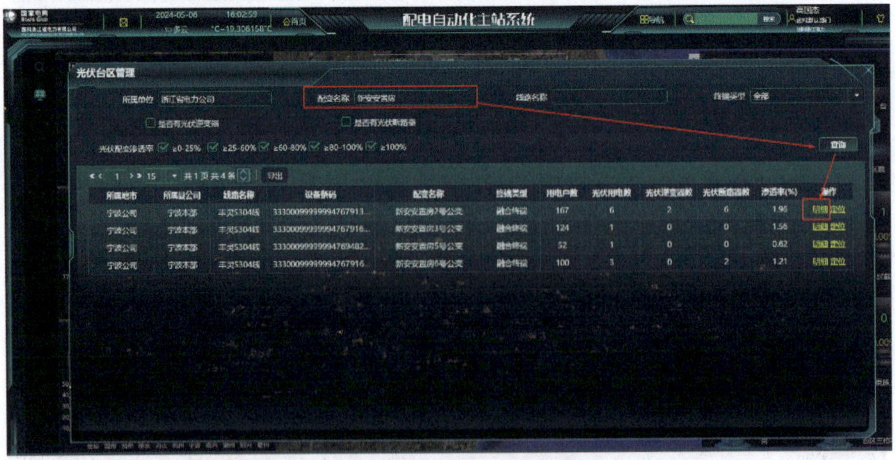

图 2-41　查询台区明细

点击台区整体调控模块，通过手动调控按钮，调节时间可以手动设置，也可以勾选“是否立即执行”，如图 2-42、图 2-43 所示。

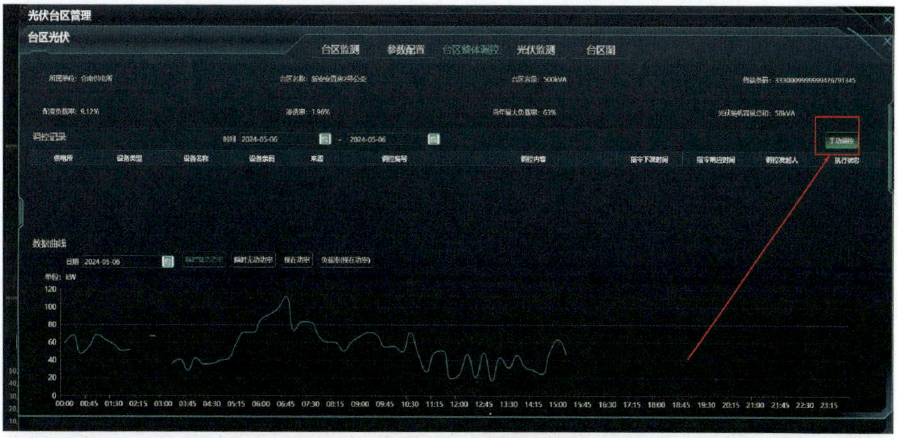

图 2-42　选择调控参数

图 2-43　台区整体调控功能

选择调控参数，台区整体调控功能包含光伏有功出力上限、无功出力上限、下降有功功率固定值、允许光伏倒送功率值、有功功率调节绝对值、发出有功功率值等。

选择完调控模式后，点击状态确认按钮，确认该设备状态正常，在遥控监护界面填写人员名称、遥控口令，点击下一步，如图 2-44 所示。

点击执行按钮，系统会反馈命令已执行，至此调控指令已下发至设备，经过 2～3min 后设备响应并执行该指令。需要注意的是，台区整体调控会通过调节台区下每台光伏的运行状态达到指令的调控结果，而调控结果非一定是平均形式，如图 2－45 所示。

图 2－44　填写遥控监护人员

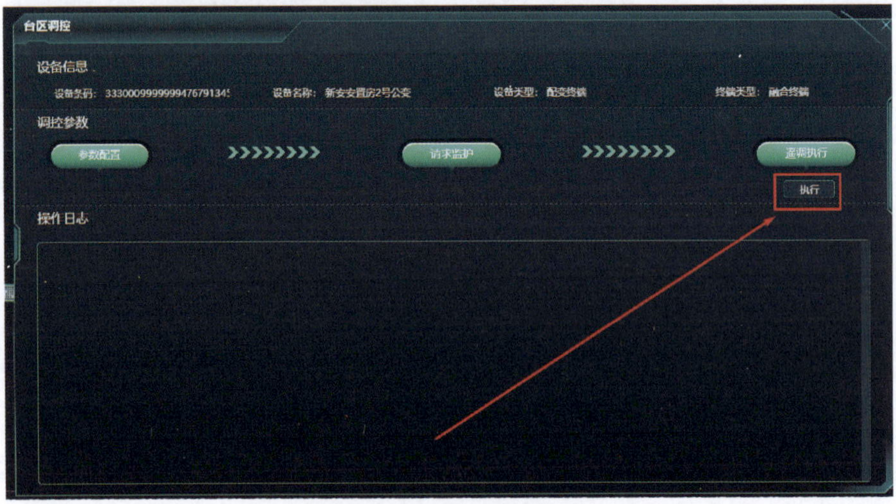

图 2－45　点击执行按钮

❖测一测

1. 单台光伏逆变器的调控方式有哪些？

2. 台区整体调控功能包含哪些？

答案

1. 对单台光伏逆变器的调控方式包括有功功率百分比、无功功率百分比、有功功率绝对值、无功功率绝对值、有功功率下降值等。

2. 台区整体调控功能包含光伏有功出力上限、无功出力上限、下降有功功率固定值、允许光伏倒送功率值、有功功率调节绝对值、发出有功功率值等。

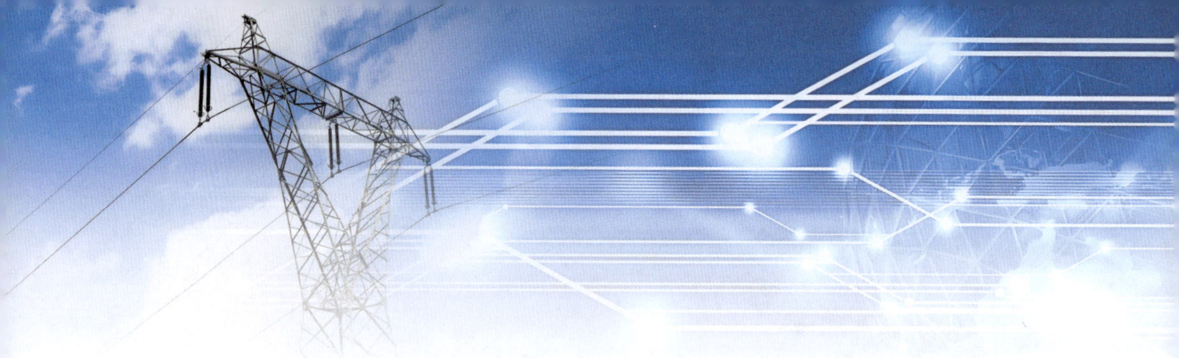

第三章　运行状态监测

本章聚焦

- 了解智慧站房监测的监测数据和各相关模块功能。
- 掌握低压分布式光伏验收的操作流程。
- 掌握中压分布式光伏验收的操作流程。

知识脉络

智能验收

1 中压分布式光伏监测
2 低压分布式光伏

智慧站房监测

1 简介
2 监测设备管理
3 站内监视

第一节　分布式资源监测

一、中压分布式光伏监测

（一）中压分布式光伏接入监测

中压分布式光伏接入情况可在配电自动化 I 区主站主界面－调控－分布式电源目录界面进行查看，如图 3－1 所示。

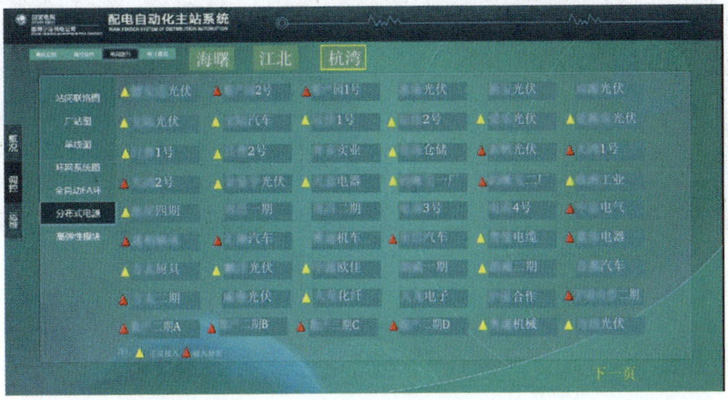

图 3－1　中压分布式光伏接入监测

（二）中压分布式光伏通道监测

中压分布式光伏通道情况可在光伏前置服务器中通过前置实时数据界面上进行监测，查看分布式光伏电源的通道在线情况，如图 3－2 所示。

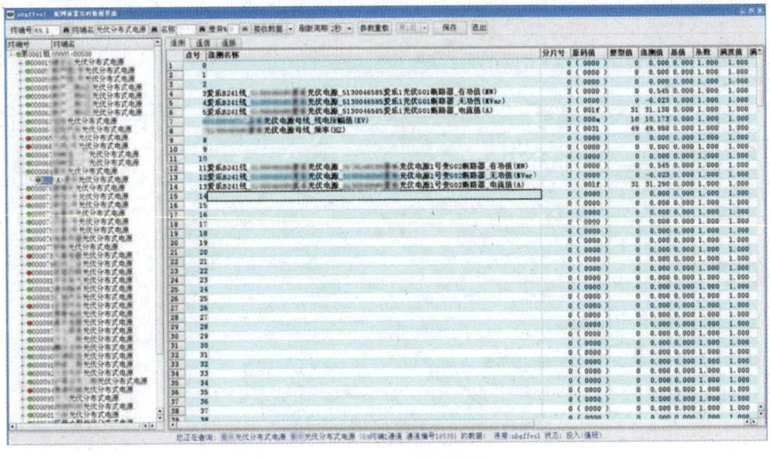

图 3－2　通道在线情况

（三）中压分布式光伏数据监测

在中压分布式光伏站点站内图中可监测该分布式光伏电源的开关遥信状态、开关有功无功电流数据、母线电压、频率数据，如图 3–3 所示。

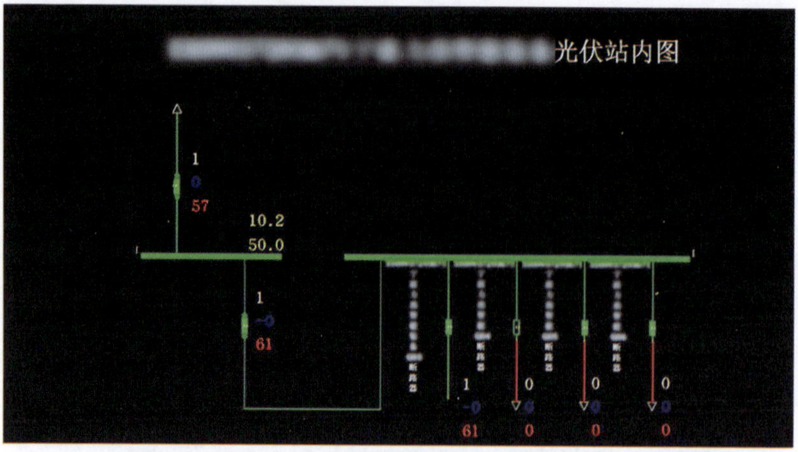

图 3–3　中压分布式光伏站点站内图

二、低压分布式光伏运行监测

依据总部对配网分布式光伏“四可”能力建设总体技术路线指导，配电自动化Ⅳ区主站（如图 3–4 所示）专项打造了“光伏运营监测专区”，以此实用化开展全域低压分布式光伏的建设规模总览、设备运行分析和智能管控应用，实现低压配网“四可”能力提升。

图 3–4　配电自动化Ⅳ区主站

模块路径：

配网实时监测 ➡ 台区大管家 ➡ 光伏综合管理

光伏综合管理主界面左上角，为光伏信息板块，呈现光伏用户整体规模，并对光伏用户开展“可观、可测、可调、可控”分类统计，点击数字会弹出详细的光伏用户清单。

光伏台区管理，直观展现光伏台区数量和占比，点击数字可以看到光伏台区详细列表，并可查看光伏台区的渗透率，如图 3-5 所示。

图 3-5　光伏台区管理

可按照配变名称、线路名称和光伏配变渗透率开展搜索查询。点击“定位”会跳转到地图上对应位置，如图 3-6 所示。

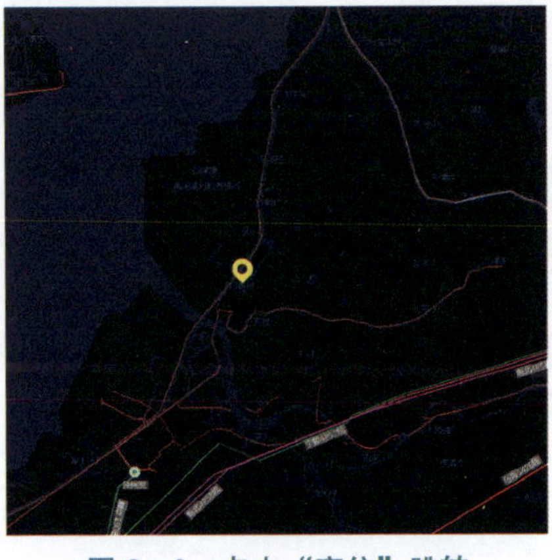

图 3-6　点击“定位”跳转

左下角“发展趋势”板块，按区域显示台区光伏发电量和设备数。

在首页右侧的运行指标区域，监测台区的运行状态，包括台区反向负载、电压越限和电能质量，如图 3-7、图 3-8、图 3-9 所示。

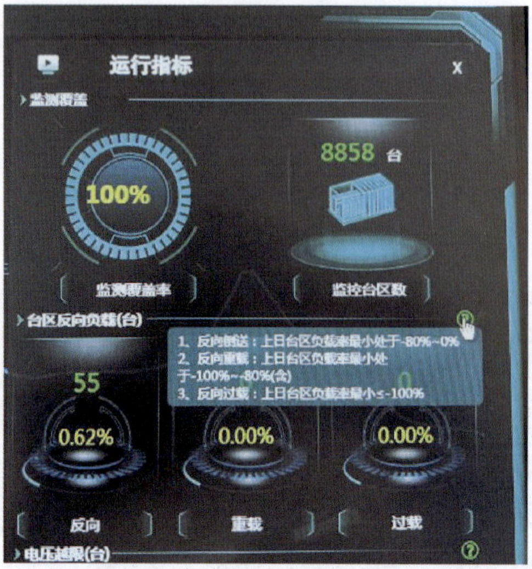

图 3-7　台区反向负载

（1）反向倒送：上日台区负载率最小处于－80%～0%。

（2）反向重载：上日台区负载率最小处于－100%～－80%（含）。

（3）反向过载：上日台区负载率最小≤－100%。

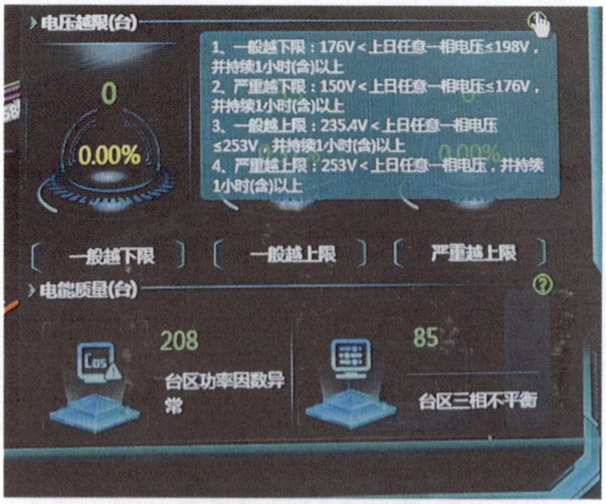

图 3-8　电压越限

（1）一般越下限：176V＜上日任意一相电压≤198V，并持续 1h（含）以上。

（2）严重越下限：150V＜上日任意一相电压≤176V，并持续 1h（含）以上。

（3）一般越上限：235.4V＜上日任意一相电压≤253V，并持续 1h（含）以上。

（4）严重越上限：253V＜上日任意一相电压，并持续 1h（含）以上。

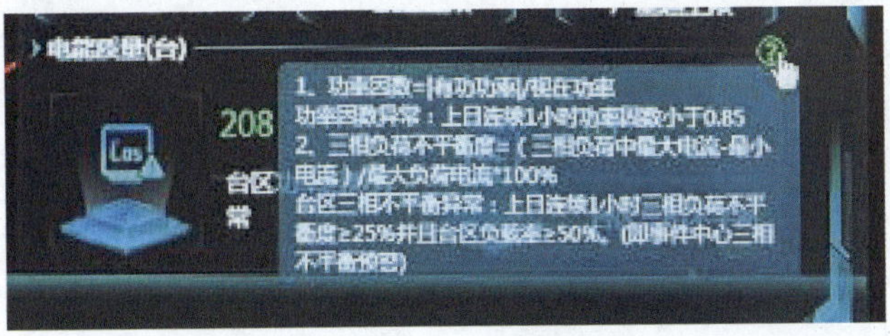

图 3-9　电能质量

（1）功率因数=|有功功率|/视在功率。

功率因数异常：上日连续 1h 功率因数小于 0.85。

（2）三相负荷不平衡度=（三相负荷中最大电流－最小电流）/最大负荷电流×100%。

台区三相不平衡异常：上日连续 1h 三相负荷不平衡度≥25 并且台区负载率≥50%（即事件中心三相不平衡预警）。

点击运行监测上面的数字，会显示详细的台区清单，如图 3-10 所示。

所属地市	所属县公司	所属线路	设备条码	配变名称	负载率(%)	负载类型	发生时间	操作
宁波公司	杭湾供电分公司	飞虹X204线	3330009999999480...	路湾村6号公变(杭湾)...	-0.47	反向倒送	2024-07-25 09:30:00	明细 定位
宁波公司	余姚供电公司	城东C578线	3330009999999478...	浦中一队公变HD003...	-3.87	反向倒送	2024-07-25 09:45:00	明细 定位
宁波公司	杭湾供电分公司	预制X201线	3330009999999480...	西二村7号公变(杭湾)...	-3.91	反向倒送	2024-07-25 11:30:00	明细 定位
宁波公司	余姚供电公司	沈湾C174线	3340521009400146...	沈湾2号公变HA0075...	-1.58	反向倒送	2024-07-25 13:15:00	明细 定位
宁波公司	海曙供电分公司	林海A705线	3340521113700146...	林村17号公变_公变...	-3.01	反向倒送	2024-07-25 13:45:00	明细 定位
宁波公司	江北供电分公司	东晖P580线	3340521100900145...	维拉小镇3号配电室1...	-1.03	反向倒送	2024-07-25 13:30:00	明细 定位
宁波公司	余姚供电公司	仁和C787线	3330009999999478...	祠堂家公变HG00047...	-5.87	反向倒送	2024-07-25 10:30:00	明细 定位
宁波公司	江北供电分公司	湖塘P593线	3340521113700146...	湖畔横山2号配电室3...	-1.11	反向倒送	2024-07-25 11:30:00	明细 定位
宁波公司	杭湾供电分公司	大兴X603线	3330009999999478...	富民村5号公变(杭湾)...	-1.78	反向倒送	2024-07-25 11:00:00	明细 定位
宁波公司	杭湾供电分公司	富北B261线	3330009999999480...	新舟村10号公变(杭湾...	-0.14	反向倒送	2024-07-25 11:15:00	明细 定位
宁波公司	宁海供电公司	东区E119线	3340521100900146...	储家村2号公变_公变...	-12.4	反向倒送	2024-07-25 13:30:00	明细 定位
宁波公司	余姚供电公司	曹家Z098线	3330009999999480...	沈家弄测桥公变HB0...	-0.76	反向倒送	2024-07-25 10:30:00	明细 定位
宁波公司	宁海供电公司	越溪E971线	3330009000000389...	雪坡村4号公变_公变...	-12.23	反向倒送	2024-07-25 09:00:00	明细 定位
宁波公司	宁海供电公司	城塘E249线	3340521100900146...	对岙岭4号公变_公变...	-0.85	反向倒送	2024-07-25 13:30:00	明细 定位
宁波公司	余姚供电公司	杭栎C783线	3330009999999478...	杨丁南公变HG00428...	-9.38	反向倒送	2024-07-25 09:30:00	明细 定位

图 3-10　台区清单

点击“明细”，会进入到台区光伏界面。分为“台区监测”“参数配置”“台区整体调控”“光伏监测”和“台区图”五个展示界面。

台区监测界面下，展示整个台区的运行信息，包括A相电压、B相电压、C相电压、A相电流、B相电流、C相电流、有功功率、无功功率、功率因素等，下面显示实时的台区负荷曲线，如图3-11所示。

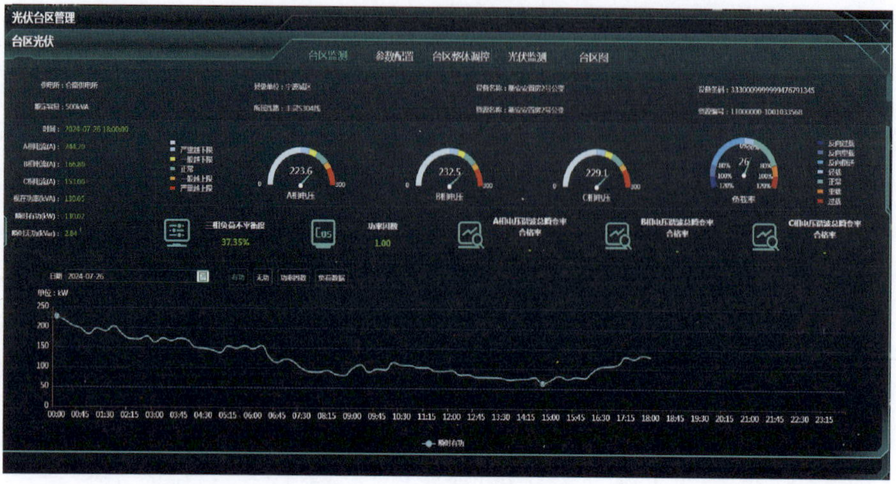

图3-11　台区负荷曲线

在台区监测界面，可以直观地看到该台区低压光伏用户信息、装机容量、电压等级、消纳方式等，如图3-12所示。

图3-12　台区监测界面

点击某个用户的光伏断路器，可以看到三相电压、三相电流和有功无功信息，下面展示光伏断路器的实时负荷曲线，如图 3－13 所示。

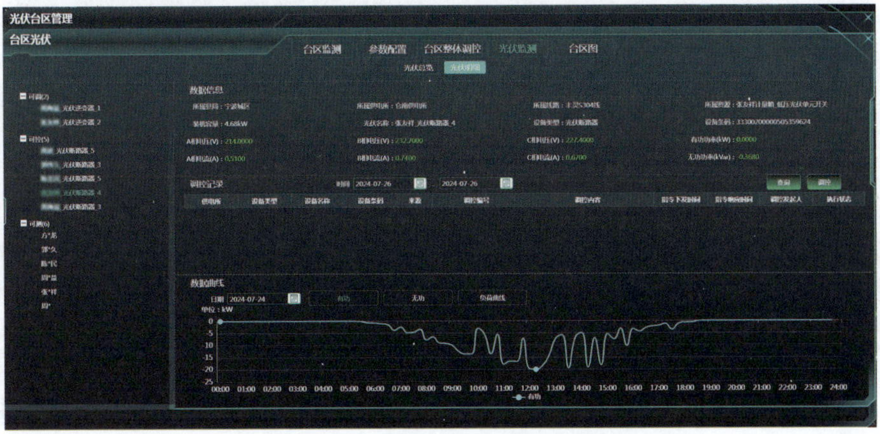

图 3－13　光伏断路器的实时负荷曲线

点击“调控”按钮可实现对光伏断路器的远程控制。点击“状态确认”可确认光伏断路器是否遥控成功，如图 3－14 所示。

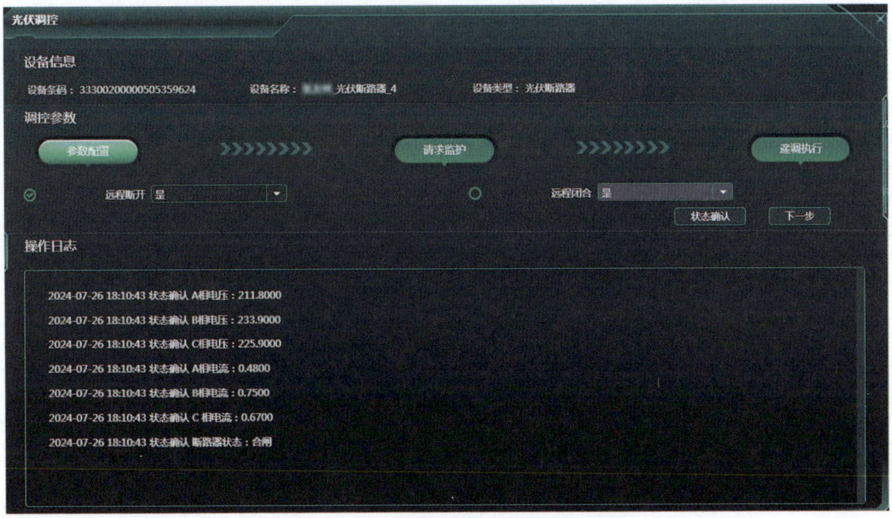

图 3－14　远程控制光伏断路器

点击某个用户的光伏逆变器，可以看到三相电压、三相电流和有功无功信息，下面展示光伏逆变器实时负荷曲线。调控记录可展示一定时间段内对该光伏逆变器的调控记录，如图 3－15 所示。

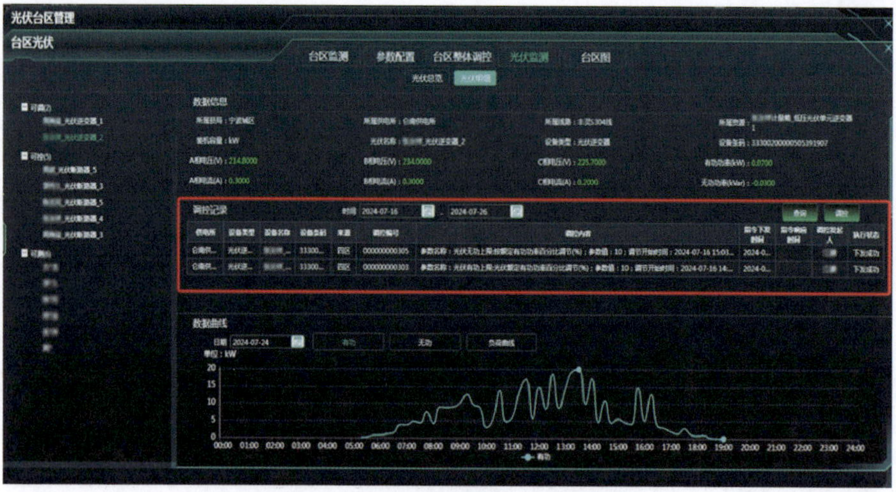

图 3-15　光伏逆变器的调控记录

在台区图界面，显示该台区低压拓扑图，拓扑图显示该台区下光储充资源的实时运行数据，如图 3-16 所示。

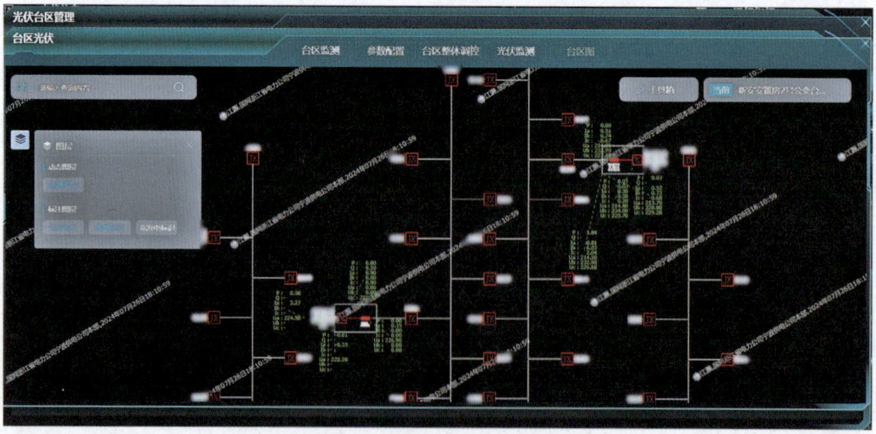

图 3-16　光储充资源的实时运行数据

❖测一测

1. 站内监测模块主要展示哪些数据?

2. 在运行指标区域，可以监测台区的哪些运行状态?

答案

1 该分布式光伏电源的开关遥信状态，开关有功无功电流数据、母线电压、频率数据。

2 台区反向负载、电压越限和电能质量。

第二节　智慧站房监测

智慧站房环境监控设备是融合终端向下延伸的典型应用，包含水浸、烟感、环境温湿度、SF_6、门禁等传感器及视频监控设备，配电自动化Ⅳ区主站则主要由监测设备管理和站内监测两大模块构成。

一、监测设备

1. 监测设备管理

主要统计了全大市所有改造过的站房数量，包括基本型、标准型、智能型、保电型四类。另外统计了站房所有安装过传感器的数量，如：环境温湿度、气体传感器、水浸、烟感、门禁、联动控制器，如图 3－17 所示。

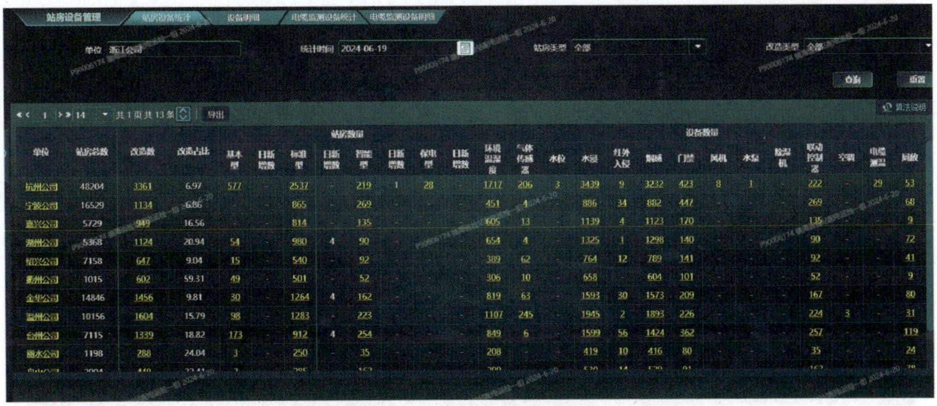

图 3－17　站房设备统计

路径：

指标分析 → 综合报表 → 监测设备管理 → 站房设备统计

分项模块－设备明细，该分项模块可以继续细化区分各类不同的站房，设备类型可选择融合终端或者智能物联代理装置，站房类型选择开关站或配电站，如图 3－18 所示。

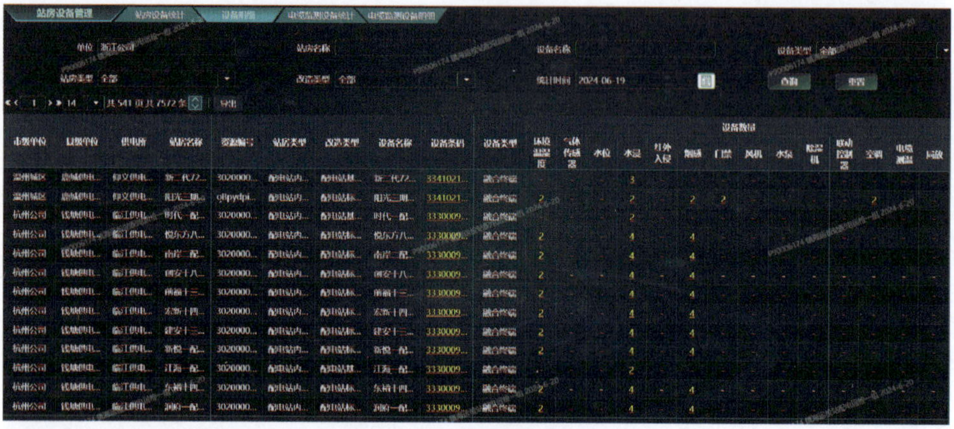

图 3－18　设备明细

分项模块－电缆监测设备统计，该分项模块可以统计地钉等电缆监测设备，如图 3－19 所示。

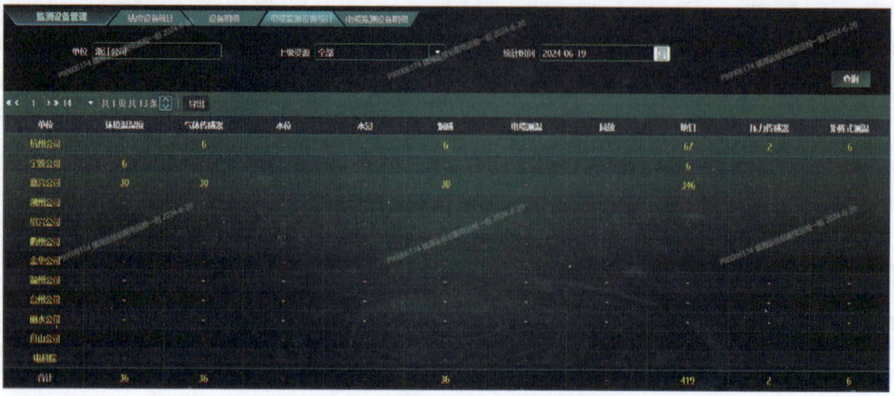

图 3－19　电缆监测设备统计

分项模块－电缆监测设备明细，该分项模块可以按环网柜、开关站点位来查看电缆监测设备，如图 3－20 所示。

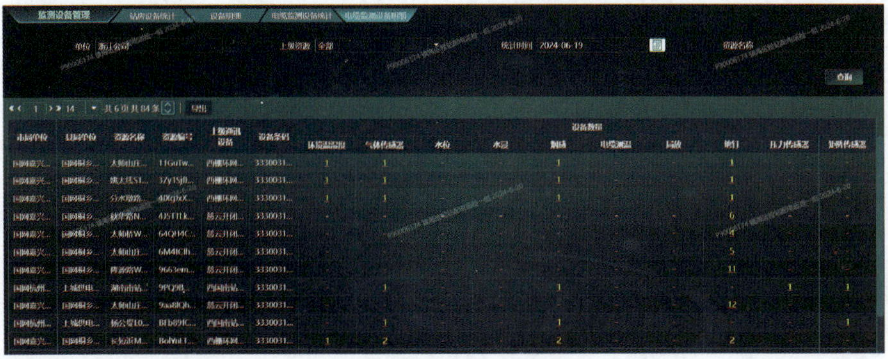

图 3－20　电缆监测设备明细

2. 设备及传感器安装

路径：

导航 → 设备资产管理 → 调试管理 → 装置安装

设备安装：在左侧设备树找到目标站房，双击后右侧开始进行智能物联代理装置安装，点击添加终端进入下一步，如图 3－21 所示。

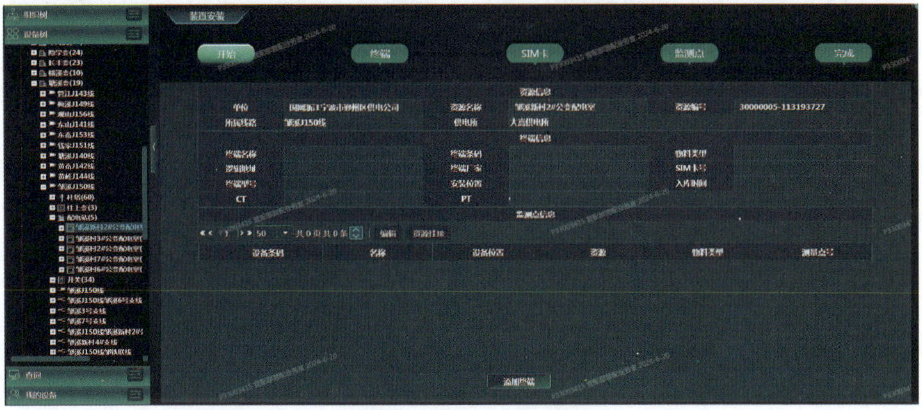

图 3－21　装置安装

物料类型选择智能物联代理装置，厂家选择安装资料提供的厂家名称，终端条形码选择安装资料提供的条码（此处可以模糊查询），点击下一步完成即可，如图 3－22 所示。

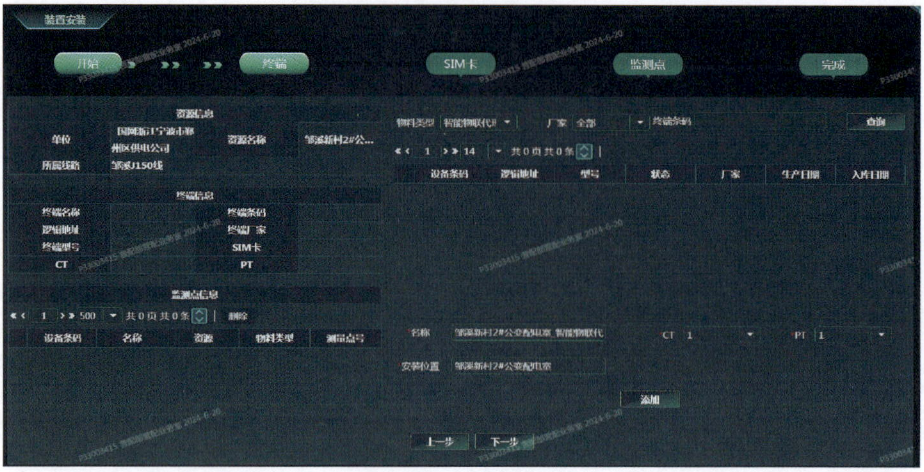

图 3－22　物料类型

然后在装置调试模块中，开始日期选择系统安装的日期，设备条码选择刚刚安装过的条形码，物料类型选择智能物联代理装置，查询后，点击手动调试即可开始系统自动调试，几分钟后再次查询即可查看调试结果，如图 3－23 所示。

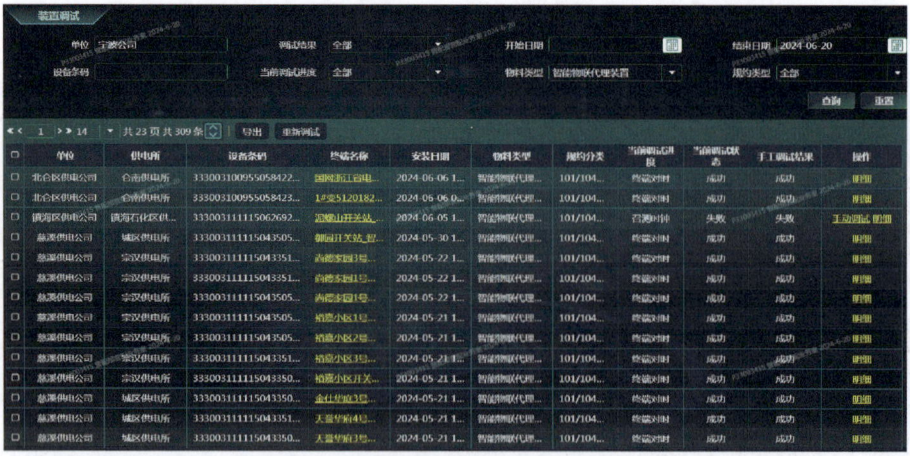

图 3－23　装置调试模块

烟感、水浸、环境温湿度等传感器安装：安装路径与智能物联代理装置一致，在装置安装中选择增加监测点开始安装，如图 3－24、图 3－25 所示。

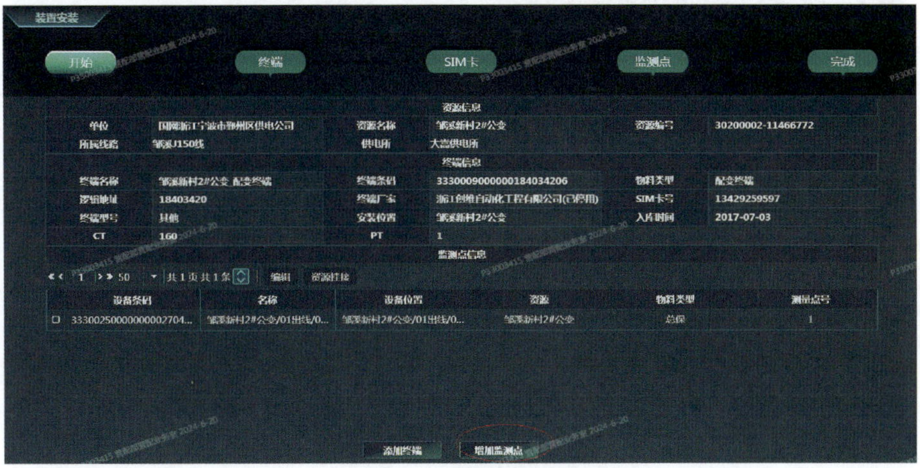

图 3－24　传感器安装

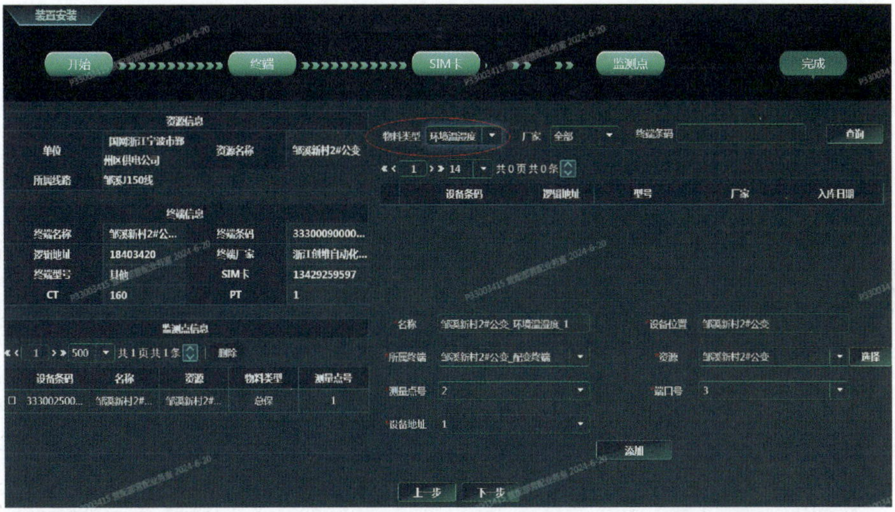

图 3－25　增加监测点

二、站内监测

站内监测模块主要展示该站智能运营时长、站内设备统计、实时告警列表、实时视频、当日自主巡视概况以及各类监测数据，设备主人可通过此看板实现设备信息、设备状态、环境监测等数据，如图 3－26 所示。

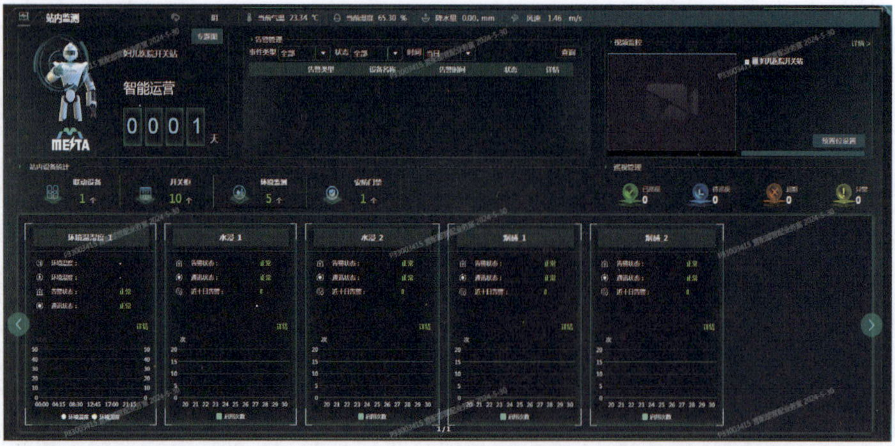

图 3－26　站内监测模块

智慧站房综合平台分为管理者视角以及运营者视角，管理者视角可查看站房内分布传感器的数量以及实时告警、设备在线等数据；运营者视角可查看站房内的配电站房的建设情况、巡视概况等，并且通过告警监测查询详细的故障信息，如图 3－27、图 3－28 所示。

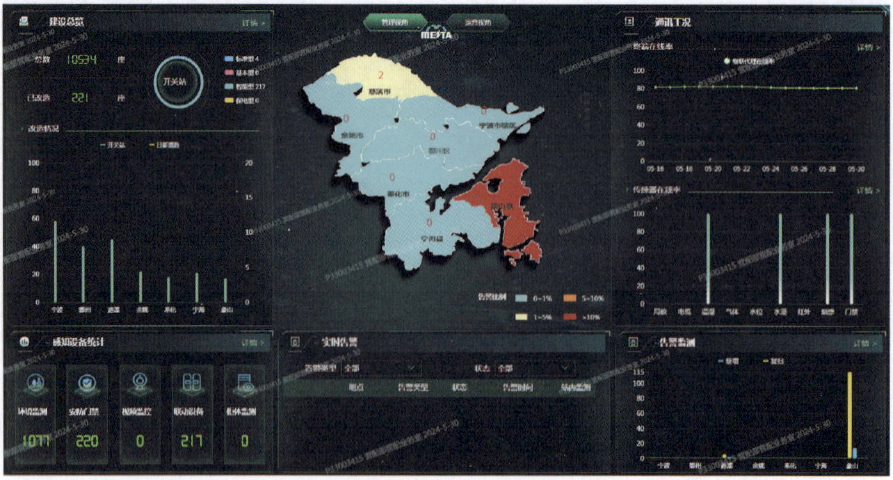

图 3－27　管理者视角

开闭所智能运营平台可以查看建设总览、改造情况以及感知设备统计、终端与传感器通信工况、实时告警与告警监测，如图 3－29 所示。

图 3－28　运营者视角

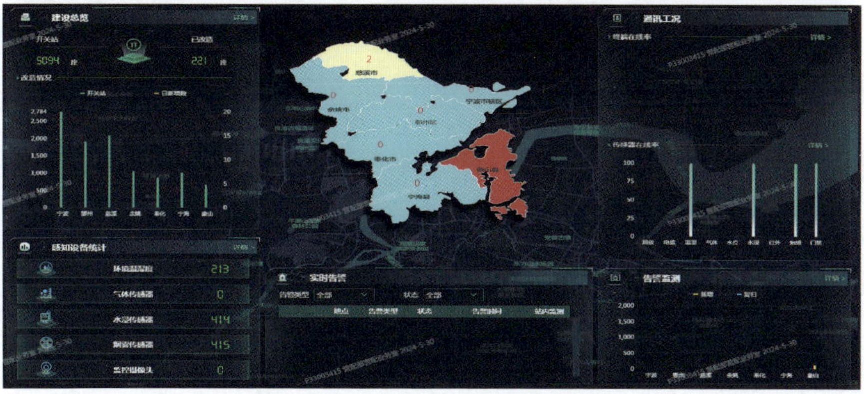

图 3－29　开闭所智能运营平台

❖测一测

1. 智慧站房环境监控设备主要包含哪些？
2. 站内监测模块主要展示哪些数据？

答案

1　智慧站房环境监控设备主要是融合终端向下延伸应用，包含了水浸、烟感、环境温湿度、SF_6、门禁等传感器，还包含了视频监控设备的接入。

2　该站智能运营时长、站内设备统计、实时告警列表、实时视频、当日自主巡视概况以及各类监测数据。

第四章 配网故障处置

本章聚焦

- 了解单相接地故障及单相接地选段自动试拉工具的应用。
- 了解相间故障及双工字FA的应用。
- 掌握配网故障研判的相关模块。

知识脉络

接地故障
1. 接地试拉

相间故障
1. 双工字FA及延伸

故障综合研判
1. 事件中心
2. 配网故障研判
3. 短信订阅
4. 一四区贯通

第一节　接　地　故　障

一、行波测距

（一）基本原理

行波定位装置应用行波测距技术，其分相安装在架空线路上，实时监测线路对地电场、负荷电流以及故障高频电流，装置能自动识别故障行波电流、工频电流及对地电场信号，采集、存储波形数据。行波定位装置现场安装如图 4-1 所示。

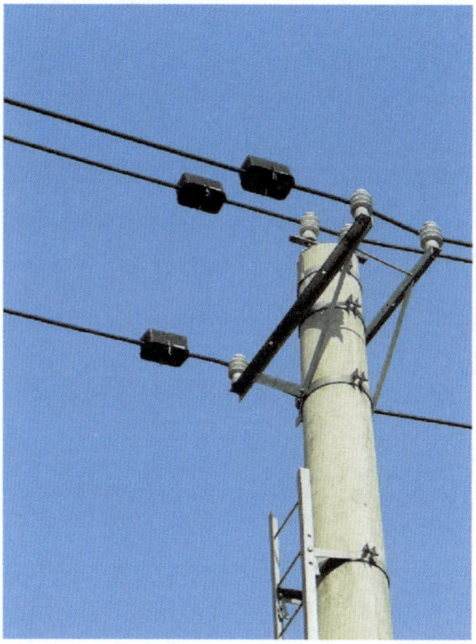

图 4-1　行波定位装置现场安装图

当接地故障发生时，装置上送故障前后的录波波形，配电自动化Ⅳ区主站借助 FFT、小波分析时频算法、模糊聚类算法等数学方法，对所获得的故障波形进行分析，实现 10kV 线路故障波形分析和行波波头识别，然后利用双端行波测距技术实现故障精确定位。行波测距精确定位原理及波形如图 4-2～图 4-8 所示。

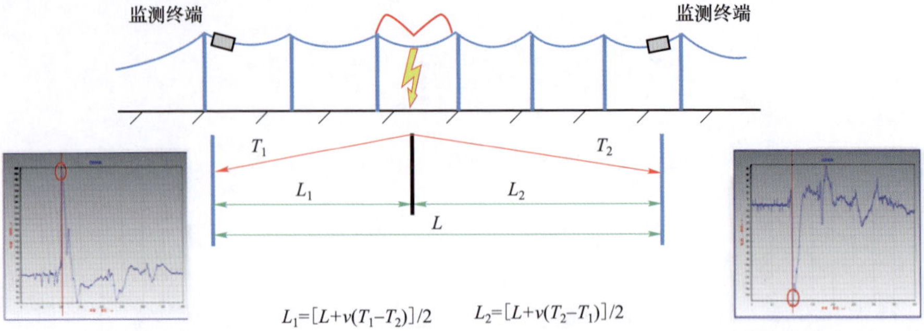

图 4－2 行波测距精确定位原理

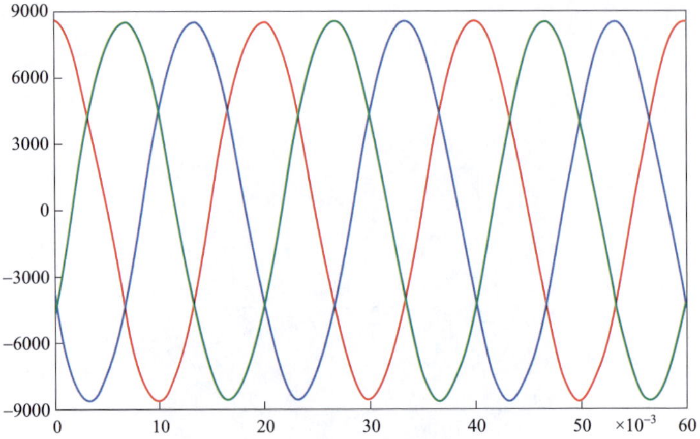

图 4－3 正常状态下三相电压波形

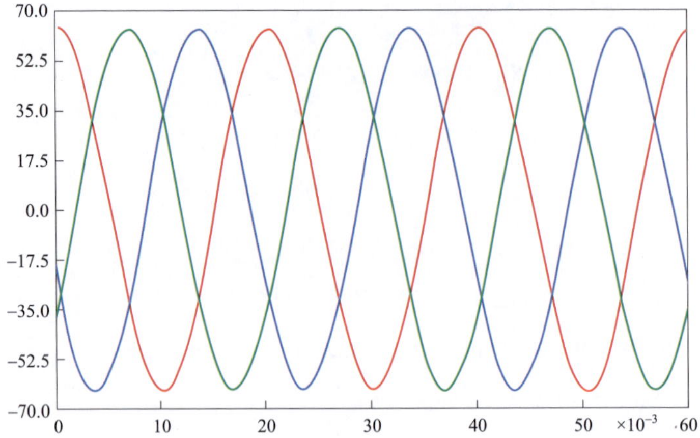

图 4－4 正常状态下三相电流波形

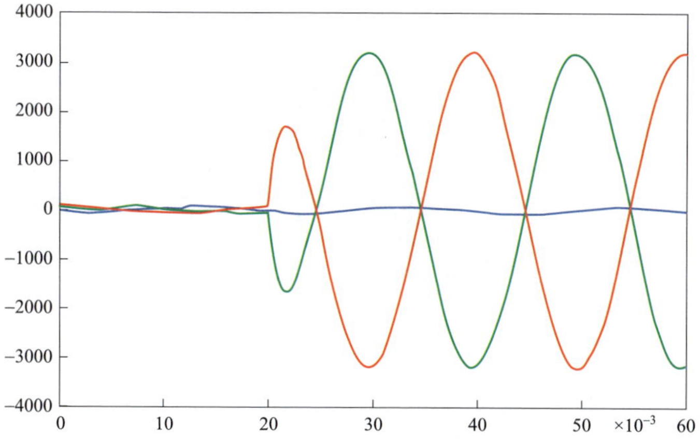

图 4–5　短路故障电流波形

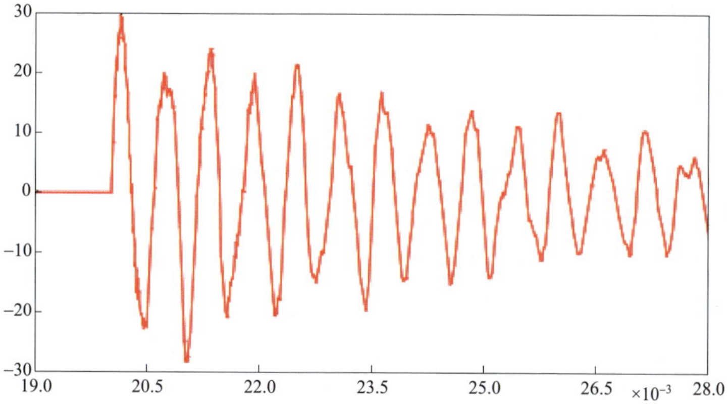

图 4–6　接地故障线路零序电流波形

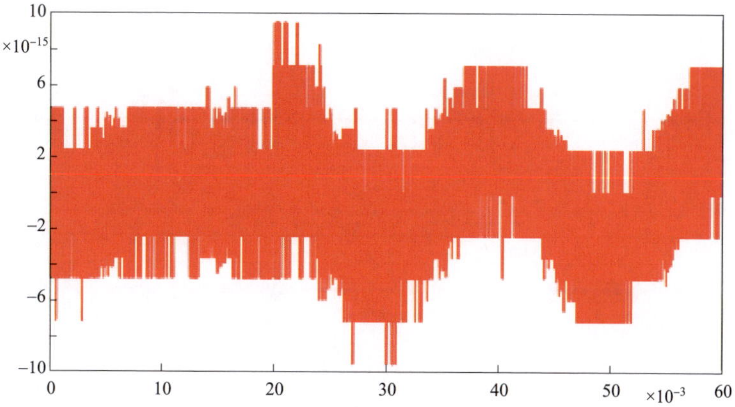

图 4–7　接地故障线路零序电压波形

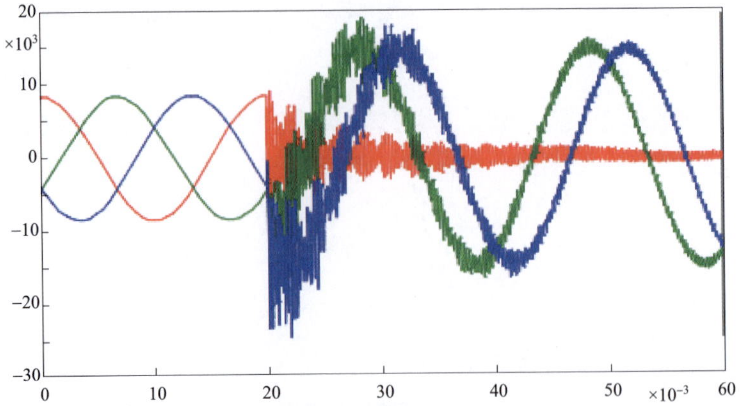

图 4-8　接地故障线路电压波形

（二）应用场景

行波定位装置可用于 6～35kV 电压等级架空线路故障精确定位，线径 35～240mm² 的架空绝缘导线及裸导线。选择安装点位时应注意：① 架空线路首端必须安装；② 架空主线宜每隔 3～5km 安装 1 套；③ 混合线路电缆较长时，架空与电缆连接处应安装 1 套；④ 分支线路视需求安装；⑤ 在线路末端安装时，需考虑线路日常负荷电流能维持装置正常运行。

行波定位装置可辅助配网线路绝缘隐患监测，近树木、鸟窝、漂浮物及金具、绝缘子、避雷器等绝缘缺陷引起的隐患，在闪络前均会产生周期性弱行波信号。通过监测提取放电特征量、放电次数及放电量作为对比参量，对放电历史数据进行对比，并结合趋势利用人工智能自主学习算法分析，即可实现线路隐患的识别及定位。绝缘隐患监测如图 4-9 所示。

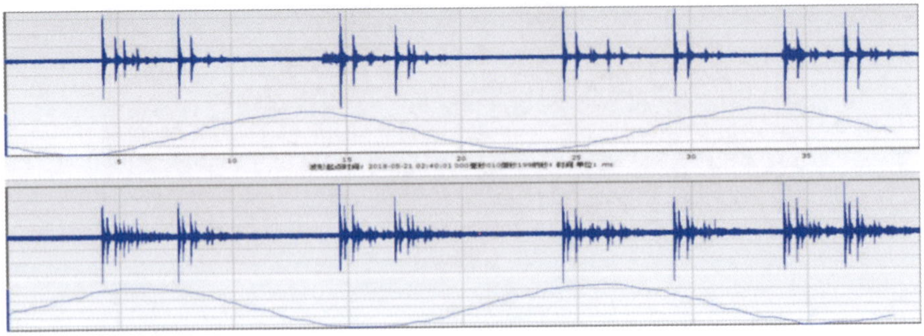

图 4-9　绝缘隐患监测

（三）小结

行波定位装置可实现小电流接地选线、故障精确定位和绝缘隐患监测等功能，其不受中性点接地方式影响，能实现各类短路及接地故障“杆塔级”精确定位，结合馈线自动化及其他自动化终端动作信息，帮助运维人员进行“故障定塔”式巡线，强化缺陷隐患排查治理，并大幅度减少故障查找时间，提升单相接地故障准确定位和快速处置能力，强化线路精益化运维管理水平，提升供电可靠性。

二、接地试拉

（一）概述

单相接地是电力系统常见的一种故障。小接地电流系统发生单相全接地故障时，接地相的对地电压变为0，非接地相的对地电压升高为相电压的$\sqrt{3}$倍。由于不构成短路回路，接地故障电流往往比负荷电流小得多，不必立即切除接地相，但如果不及时处理，很容易造成非接地相绝缘击穿，发展为两相、三相故障，乃至电缆井等着火造成大面积停电。因此单相接地不能长时间运行，需尽快查找并隔离故障点。

传统模式下，在确定了接地的配电线路后，如果没有智能开关接地告警信号等参考信息，则只能采用人工试拉、试送分段开关的方式来排查故障点。当线路较长、分段开关较多时，需要操作的开关数量很大，故障处置的时间较长，效率低下。

配电自动化智能应用——“单相接地选段自动试拉工具”能够自动追踪线路拓扑，自动判别三相电压，自动生成接地试拉方案、负荷转供方案，一键实现接地故障精准定位、隔离与非故障区域负荷快速转移，大大提高了单相接地故障处置的效率。

（二）单相接地选段自动试拉工具的应用

1. 原理介绍

单相接地选段自动试拉工具能够自动追踪线路拓扑，识别线路的“主干线”部分和“分支线”部分，并生成“单分支方案”“多分支方案”“完整支路方案”等多种方案供使用者选择。

“主干线”和“分支线”的判断逻辑为：首先识别出该线路的所有联络点，再从各联络点分别向电源侧追溯，并对路径上的开关标记并累加计数。当所有联络点向电源侧追溯完毕后，计数为 1 的开关所在路径为分支线，计数大于 1

的开关所在路径为主干线。当线路上任一开关发生变位后，程序会自动重新判别主干线和分支线。

单相接地选段自动试拉工具采用“边试拉边转供”的模式，优先将试拉出的非故障区域向对侧线路转移，以减少停电时间。在重要保供电或者在确保合环不会跳闸情况下，该工具还具备“热倒”转移负荷、隔离故障、恢复送电功能，以避免用户停电。

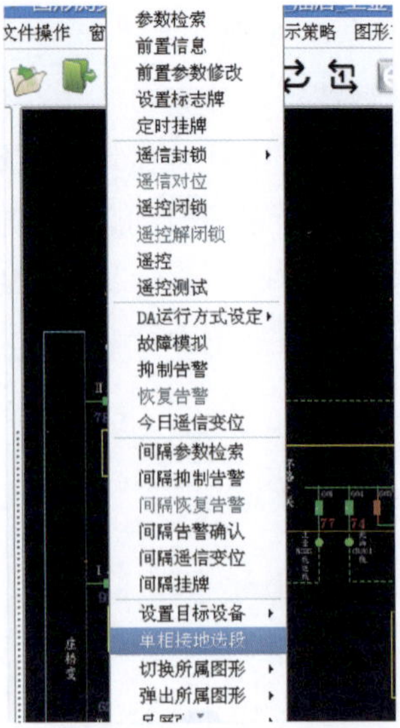

图 4-10　启动程序

2. 启动程序

打开图形浏览器，打开厂站图或环网图，对相应线路的变电站开关右键，选择“单相接地选段”（如图 4-10），即可启动单相接地选段自动试拉工具。

3. 试拉方案编辑

以宁波市海曙区 10kV 荣安—甬水系统环为例进行介绍，线路拓扑结构如图 4-11 所示。可以看到，荣安 N899 线存在多条分支线。

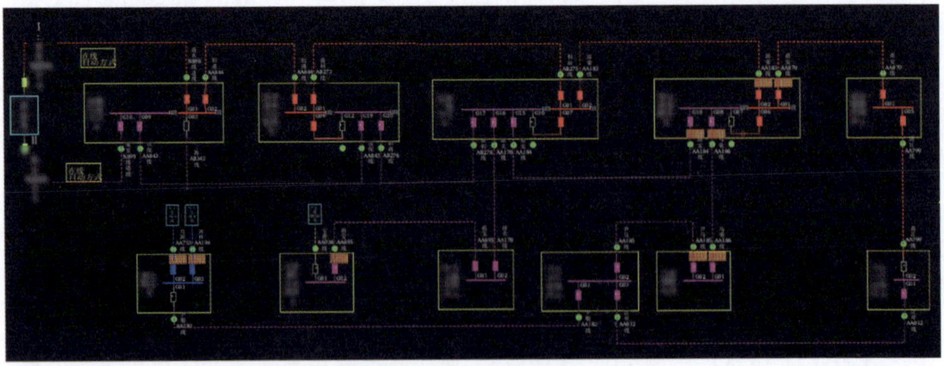

图 4-11　试拉方案编辑

右键点击澄浪变荣安 N899 开关，选择“单相接地选段”进入试拉方案编辑模式。

（1）单分支快速编辑。该模式一般用于简单拓扑图形，“生成方案”后，直接执行，其会自动选择最长的一条分支线并生成方案，默认为冷倒方案，点击

“热倒”可切换为热倒方案。也可通过勾选左侧复选框选择方案步骤（需要人工复核方案正确性），如图 4–12 所示，程序选择了站南广场开关站站关 AA178 线 G16 以下这一分支线并生成了方案。

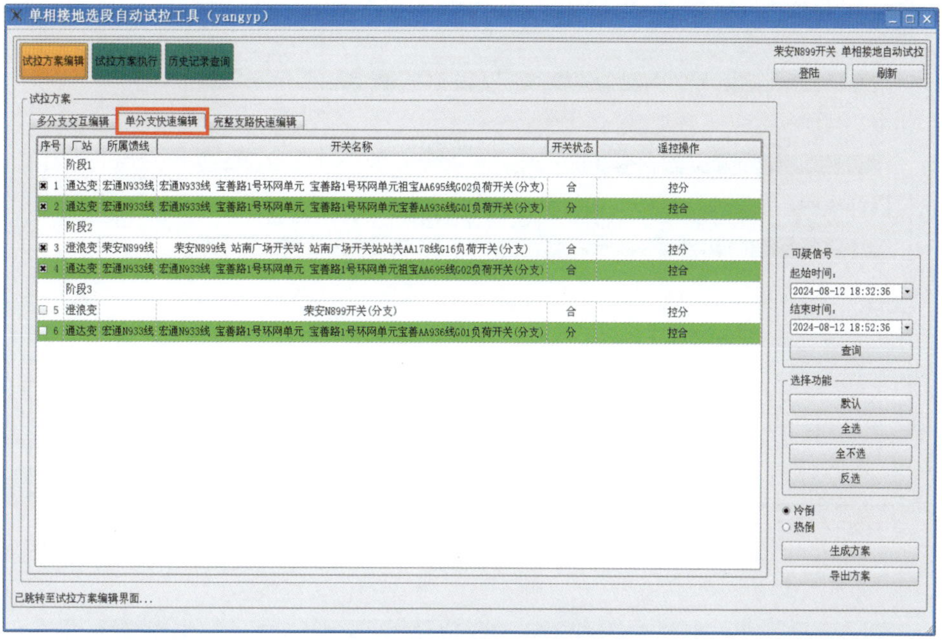

图 4–12　单分支快速编辑

（2）多分支交互编辑。该模式会选择多条分支线并分别生成方案，默认为冷倒方案，点击“热倒”可切换为热倒方案。通过勾选左侧复选框可选择方案步骤，可以选择一条或多条分支线来执行，如图 4–13 所示。程序选择了尹江 2 号环网单元尹银 AA182 线 G01 以下、站南广场开关站站关 AA178 线 G16 以下、尹江 2 号环网单元江岸 AA012 线 G03 以下这 3 条分支线并生成了方案。

（3）完整支路快速编辑。完整支路试拉方案是指从某一联络点往电源侧追溯，只考虑这一路径，对路径上的开关生成的接地试拉方案。程序自动追踪所有联络点，并分别生成接地试拉方案，并且为以后“FA 方案”——直接隔离故障、恢复送电开发做好准备。默认为冷倒方案，点击“热倒”可切换为热倒方案。通过勾选左侧复选框可选择方案步骤，由于不同的支路试拉方案有重叠部分，因此只能选择其中一条支路来执行，如图 4–14 所示，程序生成了 6 个联络开关对应的 6 条完整支路试拉方案。

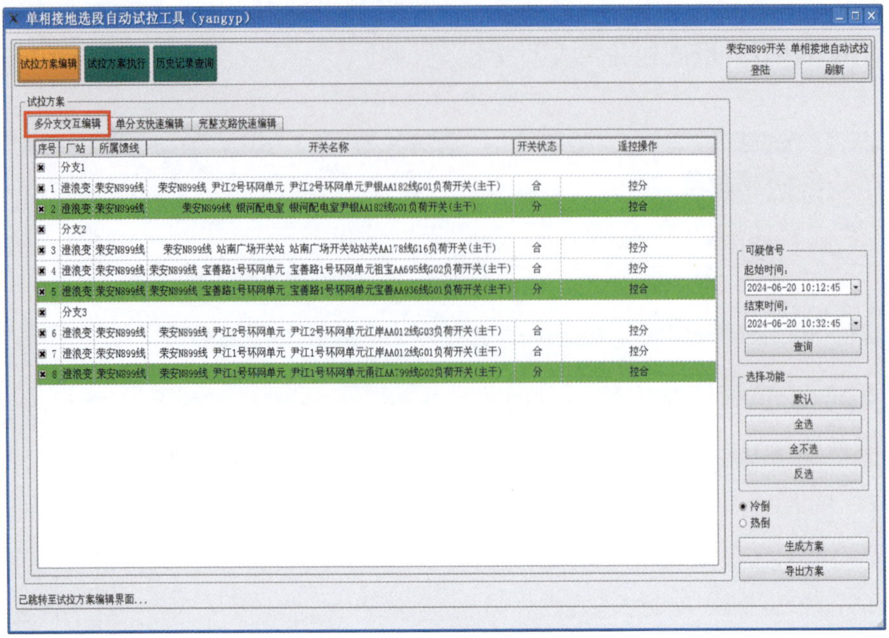

图 4－13　多分支交互编辑

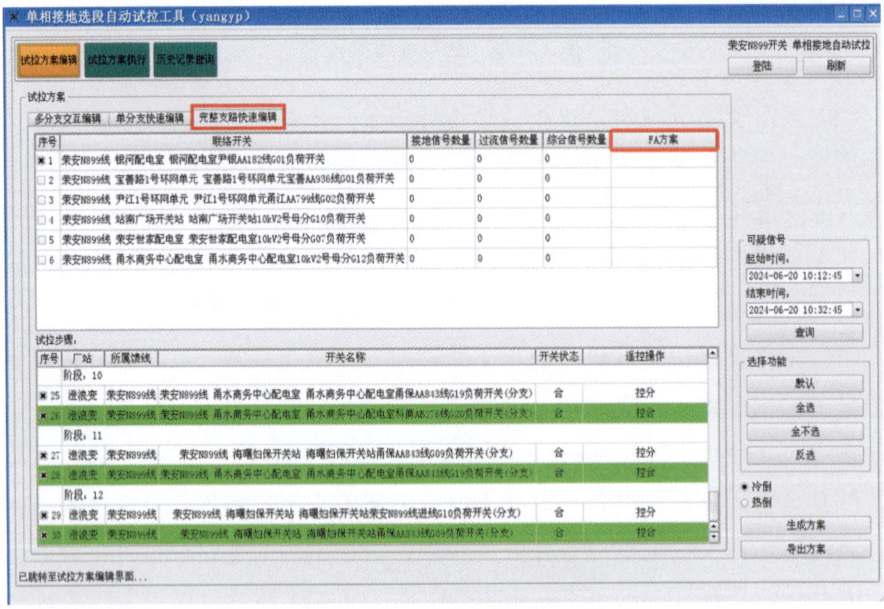

图 4－14　完整支路快速编辑

4. 试拉方案执行

以多分支交互试拉方案为例进行说明。点击“生成方案”，弹出对话框，如图 4-15 所示。点击“Yes”按钮，进入试拉方案执行页面，如图 4-16 所示。

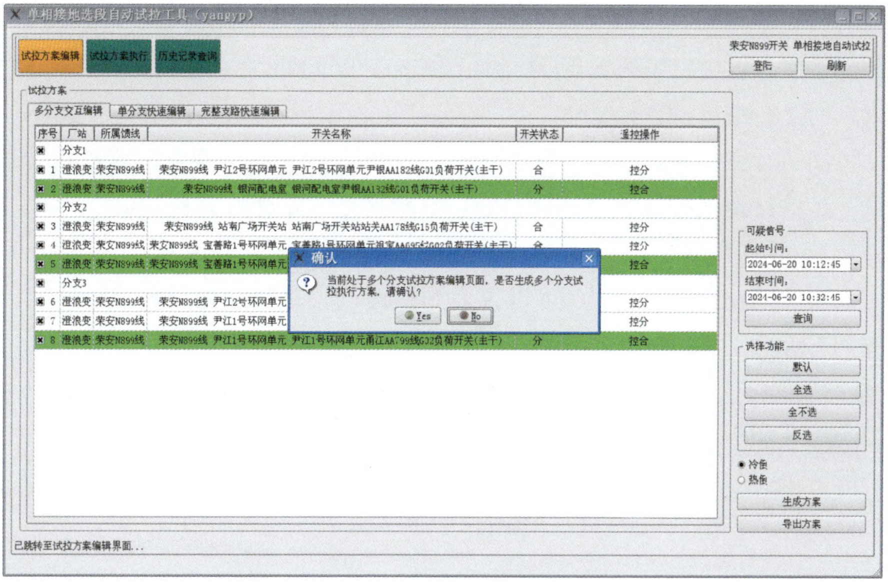

图 4-15 试拉方案执行

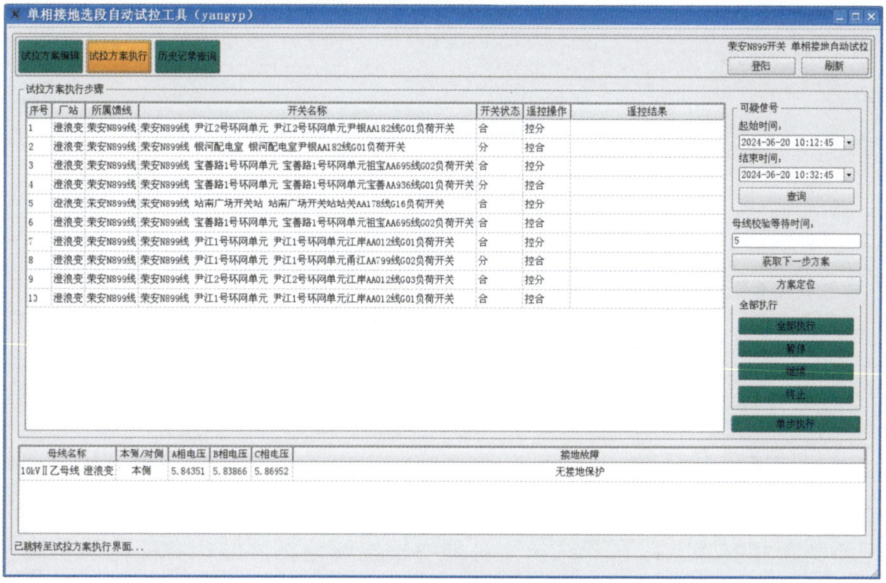

图 4-16 试拉方案执行页面

可以看到，试拉方案采用“边试拉边转供”的模式，拉开某一分段开关后，若单相接地还存在，则将该开关之后的线路向对侧线路转移，以减少停电时间。

方案执行有“全部执行”和“单步执行”两种模式。点击“全部执行”，系统会将所有步骤按顺序依次执行，每执行一步后，会自动判别母线电压或者“接地故障”信号以决定是否执行下一步。点击“单步执行”，则只操作一步，由人工来判断是否继续操作。

方案执行完毕后，点击“获取下一步方案”，则系统会根据新的拓扑关系生成进一步的接地试拉方案。如此循环，直到接地故障处置完毕。

5. 历史记录查询

点击“历史记录查询”，可以查询到接地试拉方案的编制和执行情况，如图 4–17 所示。

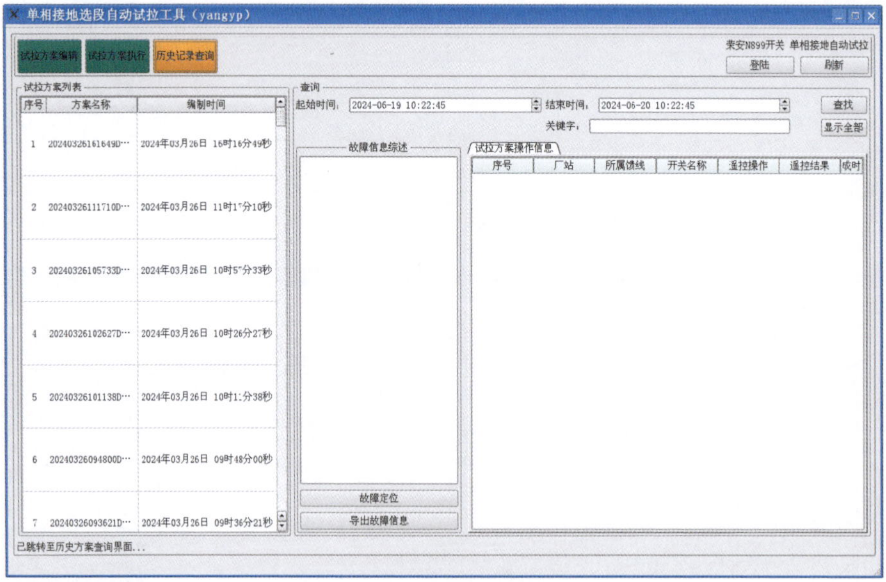

图 4–17 历史记录查询

（三）小结

单相接地是电力系统常见的一种故障，很多时候只能通过试拉开关来确定故障点。依靠人工来试拉、试送开关的操作量很大，故障处置的时间较长，效率低下。单相接地选段自动试拉工具能够根据线路拓扑结构智能化地生成多种接地试拉方案供使用者选择，自由度大、适应性强，能够实现“一键”接地试拉，大大提高了接地故障处置的效率，减少了用户停电时间，是接地故障处置的得力助手。2022 年 6 月国网宁波供电公司首次应用该功能，完成了 110kV 荐江变 10kV 盛达 N458 线单相接地事故处理，耗时仅 4min。本模块经多次更新迭代，现广泛应用于宁波公司单相接地事故处理中。

❖测一测

1. 小接地电流系统发生单相接地故障时，接地相和非接地相的对地电压如何变化？

2. 处置单相接地故障时，使用单相接地选段自动试拉工具的优势有哪些？

答案

1　小接地电流系统发生单相接地故障时，接地相的对地电压变为 0，非接地相的对地电压升高为相电压的 $\sqrt{3}$ 倍。

2　单相接地选段自动试拉工具能够根据线路拓扑结构智能化地生成多种接地试拉方案供使用者选择，自由度大、适应性强，能够实现“一键”接地试拉，大大提高了接地故障处置的效率，减少了用户停电时间。

第二节　相　间　故　障

一、小环分支型 FA 应用

（一）背景

目前，绝大多数配网故障都会引起变电站 10kV 开关继电保护动作，即全线任意区域发生故障，包括主干线、电缆、架空线路小环、分支线路故障，均会导致全线失电，造成较大的时户数，影响供电服务质量。

同时，针对线路过长导致继电保护无法保护到线路全长的情况，若保护范围外发生故障，馈线自动化（FA）无法正确动作，影响事故处理效率。为此，通过 FA 和继电保护协同配合，开展小环分支型 FA 应用，可减少主线停电次数，缩小停电范围，提升供电可靠性。

（二）建设应用

1. FA 动作原理

在保护级差可配合的前提下，线路分支首端、架空线路保护范围外额外配置一级或两级分支型 FA 功能，即当配网线路故障时，配网断路器开关代替变电站 10kV 开关跳闸，开展 FA 相应故障处理，无需全线停电，缩小事故停电范围。

2. 配电自动化Ⅰ区主站

相较于传统的主站集中式 FA，小环分支型 FA 在配电自动化Ⅰ区主站中的差异化配置只涉及断路器 DA 控制模式表和配网静态设备开关关系表，配置原则如下：

（1）断路器 DA 控制模式表。该表与常规变电站 10kV 开关配置基本相同，区别在于“开关名称”需用检索器关联小环分支型 FA 对应的配网断路器开关，如图 4－18 所示。

注意：“厂站名称”仍维护为实际所属变电站。

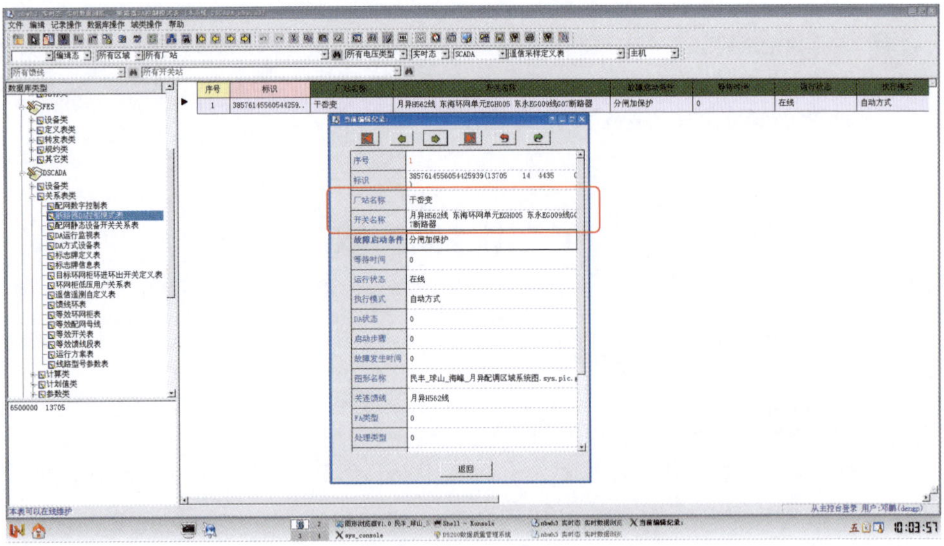

图 4－18　断路器 DA 控制模式表配置

（2）配网静态设备开关关系表。该表的“设备 ID”需用检索器关联小环分支型 FA 对应的配网断路器开关，“设备类型”维护为配网开关，“开关 ID1”需用检索器关联小环分支型 FA 对应的配网断路器，如图 4－19 所示。

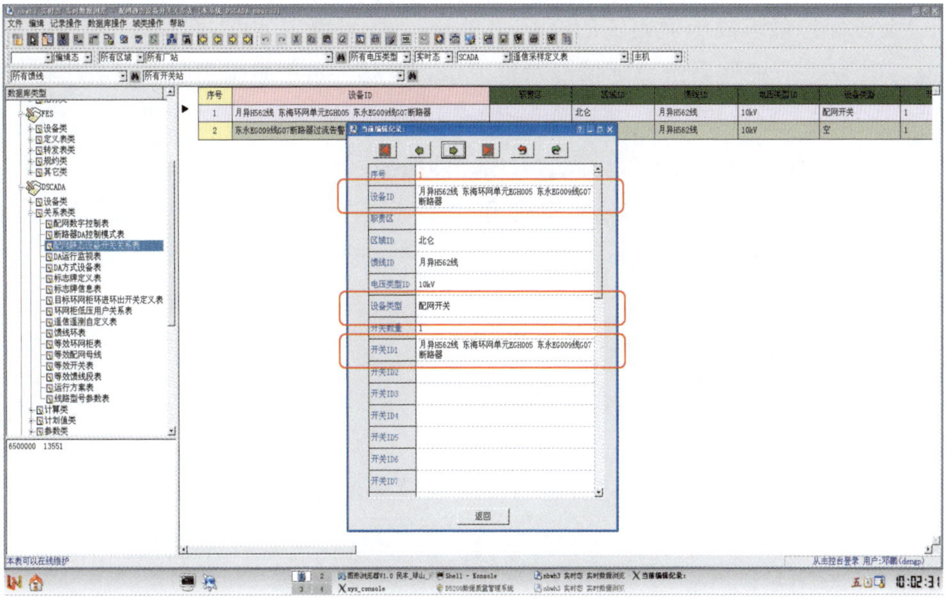

图 4－19　配网静态设备开关关系表配置

3. 现场设备

要实现小环分支型 FA，需要有配网开关代替变电站 10kV 开关跳闸，该开关应为断路器，具备开断短路电流的能力。

4. 保护配置原则

该开关应配置合理的保护定值，原则如下：

（1）保护定值应在配网线路的正常运行方式下进行合理设置，在配网线路检修、环网操作、倒电等非正常运行方式情况下，允许部分配网保护装置失去选择性。

（2）应用小环分支型 FA 的配网断路器柜可设置二段式电流保护（速断保护、过流保护）。

（3）应用小环分支型 FA 的配网断路器速断保护定值应与上游变电站 10kV 开关保护灵敏段配合。应保证分支线末端故障有灵敏度，同时应小于（等于）上游保护灵敏段电流定值的 0.8～0.9 倍，一般可整定为 800～1000A、时限 0.15s。计算时应根据系统实际情况对定值进行校核，如不能满足配合及灵敏度要求，应根据实际核算定值，时限可放宽至 0.2s。

（4）应用小环分支型 FA 的配网断路器过流保护定值应与上游变电站 10kV 开关保护最末段配合。可整定为分支线最大负荷电流的 1.5～2 倍，且应小于（等于）上游保护最末段电流定值的 0.8～0.9 倍，一般可整定 400～600A、时限 0.2～0.4s。计算时应根据系统实际情况对定值进行校核，如不能满足配合及灵敏度要求，应根据实际核算定值，时限可放宽至 0.3～0.6s。

（5）确保保护时间级差可配合，相邻两级配网保护时间级差需大于（等于）0.15s，确有需要时，时间级差可降低至 0.1s（存在上下级失配、越级跳的可能性），但需进行备案。

5. 信号传输

应用小环分支型 FA 的配网断路器，其保护动作信号需通过现场 DTU 或三遥智能开关上送配电自动化主站。

6. 典型案例

2023 年 5 月 4 日，干岙变月异 H562 线遭受雷击，东海环网单元 G07 间隔跳闸，小环分支型 FA 动作，96s 内完成故障区域隔离和非故障区域恢复供电，如图 4－20 所示。

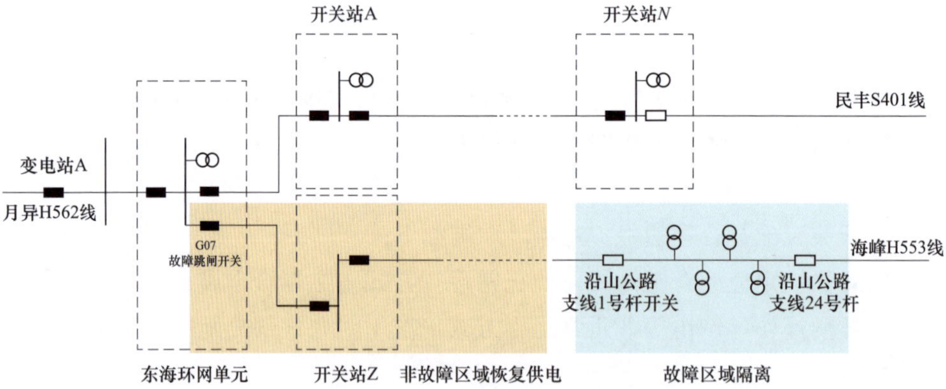

图 4－20 故障线路示意图

较之传统的集中式 FA，此次故障由环网站出线开关取代变电所 10kV 开关跳闸，故障影响的台区数从 51 个降低至 14 个，降低了 72.55%，极大缩小了停电范围，节约故障时户数，如图 4－21 所示。

（三）小结

小环分支型 FA 的应用，进一步缩小事故停电范围，提升故障研判精准度，有力支撑配网供电可靠性，提升用户体验。同时也为线路过长导致保护无法延伸到线路末端的问题提供了有效的解决方案，保障电网、设备安全稳定运行，加强配网智能化水平。

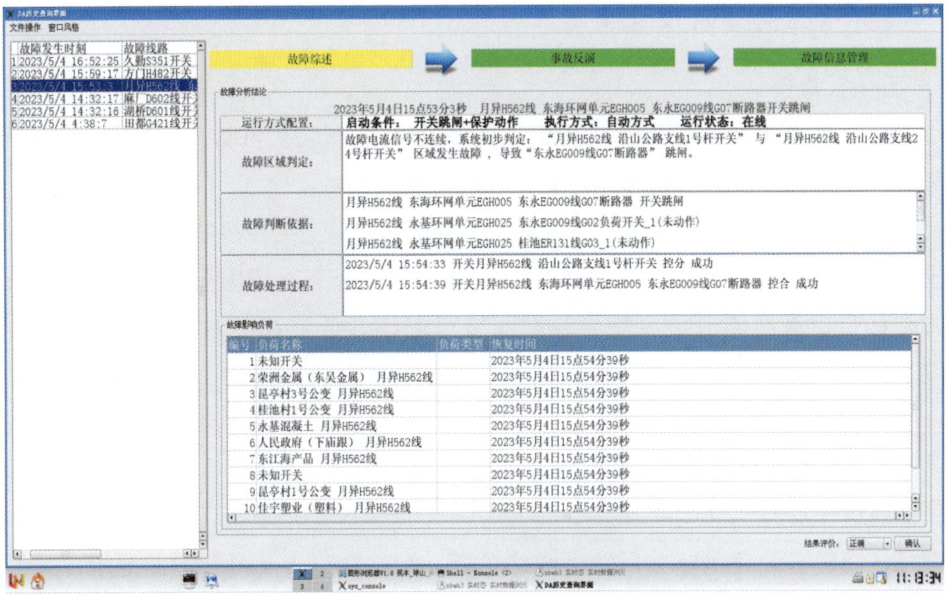

图 4-21　小环分支型 FA 动作策略

（四）注意事项

若小环、分支非正常运行方式时，为防止小环分支型 FA 误动，建议将其退出运行且小环开关保护退出或投告警。

❖测一测

1. 开展小环分支型 FA 应用有哪些优势？
2. 简述小环分支型 FA 动作原理。

答案

1. 进一步缩小事故停电范围，提升故障研判精准度，有力支撑配网供电可靠性，提升用户体验。

2. 当配网线路故障时，分支开关代替变电站10kV开关跳闸，开展FA相应故障处理，无需全线停电，缩小事故停电范围。

二、双工字 FA 及延伸

（一）背景

现有集中式 FA 功能转供逻辑是：若有多条转供路径时，将故障区域下游负荷全量转移至负载率最低的线路。

随着配电网的不断发展，线路负荷不断增长，但又缺少足够的联络通道，导致线路出现不满足 $N-1$ 的情况，即当一条线路由于各种原因失去电源时，其负荷转移至对侧线路时，可能导致对侧线路重载甚至过载，影响线路安全可靠运行。

（二）双工字 FA 应用

1.“工字”型接线方式

两组 10kV“手拉手”线路之间建立一个或二个电气连接，当配电网发生故障时，通过自动化策略分段转供线路负荷，满足线路“$N-1$”的前提下，提升原有 10（20）kV 线路的供电能力。

（1）“单工字”型接线。两组 10kV“手拉手”线路之间仅通过一个“工字型”联络，可将任意一组“手拉手”线路上的负荷转移至另一组“手拉手”线路。

（2）“双工字”型接线。在两组 10kV“手拉手”线路之间增加两组联络，可将任意一条线路负荷转带至其他三条线路，且三条线路不越限，则所带负荷之和为线路限额的 150%，即理想状态平均每条线路所带负荷由 50%提升至 75%。

在双环网的基础上，通过在负荷分布合适位置增设双桥联络，形成“双工字型”标准接线，如图 4－22、图 4－23 所示。

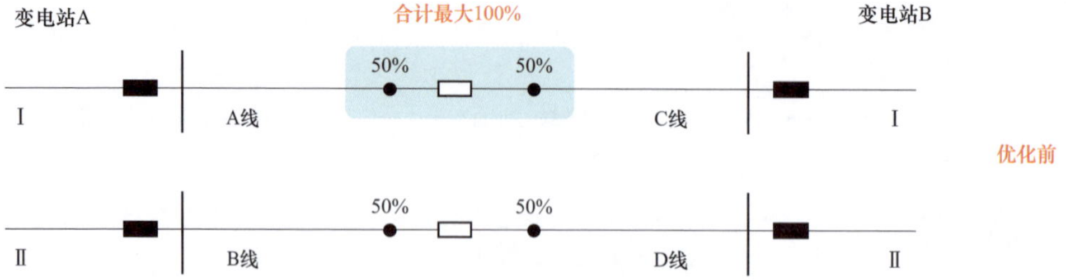

图 4－22 双工字网架结构优化前

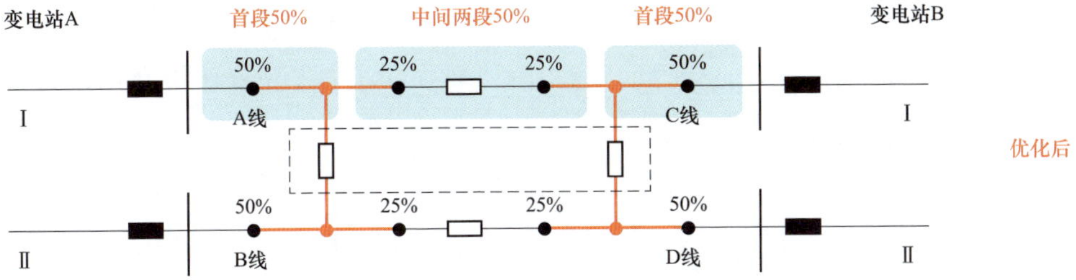

图 4－23　双工字网架结构优化后

2. 适用范围

“工字”型接线适用于不满足 $N-1$ 校验的双环网线路，通过增加母线联络，在不改变基本网架结构的基础上，提高线路承载力，满足 $N-1$ 校验规则。

而满足 $N-1$ 校验的双环网仍建议采用原有较为简单的手拉手负荷转移策略，随着负荷增长，可增加母线联络，向“工字”型接线演进。

3. 配网开关配置

将双工字 FA 线路中的部分开关设置成分段开关和弹性开关，如图 4－24 所示。

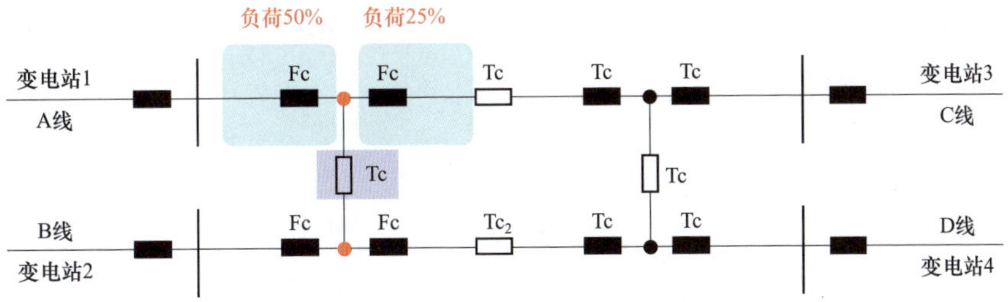

图 4－24　分段开关、弹性开关配置原则

分段开关（Fc）：配置在负荷分别为线路限额 50%和 25%分界点两侧的分段开关，具体为双工字 FA 线路的线路限额 50%配网母线出线开关、双工字 FA 线路的线路限额 25%配网母线进线开关，分段开关为合闸状态。以 50%、25%分界点两侧的分段开关作为负荷拆分点，其余开关不作为拆分点。

弹性开关（Tc）：一般选择联络开关，作为转供点进行配置。

4. 双工字 FA 算法

（1）程序计算发现下游负荷无法全量转供至某一条对侧线路时，即对故障下游负荷进行拆分计算。

（2）为了保证方案可用性，以分段开关作为负荷拆分点，其余开关不作为拆分点。

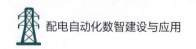

（3）计算对侧转供路径可转供容量时，普通转供开关可转供容量根据对侧电源剩余能力计算。

（4）弹性开关可转供容量根据对侧电源可供能力再加上转供电源下游的其他转供路径可有效转出负荷量之和，转出负荷控制开关也以分段开关作为转出点。

当下游其他转供路径不能够满足转出负荷要求时，则不对对侧转供电源下游进行转出操作，则弹性开关可转容量与普通联络开关计算方式一致。

5. 双工字 FA 动作逻辑

假设变电站 1、2、3、4 各出一条 10kV 线路 A、B、C、D，形成一个双工字网架结构。4 条线路的线路限额一致且均为 600A，按照双工字网架的优势，每条线路理想可带 75%的负荷，即 450A。

（1）故障点在变电站出线开关至线路限额 50%负载点之间。

若 A 线发生永久性短路故障，故障点位于线路限额 20%负载点处，如图 4-25 所示，故障点两侧开关拉开后完成故障隔离，由于故障下游需转出大于线路限额 25%的负荷，对侧线路 C 线无法承载，故对故障区域下游负荷进行拆分，实现分段转供。

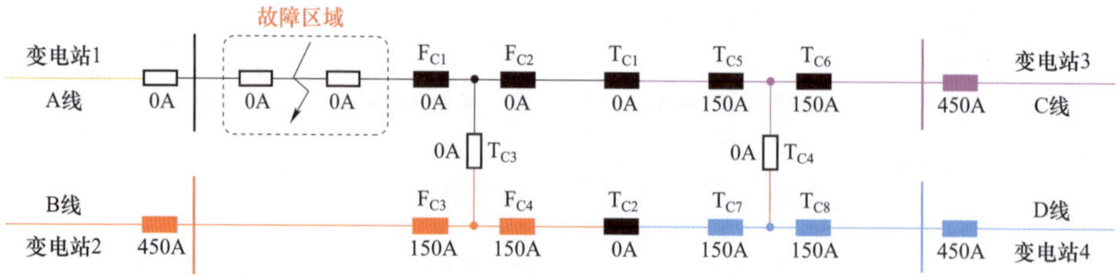

图 4-25　线路限额 20%负载点故障

故障区域下游转供方案为：

a）合上 B 线与 D 线的联络开关 T_{C2}，防止 B 线负荷拆分导致的短暂停电；

b）断开 B 线 50%分段开关 F_{C4}，开展负荷拆分，将 B 线 25%负荷 150A 转借至 D 线，D 线所带负荷达 600A，负载率 100%；

c）断开 A 线 50%分段开关 F_{C2}；

d）合上 A 线与 C 线的联络开关 T_{C1}，开展负荷拆分，将 A 线 25%负荷 150A 转借至 C 线，C 线所带负荷达 600A，负载率 100%；

e）合上 A 线与 B 线的联络开关 T_{C3}，将故障点下游至 F_{C1} 之间负荷 180A 转借至 B 线，B 线所带负荷达 480A，负载率 80%。

故障区域上游转供方案为：合上变电站 1 的 A 线开关，恢复送电。

转供后线路运行方式，如图 4-26 所示。

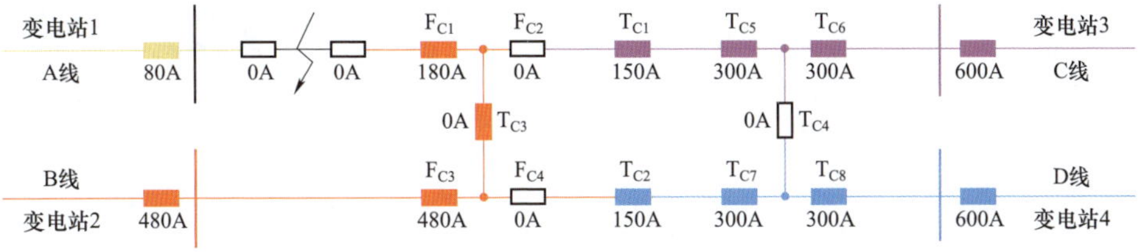

图 4-26　FA 转供后运行方式

（2）故障点在线路限额 50%负载点之后。若 A 线发生短路故障，故障点在线路限额 50%负载之后，程序完成故障隔离，由于故障下游需转出负荷小于线路限额 25%负载，对侧线路 C 线可承载，故不对故障区域下游负荷做拆分转供处理。

故障下游转供方案为：合上 A 线与 C 线的联络开关 Tc1，将故障下游负荷转供至 C 线，且 C 线未超载。

故障区域上游转供方案为：合上变电站 1 的 A 线开关，恢复送电。

转供后线路运行方式，如图 4-27 所示。

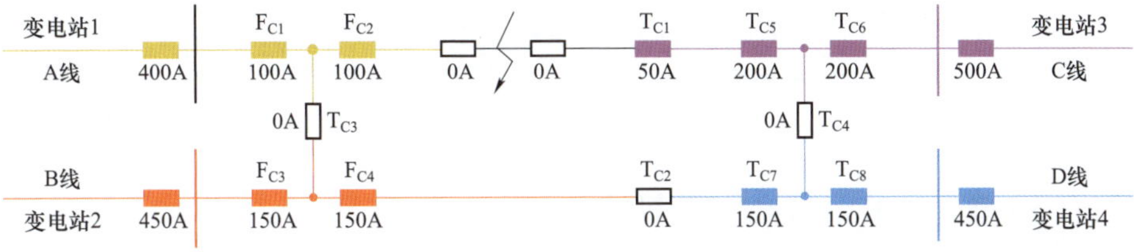

图 4-27　FA 转供后运行方式

6. 数据库配置

（1）配网开关表。对分段开关、弹性开关进行配置，在配网开关表中，分别选择需要配置的开关类型属性，图 4-28 所示。

（2）断路器 DA 控制模式表。待投运双工字 FA 功能的 10kV 线路，在断路器 DA 控制模式表，将“是否双工字”域的阈值配置为 2，其余非双工字线路默认为 0，如图 4-29 所示。

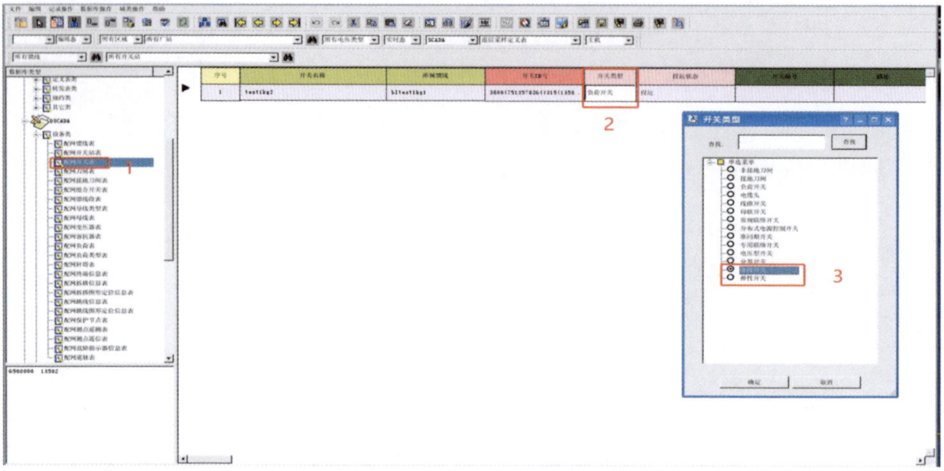

图 4－28　配网开关表配置

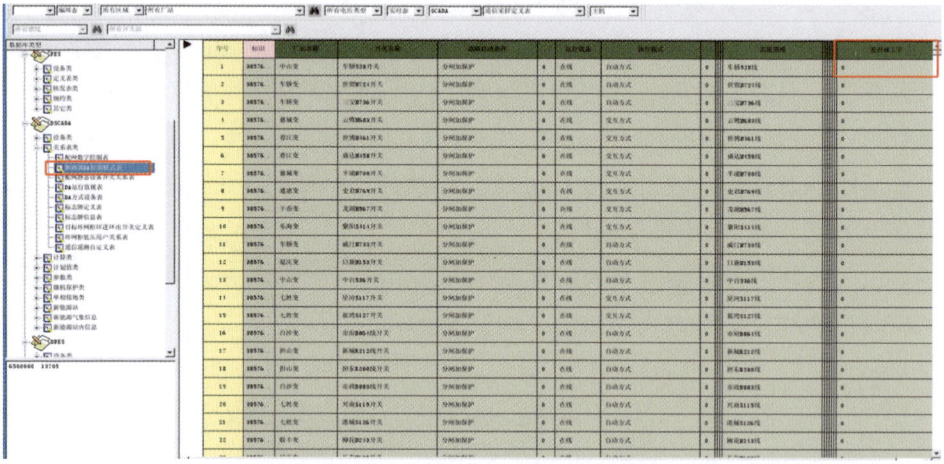

图 4－29　断路器 DA 控制模式表配置

（三）双工字 FA 延伸——分段转供 FA

双工字 FA 挖掘利用沉睡的电网数据价值，自动完成运行方式 $N-1$ 校验和多场景负荷转移，同时提升线路负荷承载力，可将线路负载率由原来最高的 50% 提升至 75%。此外，双工字 FA 负荷拆分转供时，具备将本线路部分负荷转借至其他线路，再接收故障线路负荷的能力。但由于其特殊的网架结构，存在一定局限性。

为此，在双工字 FA 的基础上，以负荷转供后线路负载波动率最小为目标，对 FA 开展优化，实现任意网架下配网故障负荷自动拆分转供功能，即当配电网故障时，FA 程序结合网架结构、实时潮流等因素综合计算，将非故障区域负荷分段拆分，自动给出多路径转供最优解，实现故障后转载线路负载均衡。动作逻辑如下：

变电站 1 的 A 线线路限额 450A，变电站 2 的 B 线线路限额 320A，变电站 3 的 C 线线路限额 320A，正常运行方式如图 4－30 所示。

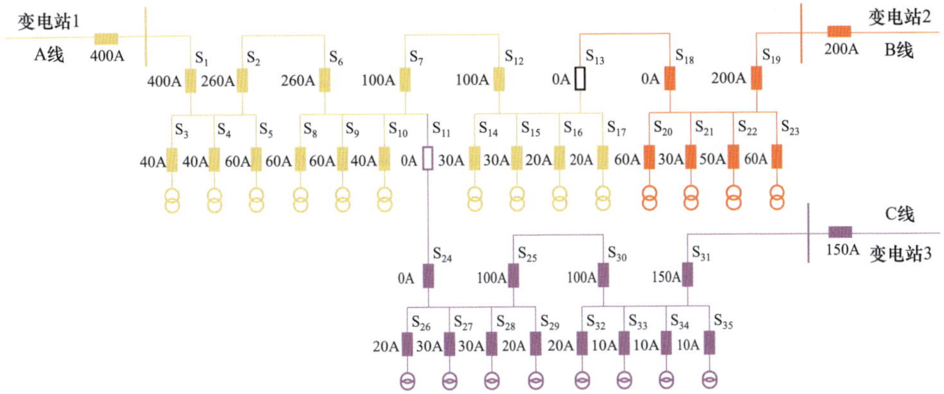

图 4－30 线路正常运行方式

若开关站 1 母线处发生永久性短路故障，变电站 1 的 A 线开关跳闸引起全线停电，拉开 S1、S2 完成故障区域隔离后，由于非故障区域 S8－S10、S14－S17 负荷共 260A，单独转借至 B 线或 C 线都会导致对侧线路超载，为此 FA 启动分段转供功能。

故障区域下游转供方案：

a）拉开 S12 开关，合上 S13 开关，将 S14－S17 共 100A 负荷转借至 B 线，B 线所带负荷达 300A，负载率 93.75%；

b）合上 S11 开关，将 S8－S10 共 160A 负荷转借至 C 线，C 线所带负荷达 310A，负载率 96.88%。

故障区域上游转供方案为：合上变电站 1 的 A 线开关，恢复送电。

转供后线路运行方式，如图 4－31 所示。

该功能的优化，有效解决了现有 FA 算法将非故障区域负荷转借至唯一线路所带来的线路重载，甚至超载等问题，降低设备运行风险，同时也有助于提升线路带载能力，提高配电网运行能效。

（四）小结

双工字 FA、分段转供 FA 打破了传统网架对故障处理的局限性，使得事故处理方案更加智能、网架更加灵活，进一步提升故障处理效率。

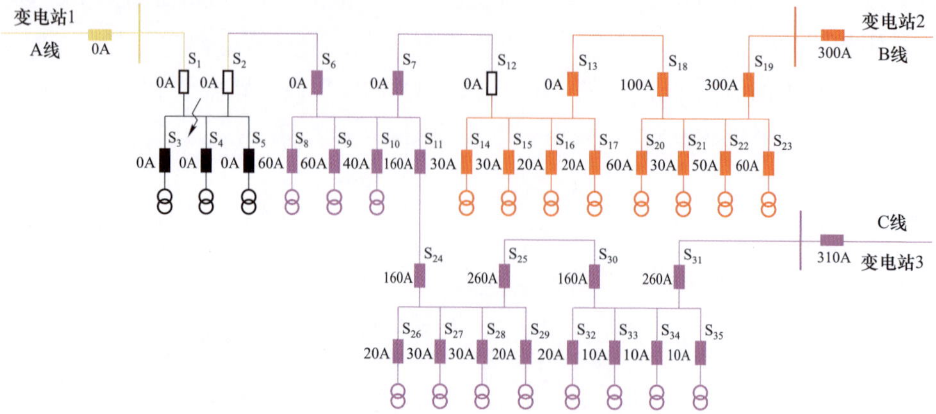

图 4-31　FA 转供后运行方式

❖测一测

1. “工字”型接线的适用范围是什么？

2. 分段转供 FA 有什么优点？

1 “工字”型接线适用于存在N-1不通过线路的电缆双环网，通过增加母线联络，在不改变基本网架结构的基础上，提高线路承载力，满足N-1校验规则。

2 有效解决了现有 FA 算法将非故障区域负荷转借至唯一线路所带来的线路重载，甚至超载等问题，降低设备运行风险，同时也有助于提升线路带载能力，提高配电网运行能效。

第三节　故障综合研判

配网故障研判是系统接收到现场各类设备（智能开关、故指、配变终端等）上报的遥信、遥测告警，结合配网线路拓扑进行综合研判的过程。

一、事件中心

实时展示故障事件、异常事件、二次设备异常事件、预警事件的查询、事件统计分析、配电停电分析，在故障研判过程中，主要查看的内容是以线路名称为单位的公变、专变等设备未复归数、已复归数、总数的统计，如图 4－32 所示。

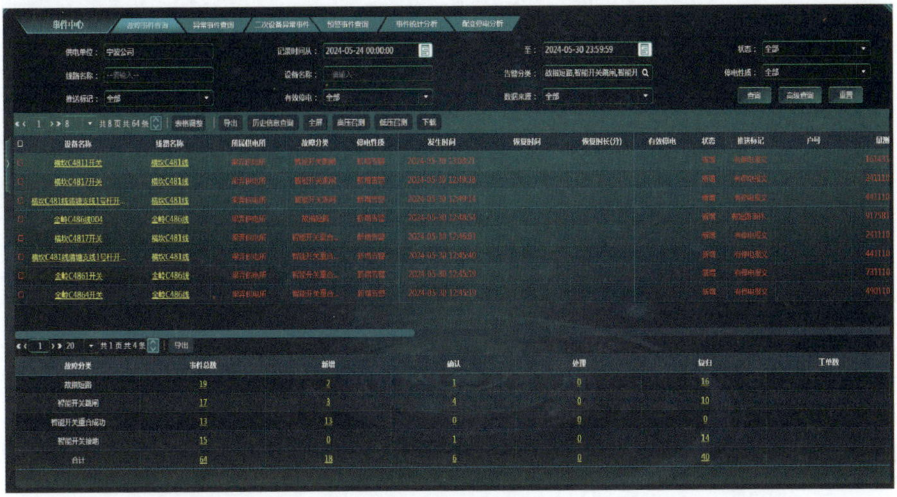

图 4－32 事件中心

历史信息查询：选中列表信息中的其中一条，可以查询该设备的历史故障信息，如图 4－33 所示。

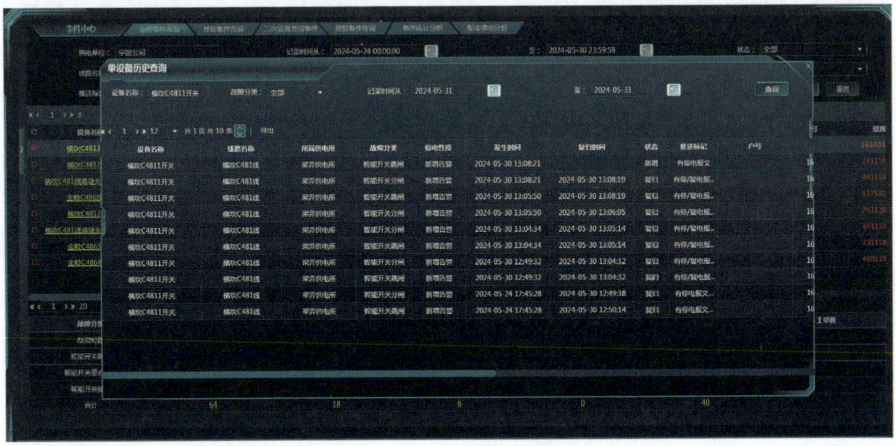

图 4－33 历史信息查询

高压召测：选中列表信息中的其中一条，进行高压侧设备的三相电压召测，如图 4－34 所示。

图 4-34　高压召测

异常事件查询：可按供电单位、记录起止时间、异常类型、线路名称、设备名称等条件筛选异常事件，点击某项数据，可以展示该数据的异常事件明细，勾选信息点击历史信息查询可以查看历史异常信息，如图 4-35 所示。

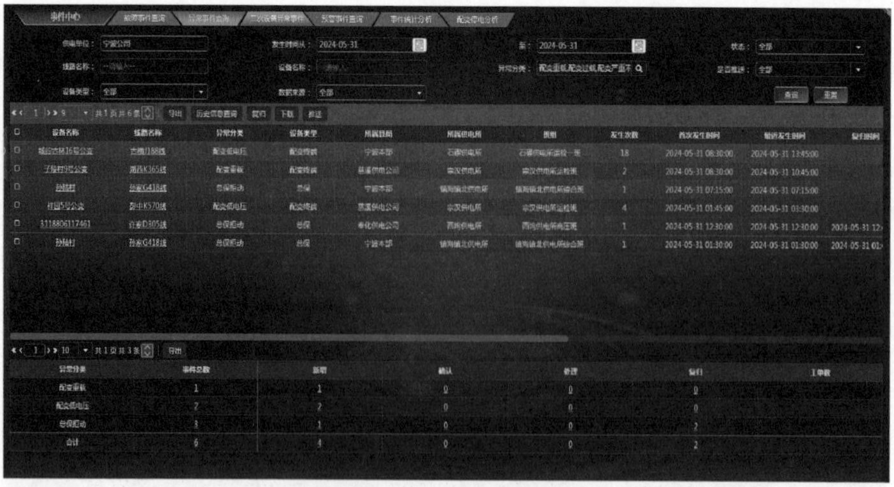

图 4-35　异常事件查询

二次设备异常事件查询：可按供电单位、记录起止时间、异常类型、线路名称、设备名称等条件筛选异常事件，点击某项数据，可以展示该数据的二次设备异常明细，勾选信息点击历史信息查询，可以查看历史二次设备异常信息，如图 4-36 所示。

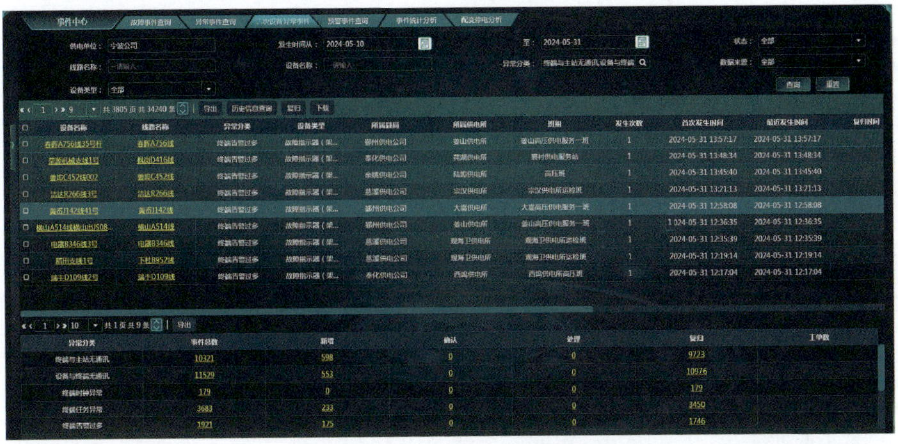

图 4－36　二次设备异常事件查询

预警事件查询：可按供电单位、记录起止时间、异常类型、线路名称、设备名称等条件筛选预警事件，点击某项数据，可以展示该数据的预警事件明细，点击导出可导出查询结果，勾选信息点击历史信息查询可以查看历史预警信息，如图 4－37 所示。

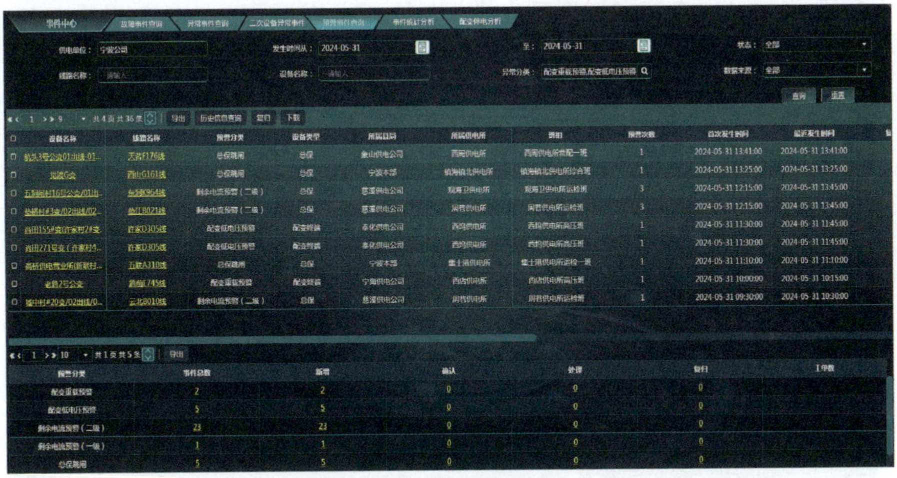

图 4－37　预警事件查询

配变停电分析：可按供电单位、记录起止时间、结束时间查询出单位的停电公变、停电专变、停电配电的总数、已复归数、未复归数，如图 4－38 所示。

二、配网故障研判

配网故障研判模块实现了设备故障向主动抢修的推送、自动研判、地理图定

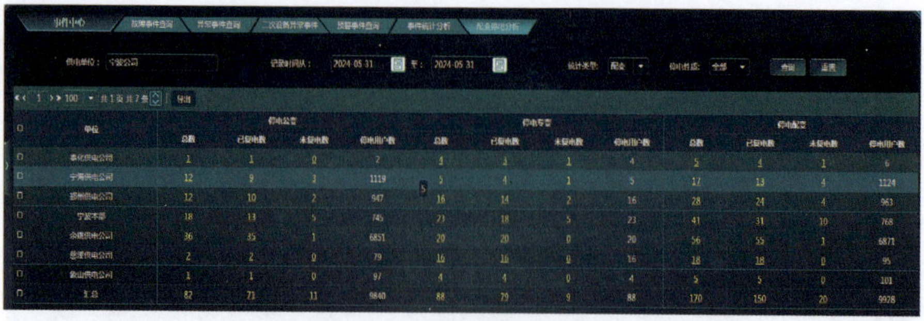

图 4-38 配变停电分析

位、单线图生成、构面图展示、自动生成故障停电信息、抢修工单的 GIS 地理信息图实时监控、工单总数统计等信息。用柱状图展示各事件类型的不同阶段停电事件统计情况，以及各类非停电故障及瞬时停电故障信息统计情况，用户可针对分线/馈线停电中智能开关跳闸的准确性进行人工录入。

停电范围分析原则：

1. 停电告警事件（公变停电、专变停电、表箱停电、表计停电）需过滤计划停电及故障停电（若告警设备包含于计划停电及故障停电范围内则不研判）。

2. 停电设备往电源点侧推至公共断开点，断开点后段为停电范围。

3. 在研判等待时间内告警信号复归则该信号不参与研判。

4. 若停电区域内研判结果未修复或 24h 内未修复，而区域内新增停电，则合并研判。

停电情况展示如图 4-39 所示。

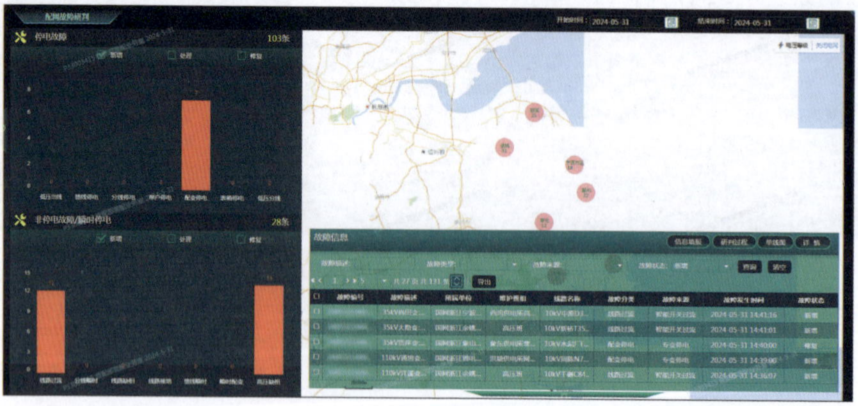

图 4-39 停电情况展示

地理图：在地理图上展示各地市的故障数，点击地图上的故障统计数据，能在地理图上展示各故障的详细信息。点击某项停电事件，可在地理图上高亮显示停电范围，如图 4-40 所示。

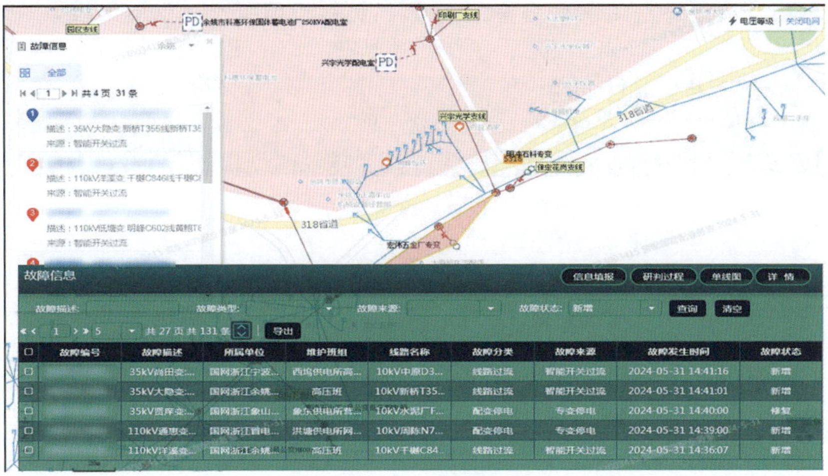

图 4-40　地理图

单线图：单线图页面中展示整条线路以及故障发生的位置并用高亮显示，如图 4-41 所示。

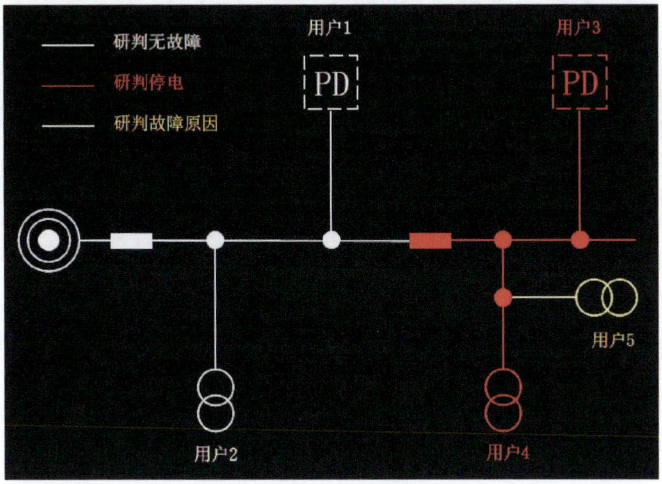

图 4-41　单线图

详情：勾选中某条故障信息，点击“详情”按钮，可以显示该条故障信息的详情，如基本信息、故障区域，影响设备、影响设备、告警事件等，如图 4-42 所示。

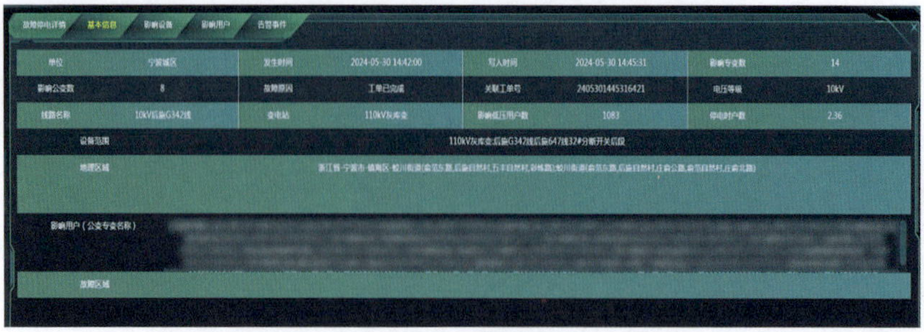

图 4-42　故障信息的详情

三、短信订阅

配电自动化Ⅳ区主站短信功能，可以实现Ⅳ区主站接收到现场实际发生的故障事件或者异常事件后，以手机短信的方式发给运维人员或者设备主人。短信功能分为短信订阅配置、短信人员维护、大馈线资源、短信查询四大模块，短信功能如图 4-43 所示。

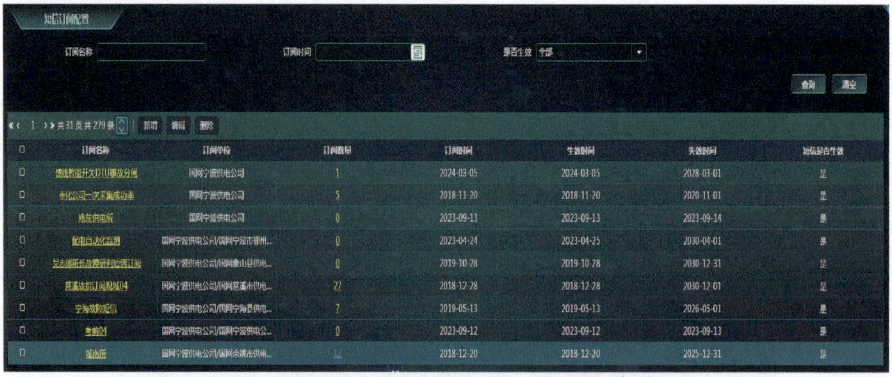

图 4-43　短信功能

（一）短信订阅配置

首先进入短信订阅配置模块，新增一条短信配置，根据系统提示填写订阅名称、订阅代码、订阅时间、失效时间以及部门单位，如图 4-44 可选任务主要有故障研判任务、统计任务和事件任务。把所有任务都按箭头选中，再依次填写下拉选项，如表 4-1 所示。

（1）资源类型，可选包括低压电缆分支箱计量箱，变电站内断路器，配电主线、分支线、馈线、大馈线，配电开关站、配电站，配电导线、导线段，配电运行杆塔，配电站外电缆段、配电电缆分支箱，配电站内和柱上变压器、配电站内和柱上断路器、配电站内低压断路器、配电柱上隔离开关和负荷开关、配电站内负荷开关、配电箱变、配电环网柜。

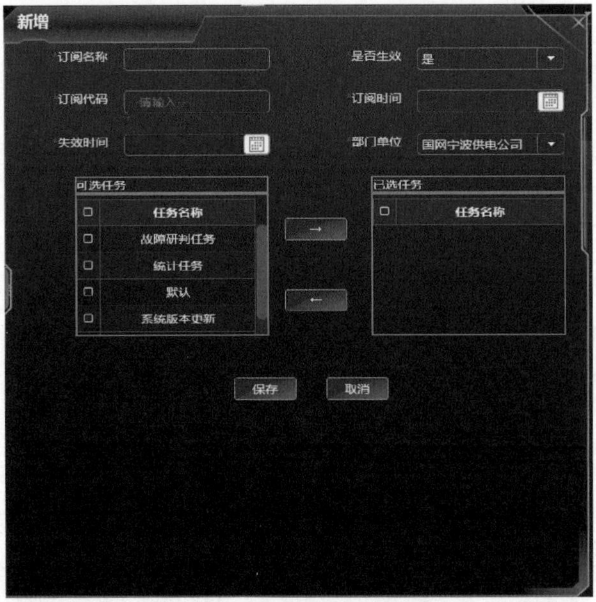

图 4－44　短信订阅配置

（2）复归事件，可选包括公变停电复归、智能开关跳闸复归、市级配变停电恢复和县级配变停电恢复。

（3）故障研判，可选包括馈线停电、分线停电、配变停电、低压出线、低压分线、线路接地、线路过流、线路缺相、公变高压缺相。

（4）统计任务，包括一次采集完整率、开关动作统计、智能融合终端统计。

（5）事件类型，可根据需要选择如表 4－1 所示。

表 4－1　事件类型

故障事件	公变停电、专变停电、公变缺相、总保闭锁、表箱停电、表计停电、变电站多线路停电；馈线开关重合闸成功、拉闸、跳闸；故指短路接地；智能开关跳闸、重合闸成功、过流、接地；站内开关跳闸发生、过流发生；小电流放大投切
配变设备异常	重过载、低电压、单相重过载、三相不平衡、总保拒动、退运、频繁跳闸等；智慧站房各类异常包含人员入侵、未戴安全帽、发生烟火、小动物入侵、水浸报警、SF_6 报警、烟雾报警
二次设备异常事件	终端时钟异常、停复电漏报
预警事件	配变重过载、低电压、三相不平衡预警、总保跳闸预警

（二）短信人员维护

短信编辑完成后，进入短信人员维护模块。在人员名称输入框中输入人名，然后查询，选中正确的人员编号那一条记录，查看电话号码是否正确。如果电话号码不正确，点击编辑输入正确的电话号码，如果输入多个电话号码时，需要用英文逗号隔开。

维护完成后双击选中该记录，在右侧已分配模块中可查看已经订阅的短信条目。在未分配模块输入框中输入编辑好的短信名称点击查询，选中并提交分配，短信订阅即完成。如需取消该条短信订阅，可在已分配中取消分配，如图 4–45 所示。

图 4–45　短信人员维护

（三）大馈线资源

如需单独对某一些线路进行短信订阅，则需要在大馈线资源模块中进行操作。在左侧组织树或者设备树中选中供电所或变电站并双击，单次选择最多不超过 100 条线路，然后在未分配订阅名称输入编辑好的短信名称并提交分配，如果超过 100 条线路，可多次选择重复进行，如图 4–46 所示。

（四）短信查询

短信配置完成并在对应事件发生后，可在短信查询模块中查询系统发送记录与实际手机短信接收是否一致。

在短信查询模块中，填写订阅名称，发送时间选择与事件发生同一天，填写收信人或者手机号码，点击查询即可，举例如图 4–47 所示。

图 4－46　大馈线资源

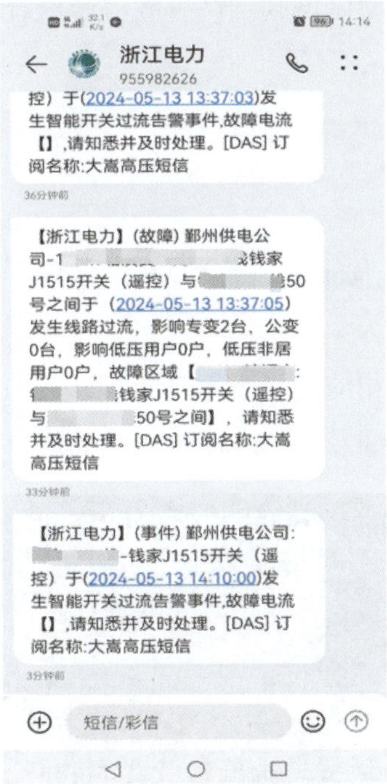

图 4－47　短信查询

手机收到短信后，在短信查询模块的订阅名称输入：“××高压短信”，短信类型选择“故障研判类短信”，发送事件选择 5 月 13 日，查询即可，如图 4－48 所示。

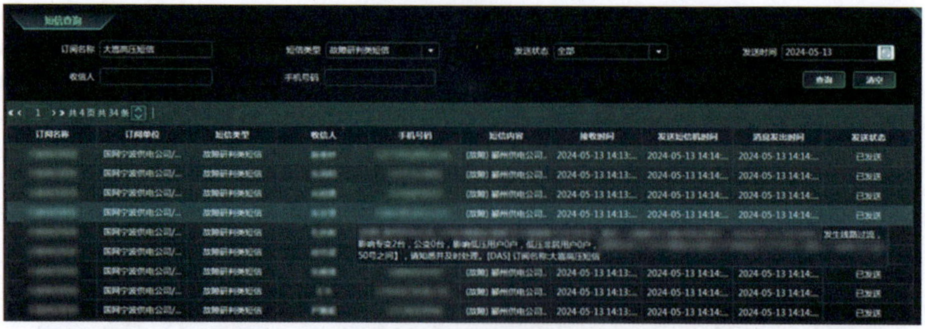

图 4－48　查询事件

四、Ⅰ/Ⅳ区贯通

三遥智能开关由于其适用于架空线路、可遥控、可升级的特点，逐渐成为配网自动化建设的重点工作，其过流信号、电流数值等信号接入配电自动化Ⅰ区主站，为了能在配电自动化Ⅳ区主站有效显示统计三遥开关，需要完成Ⅰ/Ⅳ区贯通工作。

（一）批次申请

模块路径：

终端管理 → 资产管理 → 批准申请

对三遥智能开关进行相应的批次申请，同步在批次审批、批次审核中通知相应权限人员（县市专职账号、主站运维账号）进行审批，如图 4－49 所示。

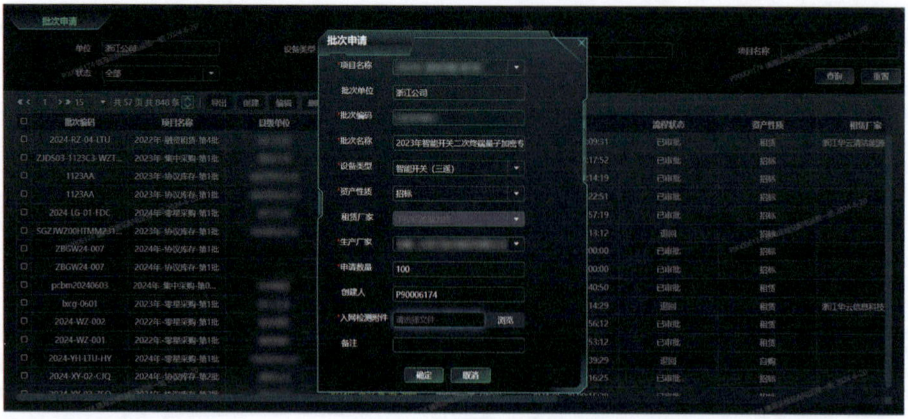

图 4－49　批次申请

（二）条码申请

模块路径：

终端管理 → 资产管理 → 条码申请

对审批完成的批次三遥智能开关进行条码申请，选择县级单位及审批完成的批次，点击申请，填写需要的条码数量（不得大于申请批次的条码总数）并申请，同步在批次审批、批次审核中通知相应权限人员（县市专职账号、主站运维账号）进行审批，如图 4－50 所示。

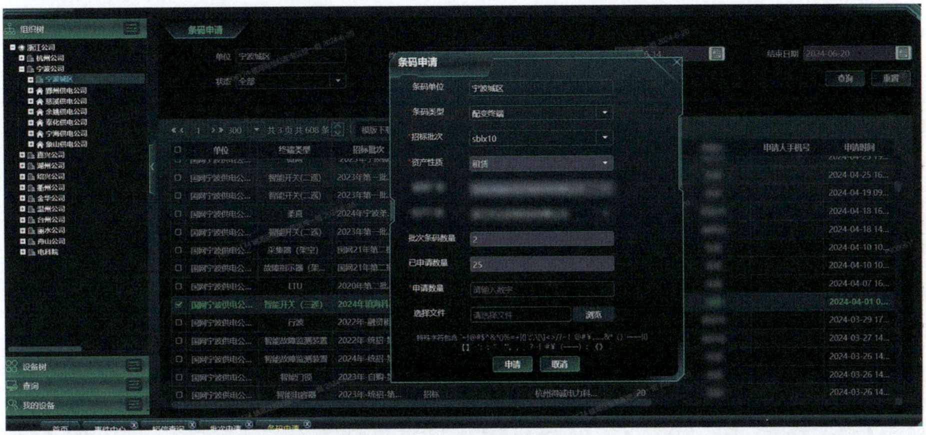

图 4－50　条码申请

（三）物料入库

模块路径：

终端管理 → 资产管理 → 物料管理

对条码进行物料调配及入库，单击入库，选择物料类型、招标批次、生成数量、到货时间、检测时间、厂家、型号、通信方式、生产日期、额定电压、额定电流等，单击入库，如图 4－51 所示。

多选所入库的条码单击单位调配，选择对应供电所并确定即可，如图 4－52 所示。

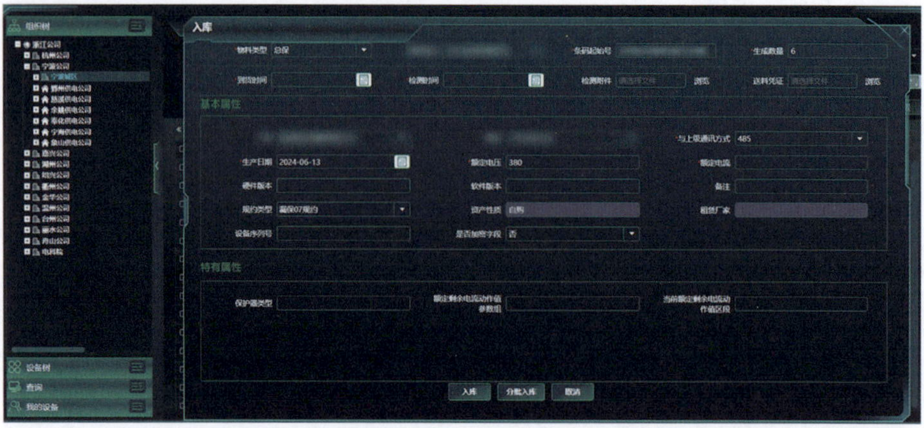

图 4－51　物料入库

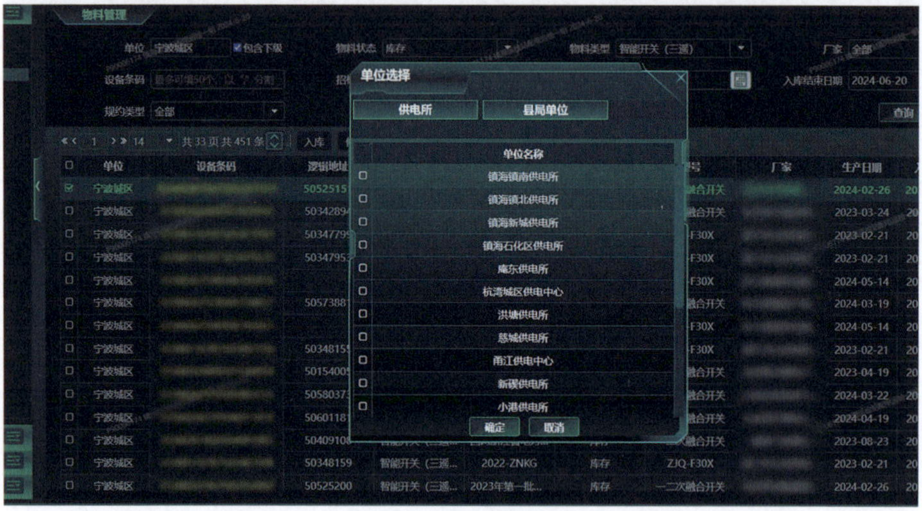

图 4－52　单位调配

（四）条码提供

模块路径：

终端管理 → 资产管理 → 物料管理

多选条码并单击导出，即可导出所需条码清单，提供给一区主站管理人员，将对应三遥智能开关的设备条码按清单修改。

❖测一测

1. 什么是配网故障研判？
2. 短信订阅配置时，故障研判的可选项包括哪些？

答案

1 配网故障研判是系统接收到现场各类设备（智能开关、故指、配变终端等）上报的遥信、遥测告警，结合配网线路拓扑进行的综合研判的过程。

2 包括馈线停电、分线停电、配变停电、低压出线、低压分线、线路接地、线路过流、线路缺相、公变高压缺相。

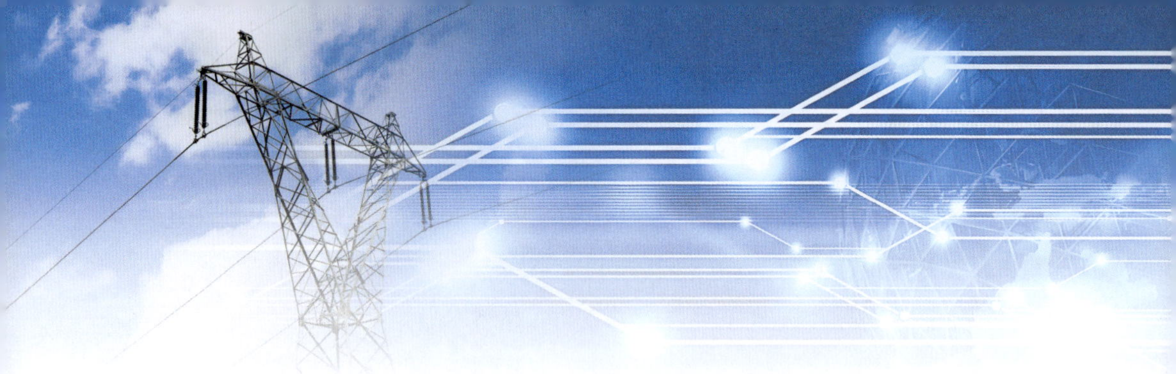

第五章　数智配网应用

本章聚焦

- 了解智能验收的主要流程。
- 了解大面积负荷转供模块的主要功能。
- 掌握可调资源群调群控的流程和使用方法。
- 掌握数智配网在经济运行中的应用。

知识脉络

智能验收

1. 光字牌自动生成
2. 主站数据库配置
3. 终端智能验收装置

负荷大面积一键转移

1. 概述
2. 电子预案编制
3. 运行状态监视
4. 历史查询

可调资源群调群控
1. 可调资源群调群控
2. 可调资源群调群控流程
3. 可调资源群调群控使用方法
4. 注意事项

经济运行
1. 主变负载均衡
2. 负荷错峰优化
3. 负荷错峰优化
4. 经济调度
5. 低压线损应用
6. 中压柔性互联

智能晨操
1. 智能晨操

第一节 智能验收

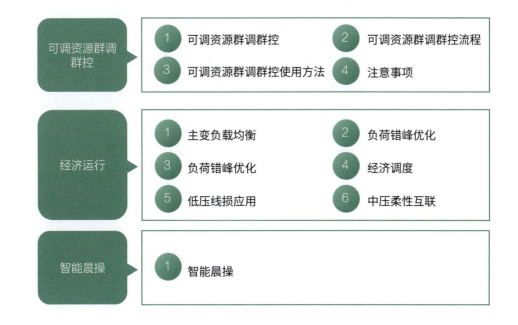

近年来，随着配电自动化的普及推广，配电自动化终端接入配电自动化Ⅰ区主站数量迎来爆发式增长，所有终端设备在正式投入运行前均需要与主站进行联合调试。传统人工联调方式，存在人员紧缺、联调时间长、效率低、规范性差等多方面问题，严重影响配电自动化终端投运进度。智能验收通过配电自动化Ⅰ区主站“光字牌自动生成”高级应用和配电自动化终端智能验收装置的配合，实现终端自动加量、主站自动验收的功能，有效释放配电自动化运维人员压力，为配电网安全稳定运行保驾护航。终端智能验收装置验收流程如图5–1所示。

一、光字牌自动生成

本小节主要就配电自动化Ⅰ区主站“光字牌自动生成”高级应用展开介绍。

1. 打开线路单线图：打开【总控台】，选择【画面显示】，打开图形界面，如图5–2所示。

2. 点击图形界面【搜索框】输入查询线路单线图关键字，在检索结果里单击打开需要查找的线路单线图，如图5–3所示。

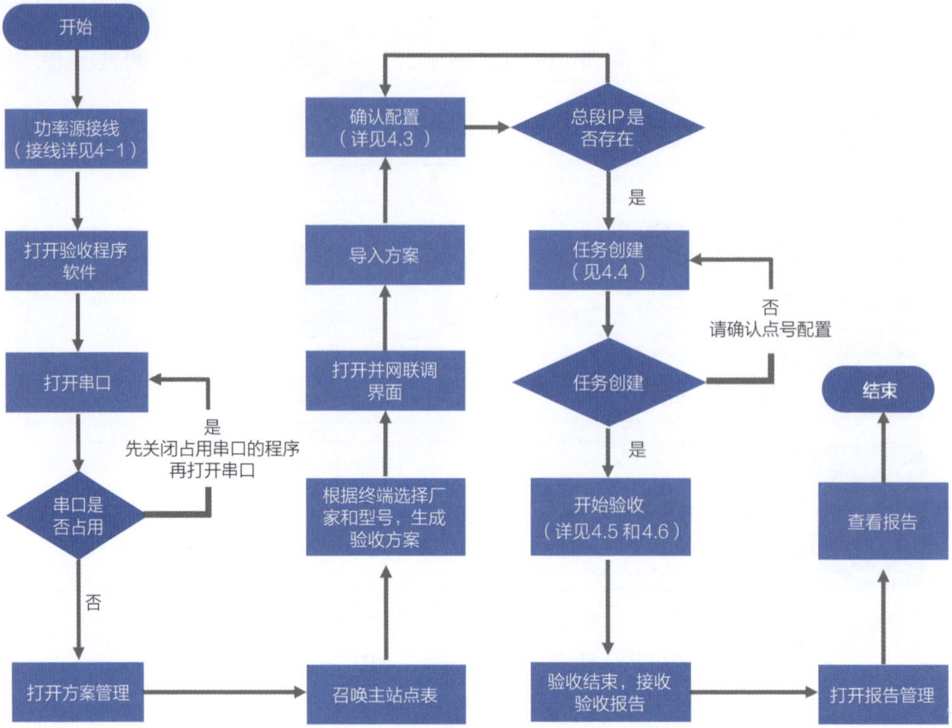

图 5－1　终端智能验收装置验收流程图

图 5－2　线路单线图

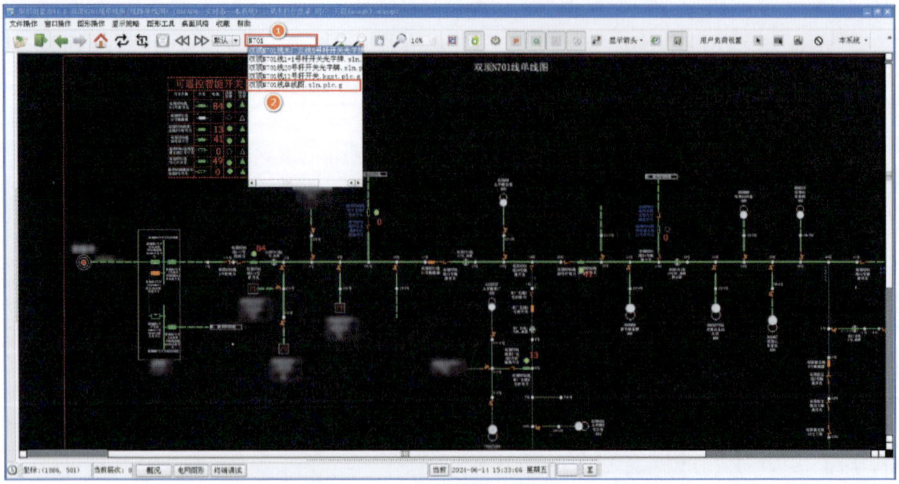

图 5－3　图形界面（搜索框）

3. 光字牌自动生成：定位到需要生成光字牌的智能开关，右键单击，选择【开关光字牌】，如图 5–4 所示。

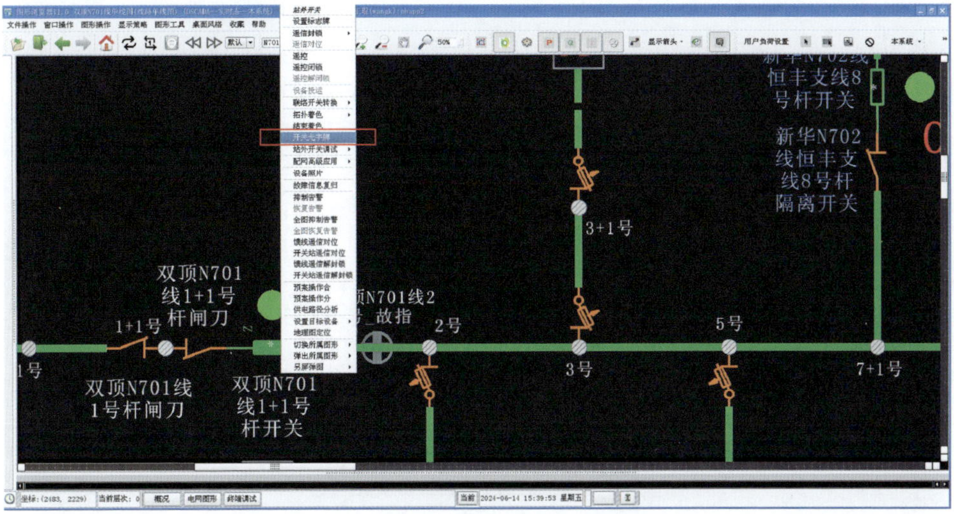

图 5–4　图形界面（开关光字牌）

4. 程序自动生成智能开关的光字牌，另存为图形，如图 5–5 所示。

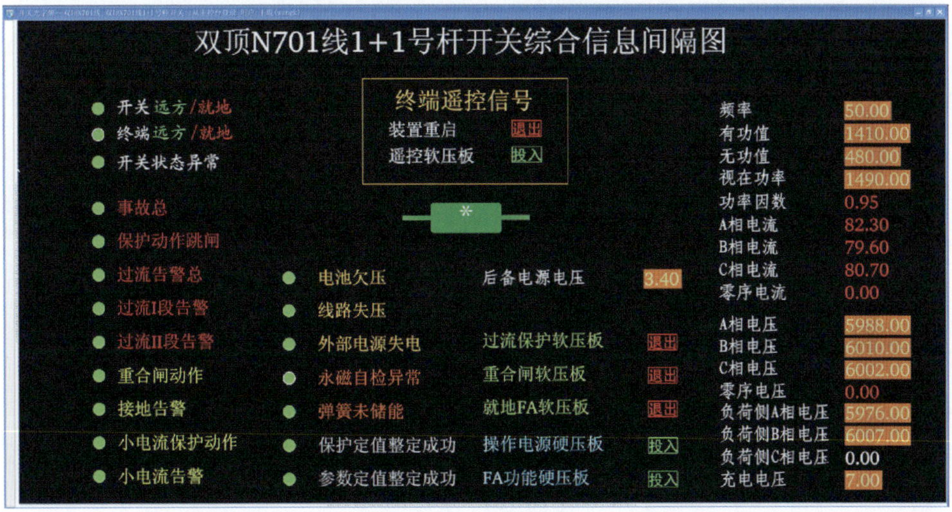

图 5–5　光字牌

二、主站数据库配置

与传统信息联调的主站数据库配置相同，应用点号生成工具完成点号录入后，进行数据库配置：

1. 选中“DSCADA—设备类—配电网终端信息表”，维护“终端通信方式”“所属厂家”“所属区域”“配电终端运行模式”等，如图 5-6 所示。

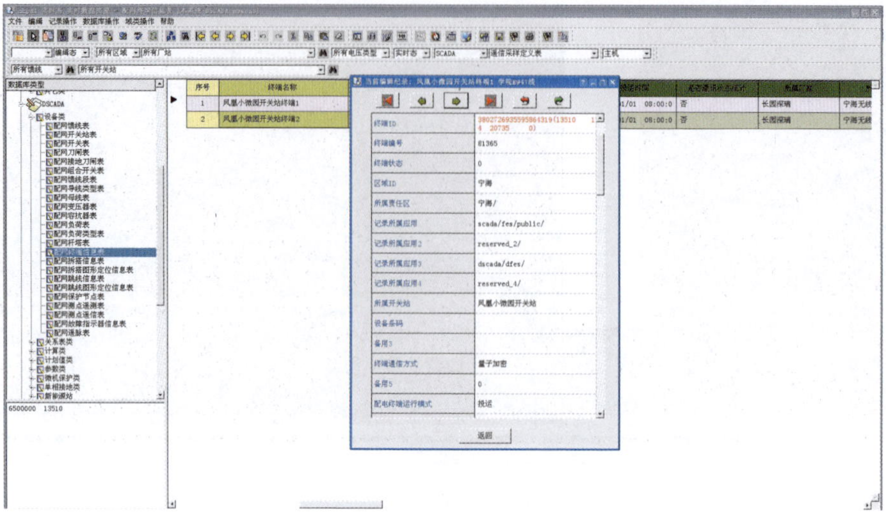

图 5-6　配电网终端信息表

2. 选中“DFES—设备类—配网通道表”，维护“通道类型”“网络类型”“网络描述一”“通信规约类型”“通道报文保存天数”等，通道报文保存天数项中需配置数值大于等于 1，例如：“3”，如图 5-7 所示。

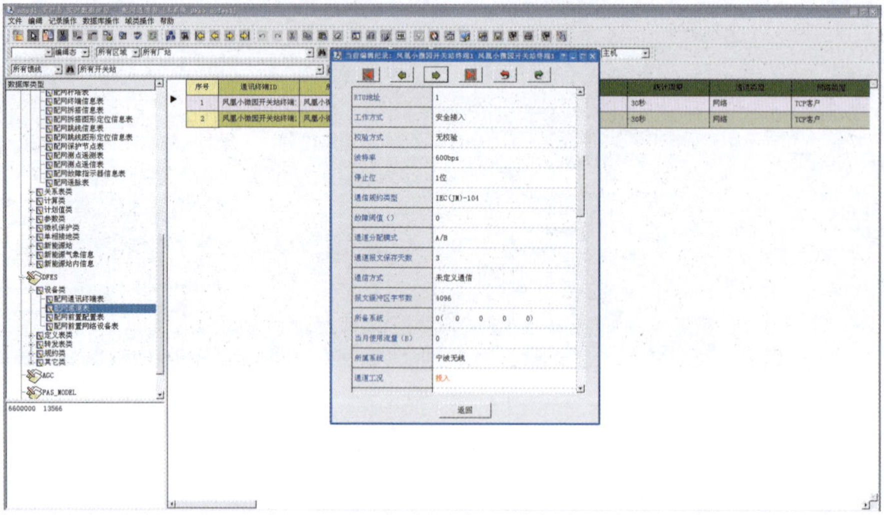

图 5-7　配网通道表

3. 选中“DFES—规约类—配网 IEC 104 规约表”，维护“规约细则”“对称密钥索引”“非对称密钥索引”等，点击网络保存，如图 5-8 所示。

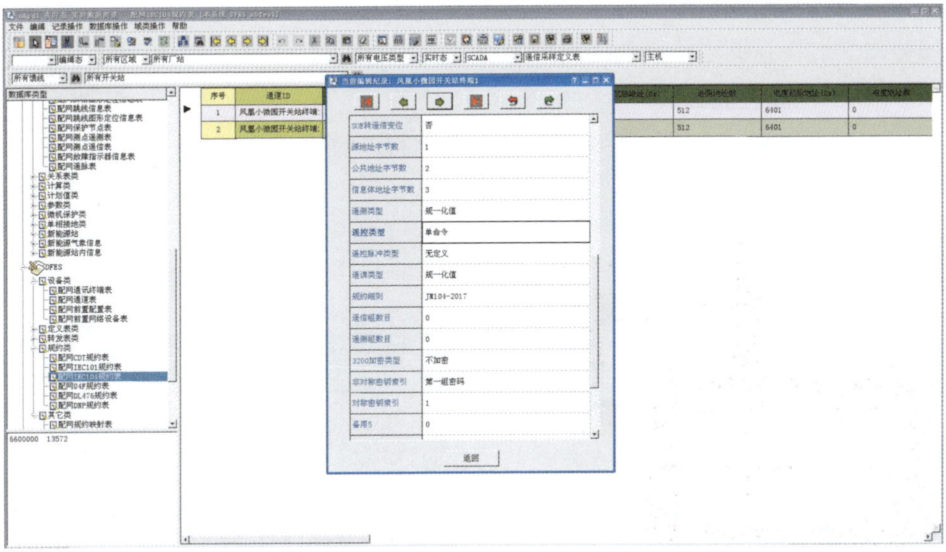

图 5-8　配网 IEC 104 规约表

主站数据库完成后，终端联调人员在终端现场使用配网终端智能验收装置（对点机器人）开展模拟主站-现场调试验收等工作，如图 5-9 所示。

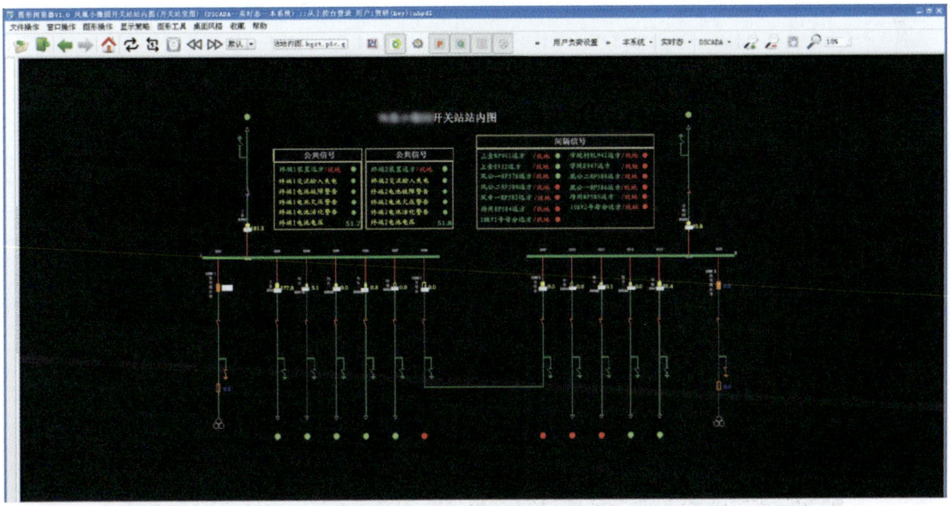

图 5-9　开关站站内图

三、终端智能验收装置

配网终端智能验收装置（对点机器人），如图 5-10 所示，主要分为配网终端智能验收掌机和高精度标准功率源两个硬件部分。本篇幅主要就配网终端智能验收掌机在仓调工作中的应用展开介绍。

（一）生成验收方案

1. 装置开机：长按配网终端智能验收掌机开机键 3s 以上，设备启动，如图 5-11 所示。

图 5-10　智能验收装置

图 5-11　配网终端智能验收掌机

2. 启动验收系统：点击“start.bat”文件运行，进入系统主界面如图 16 所示，主界面包含【并网联调】、【模拟主站】、【模板管理】、【方案管理】、【通信诊断】、【报告管理】、【时钟同步】、【系统管理】的功能按钮，如图 5-12 所示。

图 5-12　智能验收系统

3. 连接通信模块：点击主界面【系统管理】图标进入该模块界面，然后打开通信模块对应串口和串口速率 115200，单击打开串口即可与通信模块建立通信，如图 5－13 所示。

图 5－13　串口管理

确认主站数据库 DFES 库－设备类－配网通道表中对应设备通道报文保存天数配置数值大于等于 1，例如：“3”。

4. 验收方案配置：点击主界面【方案管理】图标进入该模块界面，方案管理是指针对现场具体配网终端验收任务，配置完成方案的管理模块。进入该模块后，输入终端 IP，点击【召唤点表】按钮，可以对主站对应终端 IP 的信息点表进行召唤下载，下载后的监控信息点可以与模板管理中配置的加量策略进行自动匹配，生成具体的验收测试方案，如图 5－14、图 5－15 所示。

5. 在导入点表完成后，用户需填写待调试的终端 IP、类型、厂家、型号等信息，点击【下一步】，系统根据用户选择的厂家和型号匹配对应的模板，生成验收方案，如图 5－16、图 5－17 所示。

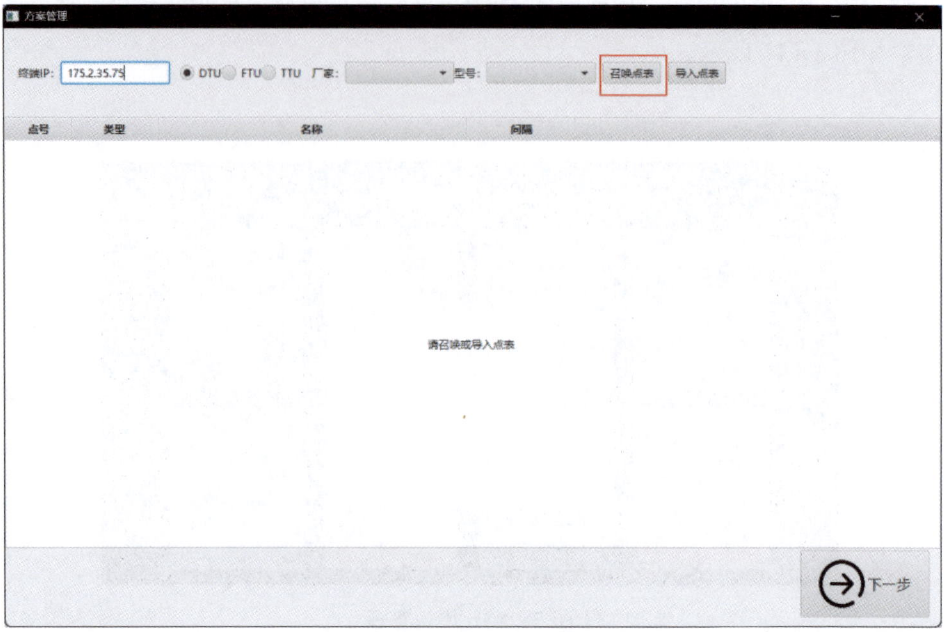

图 5-14　召唤点表

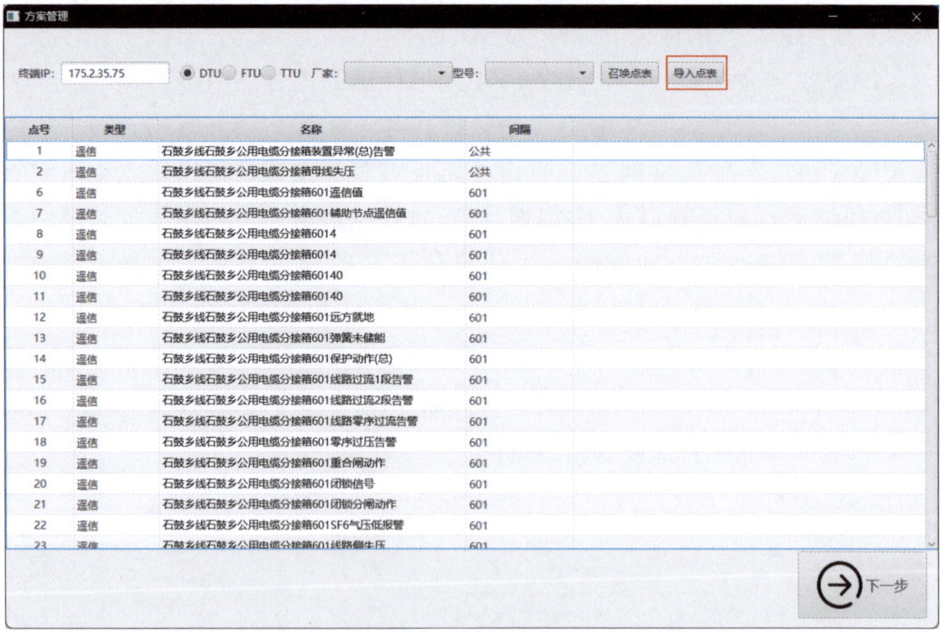

图 5-15　点表列表

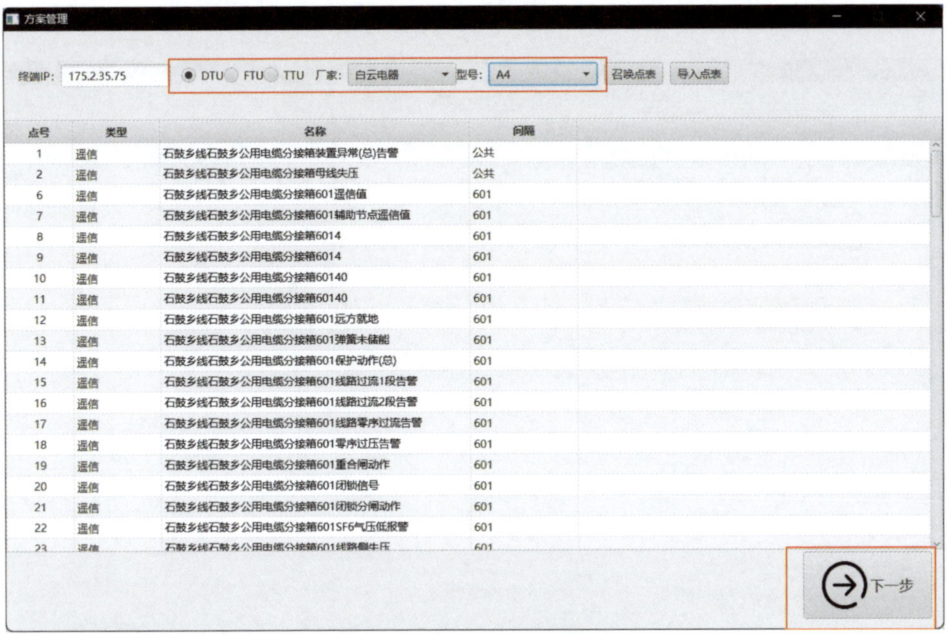

图 5–16　填写厂家和型号信息

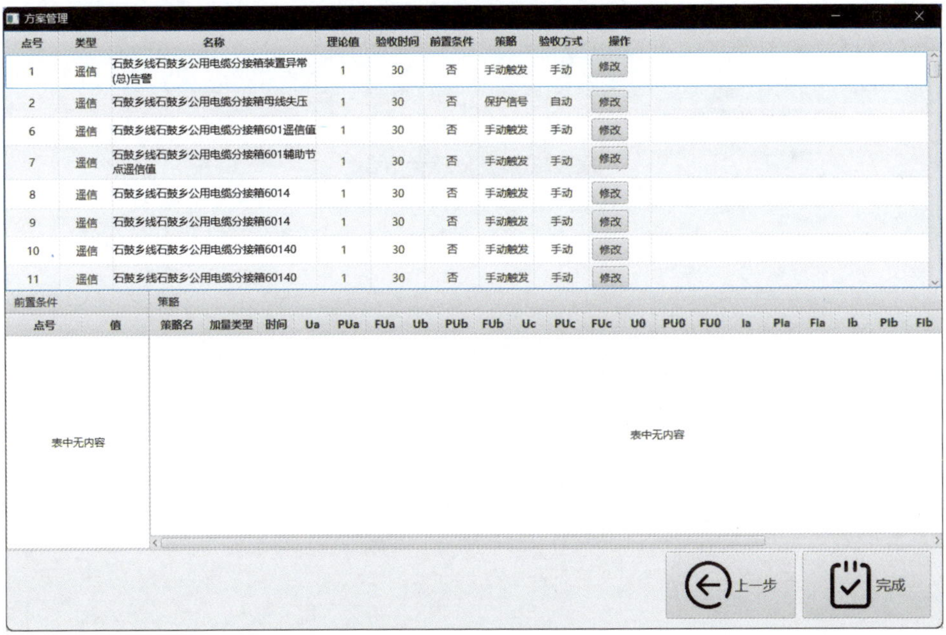

图 5–17　验收方案预览

6. 选中信号，可以预览前置条件和加量策略，并且可以点击【修改】按钮对单个信号进行修改，如图 5－18、图 5－19 所示。

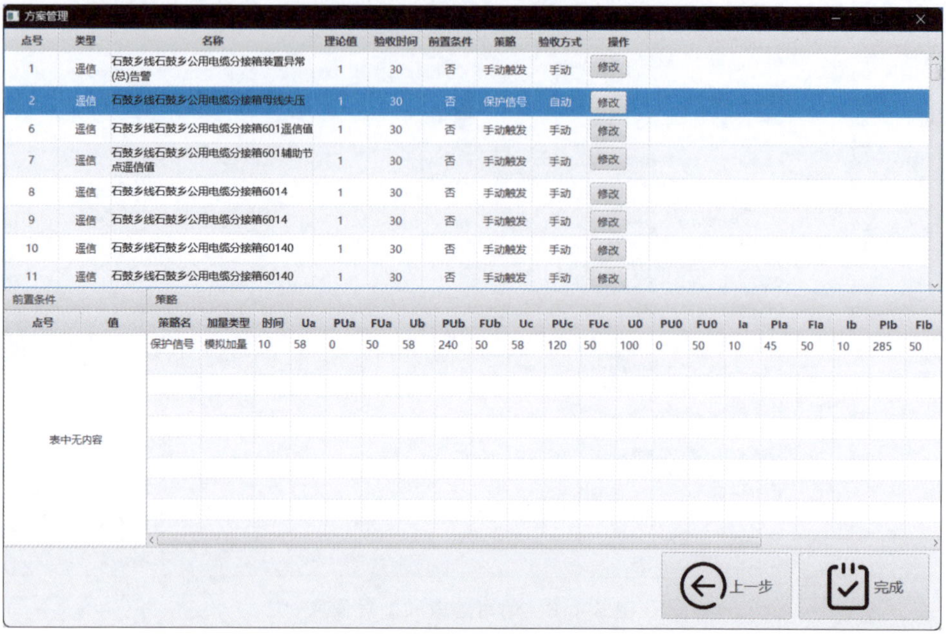

图 5－18 信号加量内容预览

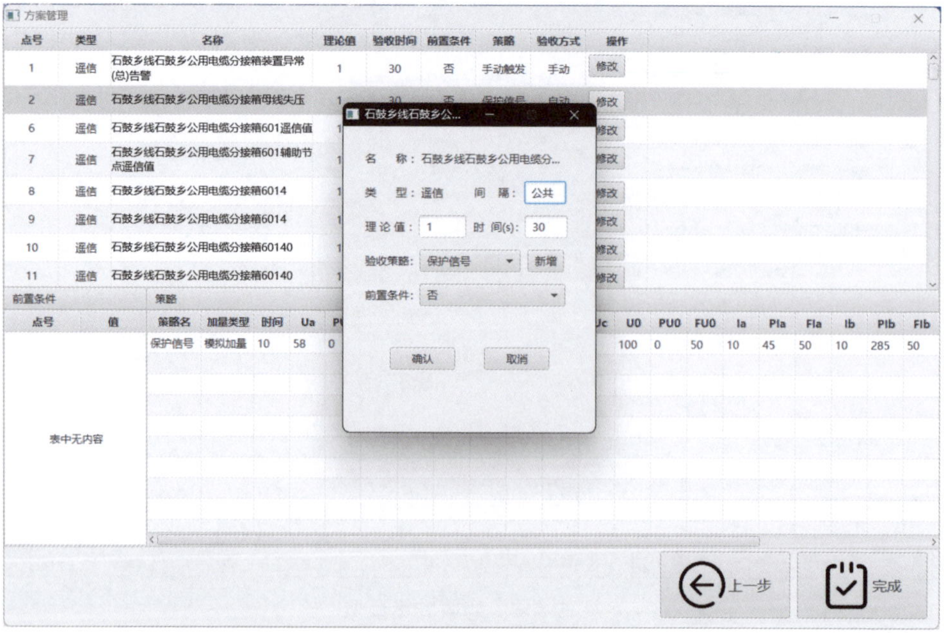

图 5－19 信号修改

7. 点击【完成】按钮生成验收方案，如图 5－20 所示。

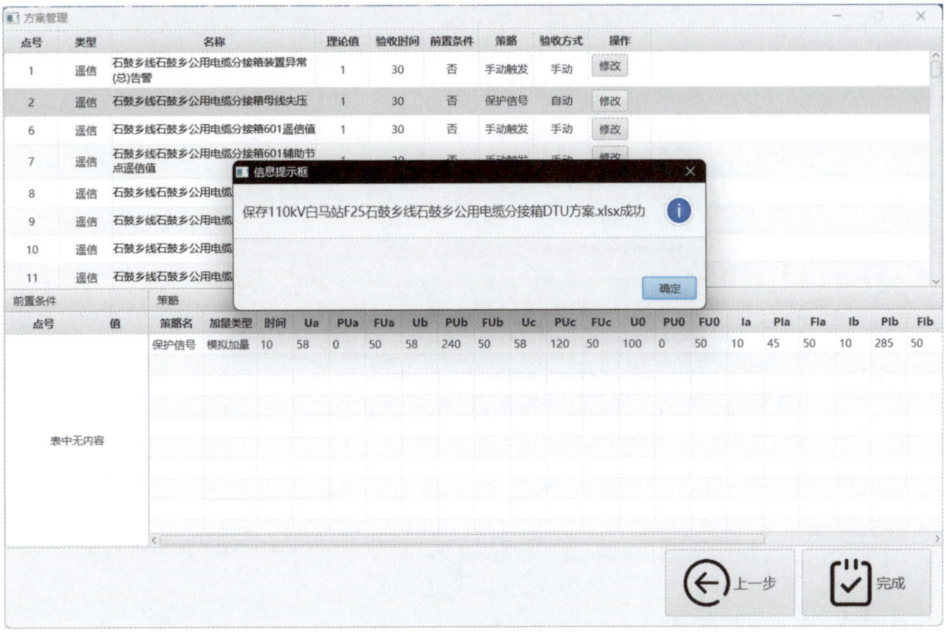

图 5－20 生成方案

（二）并网联调验收

（1）进入主界面：点击【并网联调】按钮，进入联调验收主界面，如图 5－21 所示。

图 5－21 并网联调模块

（2）请求终端状态：用户点击【导入方案】按钮，在 plan 的目录下，选择用户在方案管理中生成的验收方案文件并导入，导入后会自动显示终端名称、IP 地址和验收信号，选择实际验收人点击确认配置按钮即可，如图 5－22、图 5－23 所示。

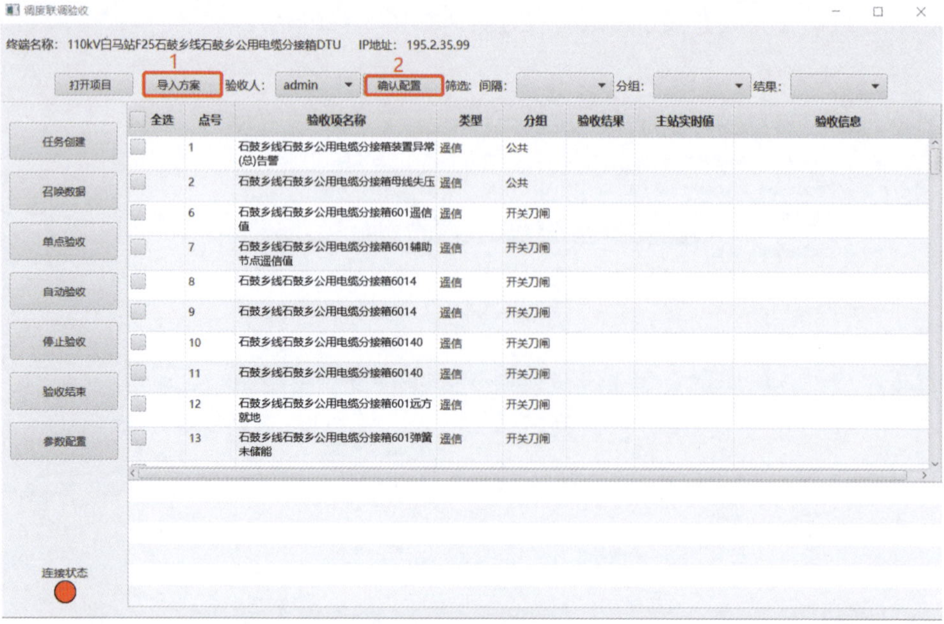

图 5－22　方案导入

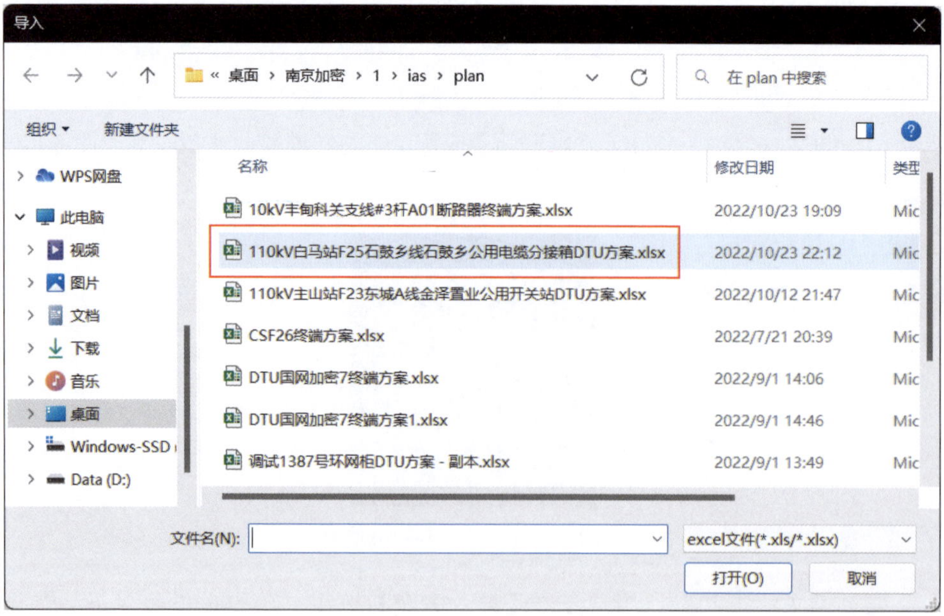

图 5－23　方案选择

（3）任务创建：用户可以勾选任务，点击【任务创建】按钮并创建任务，任务创建结果会在信号下方列表中显示，若创建成功，即可进行下一步操作，如图 5–24 所示。

图 5–24　任务创建

（4）召唤数据：点击【召唤数据】按钮，监听主站和 DTU 之间的实时数据，实时数据会在主站实时值一栏里展示，如图 5–25 所示。

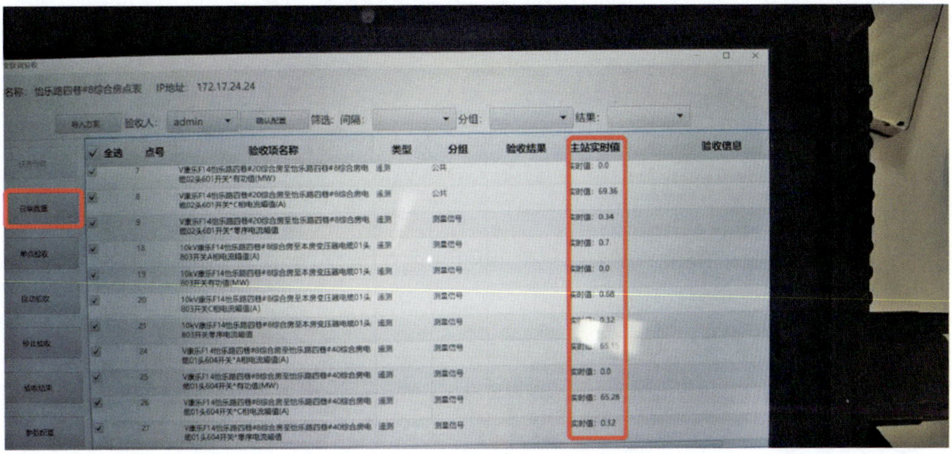

图 5–25　主站数据召唤

（5）联调验收：选中需要验收的验收项，点击【单点验收】按钮可以对单个信号进行验收，选中要验收的信号，点击【自动验收】按钮，可以进行一键验收，如图 5–26、图 5–27 所示。

终端名称：融合终端测试档　IP地址：172.76.32.111
打开项目
导入方案
验收人：admin
确认配置
筛选：间隔：A7
分组：测量信号
结果：
任务创建
召唤数据
单点验收
自动验收
停止验收
验收结束
参数配置
连接状态
全选
点号
验收项名称
类型
分组
验收结果
主站实时值
验收信息
4　A7A相电流幅值(A)　遥测　测量信号　成功　实时值：0.0　实际值:4.99 理论值:5.0
5　A7B相电流幅值(A)　遥测　测量信号　成功　实时值：0.0　实际值:4.99 理论值:5.0
6　A7C相电流幅值(A)　遥测　测量信号　成功　实时值：0.0　实际值:4.99 理论值:5.0
7　A7零序电流幅值　遥测　测量信号　失败　实时值：0.0　2022-08-12 15:49:48 实际值:0.0 理论值:1.0
8　A7有功值(MW)　遥测　测量信号　成功　实时值：0.0　实际值:749.46 理论值:750.0
9　A7无功值(MVar)　遥测　测量信号　成功　实时值：0.0　实际值:433.54 理论值:433.0
10　A7功率因数　遥测　测量信号　成功　实时值：0.0　实际值:0.86 理论值:0.87
15:54:13--当前进度：87/294
15:54:15--当前进度：88/294
15:54:17--当前进度：89/294
15:54:19--当前进度：90/294
15:54:21--当前进度：91/294
15:54:23--当前进度：92/294

图 5–26　单点验收功能

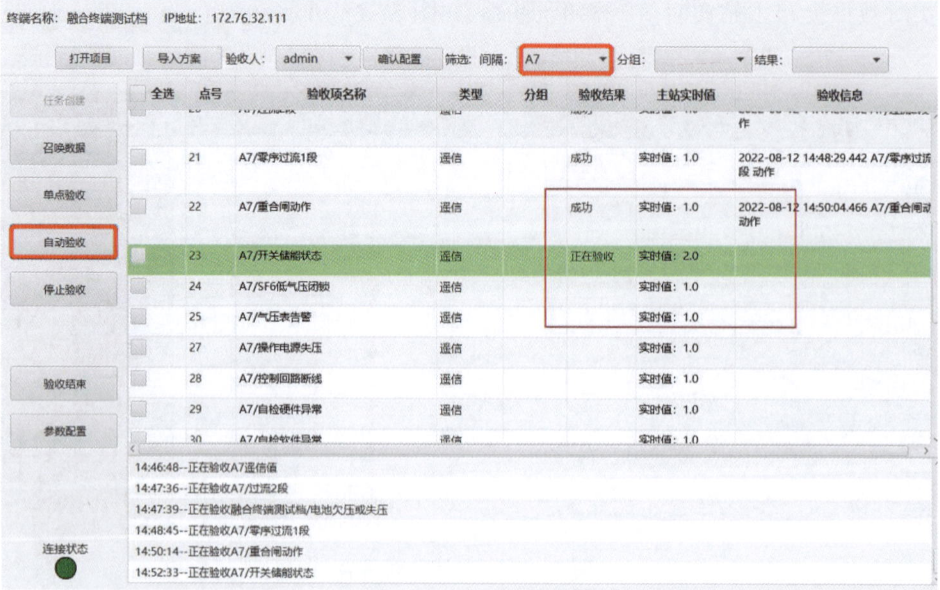
终端名称：融合终端测试档　IP地址：172.76.32.111
打开项目
导入方案
验收人：admin
确认配置
筛选：间隔：A7
分组：
结果：
任务创建
召唤数据
单点验收
自动验收
停止验收
验收结束
参数配置
连接状态
全选
点号
验收项名称
类型
分组
验收结果
主站实时值
验收信息
21　A7/零序过流1段　遥信　成功　实时值：1.0　2022-08-12 14:48:29.442 A7/零序过流1段 动作
22　A7/重合闸动作　遥信　成功　实时值：1.0　2022-08-12 14:50:04.466 A7/重合闸动作
23　A7/开关储能状态　遥信　正在验收　实时值：2.0
24　A7/SF6低气压闭锁　遥信　实时值：1.0
25　A7/气压表告警　遥信　实时值：1.0
27　A7/操作电源失压　遥信　实时值：1.0
28　A7/控制回路断线　遥信　实时值：1.0
29　A7/自检硬件异常　遥信　实时值：1.0
14:46:48--正在验收A7遥信值
14:47:36--正在验收A7/过流2段
14:47:39--正在验收融合终端测试档/电池欠压或失压
14:48:45--正在验收A7/零序过流1段
14:50:14--正在验收A7/重合闸动作
14:52:33--正在验收A7/开关储能状态

图 5–27　自动验收

（6）验收结束：在验收完所有的验收项后，用户可以点击【验收结束】按钮，系统可以展示生成验收报告的进度并生成验收报告，如图 5-28 所示。

图 5-28 验收结束

（7）报告查询：验收结束之后，用户可以退出联调验收界面，进入报告管理界面，查看验收报告，如图 5-29 所示。

后台测试专用档案_20220825142127 信号联调记录表

线路名称	设备名称	IP 地址	验收人	验收日期
S1	后台测试专用档案	172.76.32.111	admin	2022-08-25 15:21:43

设备遥信联调数据记录

点号	信号	时间	核对结果	调试信息
0	后台测试专用档案/终端禁止调度远控值	2022-08-25 14:22:48	成功	2022-08-25 14:22:35.268 后台测试专用档案/终端禁止调度远控值 动作;
1	后台测试专用档案/电池欠压或失压值	2022-08-25 14:27:30	成功	2022-08-25 14:27:23.803 后台测试专用档案/电池欠压或失压值 动作;
2	后台测试专用档案/交流失电值	2022-08-25 14:27:02	成功	2022-08-25 14:26:55.063 后台测试专用档案/交流失电值 动作;
3	后台测试专用档案/DTU 自检硬件异常值	2022-08-25 15:18:24	成功	2022-08-25 15:18:08.900 后台测试专用档案/DTU 自检硬件异常值 动作;2022-08-25 15:18:01.420 后台测试专用档案/DTU 自检硬件异常值 复归

图 5-29 验收报告

（三）主站审核

主站人员点击左侧菜单栏中“我的报告”即可打开验收报告功能。系统显示用户根据验收任务生成的 word 文档，包括报告名称、状态、验收人、生成时间、下载数、版本数，用户可以进行下载，方便查看和使用，如图 5–30 所示。

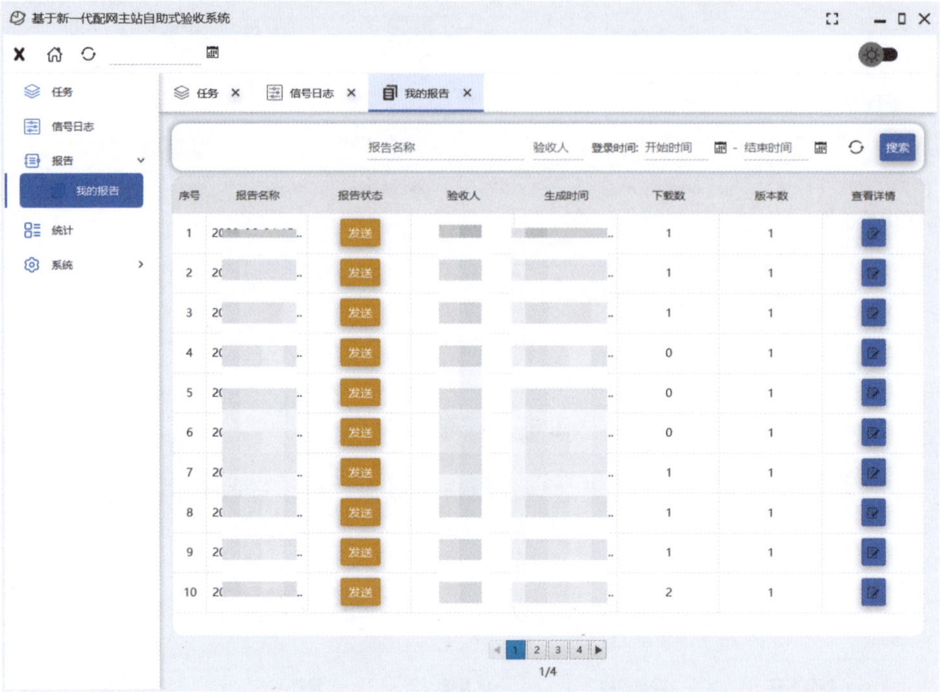

图 5–30　验收报告示意图

（四）注意事项

对点机器人是通过连接主站的前置服务器来完成自动化信息联调验收，不能匹配对比 SCADA 画面，需配合光字牌自动生成程序，避免人工编辑造成信号关联有误等问题。

❖测一测

1. 传统人工联调方式有哪些缺点？

2. 终端智能验收装置用户在点表导入后需填写哪些内容，系统可生成验收方案？

答案

1. 传统人工联调方式，存在人员紧缺、联调时间长、效率低、规范性差等多方面问题，严重影响配电自动化终端投运进度。
2. 在导入点表完成后，用户需填写待调试的终端IP、类型、厂家、型号等内容，系统可生成验收方案。

第二节　负荷大面积一键转移

一、概述

大面积负荷转供模块指的是利用自动化装置（系统），配网供电线路（馈线）的运行情况，结合电子存档的操作预案，通过程序操作，实现变电站多条10kV配网线路的转供操作，达到快速转移负荷或者恢复正常供电的目的。相比人工遥控操作，该模块能缩短事故处理时间、减轻操作压力，从而提高供电可靠性，并提升工作效率。

从主站角度来看，大面积负荷转供模块主要由电子预案编制（事前），变电站预案执行（事中），异常运行方式状态监视（事后）3个环节组成。

大面积负荷转供模块根据实际需求，分为一键热倒负荷转供与全停冷倒转供两个操作界面。两界面除了开关操作顺序（先合后分、先分后合）以外基本一致，因此不重复说明。一键热倒负荷转供主要应用于计划工作、主变负载略重等满足合环条件的情况下进行负荷转移工作。全停冷倒转供主要用于主网故障停电情况下，通过冷倒恢复负荷，如图5–31所示。

由图内右上角的一键热倒负荷转供、全停冷倒转供进入相应界面。

二、电子预案编制

（一）变电站选择

变电站选择界面根据变电站所属区域对所有变电站进行分类，如图5–32、图5–33所示。

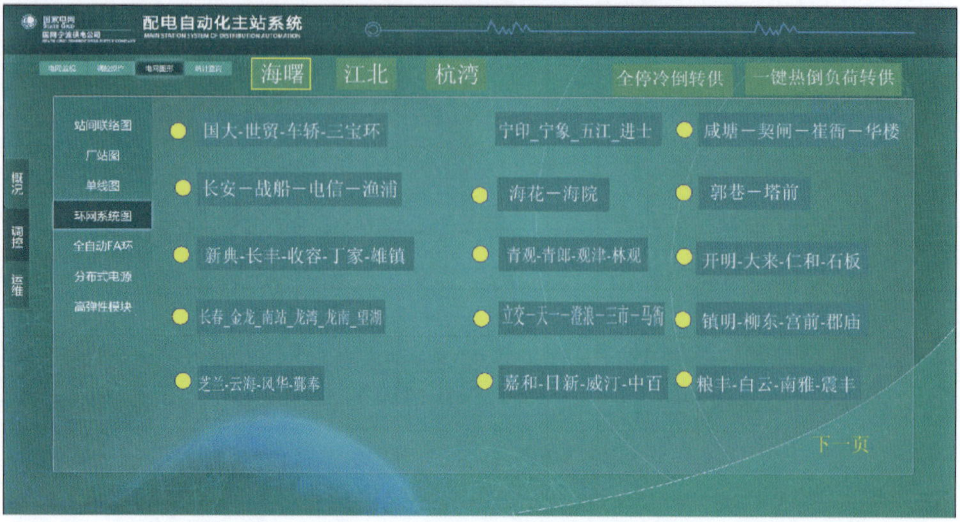

图 5－31　配电自动化主站系统

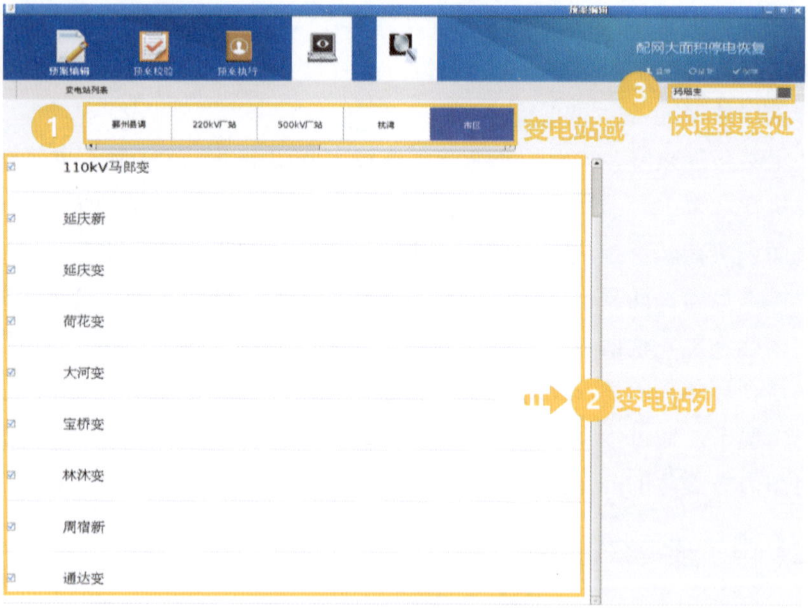

图 5－32　变电站选择界面

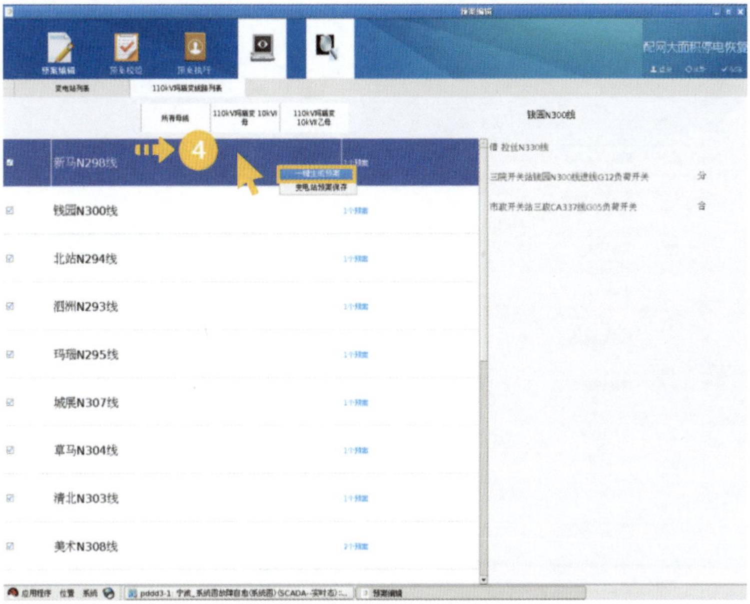

图 5-33 自动生成预案

方法一：1. 单击选择变电站区域，下方列出所有属于该区域的变电站；2. 双击需要编制电子预案的变电站，进入预案编制线路选择界面。

方法二：1. 通过右上角的快速搜索处可以更便捷地找到所需变电站。2. 选择图中任意一条线路，右键弹出对话框，点击“一键生成预案”，会弹出“预案编辑确认”对话框，输入用户名和密码即开始整站预案自动生成。

（二）线路选择

线路选择界面根据线路的供电母线进行分类，如图 5-34 所示。

（1）单击选择 10kV 母线，下方列出所有由该母线供电的 10kV 配网线路。配网线路右侧列出其当前已编制完成的预案个数；

（2）对整站预案一条馈线预案有修改，可进入馈线单独编辑，或修改馈线原有预案，如双击“钱园 N300 线”，即进入下页“线路电子预案编制图”。

（三）线路电子预案编制

1. 预案信息浏览

（1）画面中呈现系统自动生成钱园 N300 线借电四种方案，对第一种进行人为修改，选择其中借“拉丝 N330 线”方案；如图 5-35 所示。

（2）右键出现“预案编辑、预案删除、提升优先级、降低优先级、定位”对话框，选择“预案编辑”即进入“编辑预案权限校验”，如图 5-36 所示。

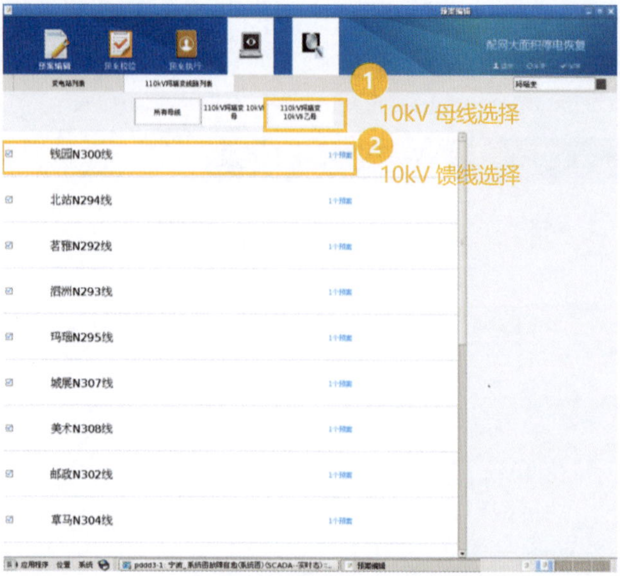

图 5－34　线路选择界面

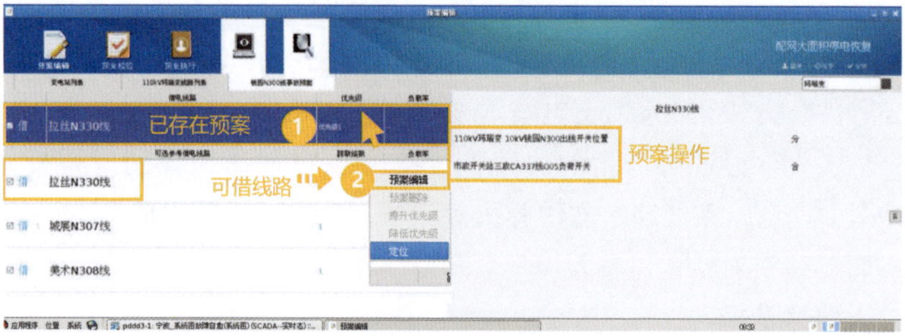

图 5－35　预案信息

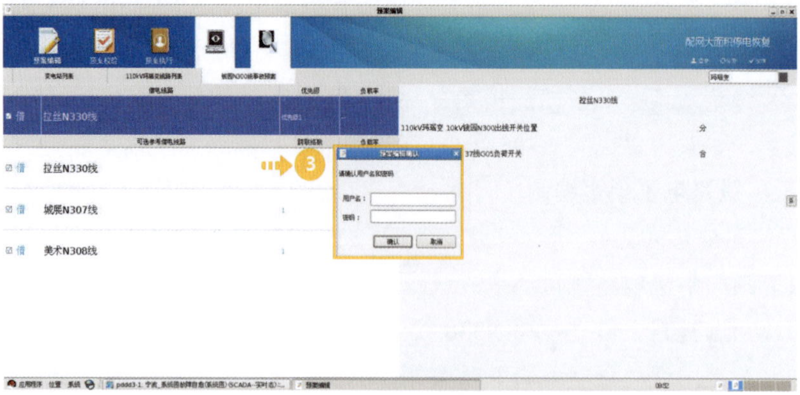

图 5－36　编辑权限校验界面

（3）弹出编辑权限校验界面，输入用户名和密码登录后进入进入馈线预案修改。

2. 电子预案编制

如图 5-37 所示。

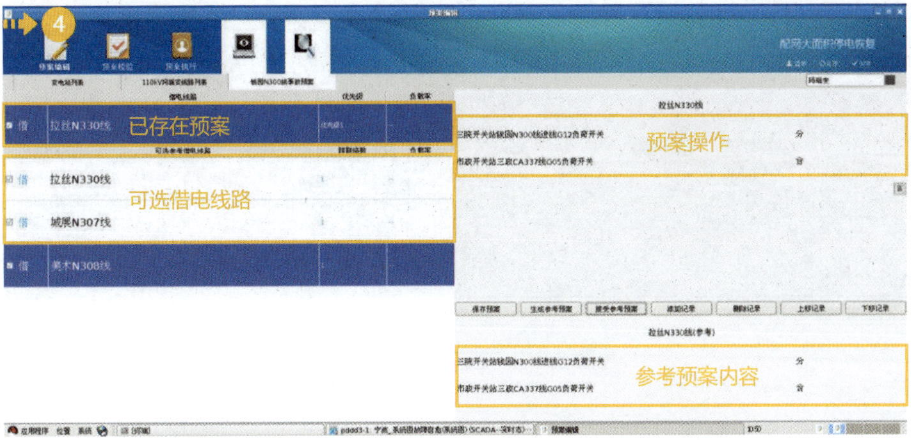

图 5-37　电子预案

（1）进入预案编辑状态，预案编辑按钮可用，如图 5-38 所示。

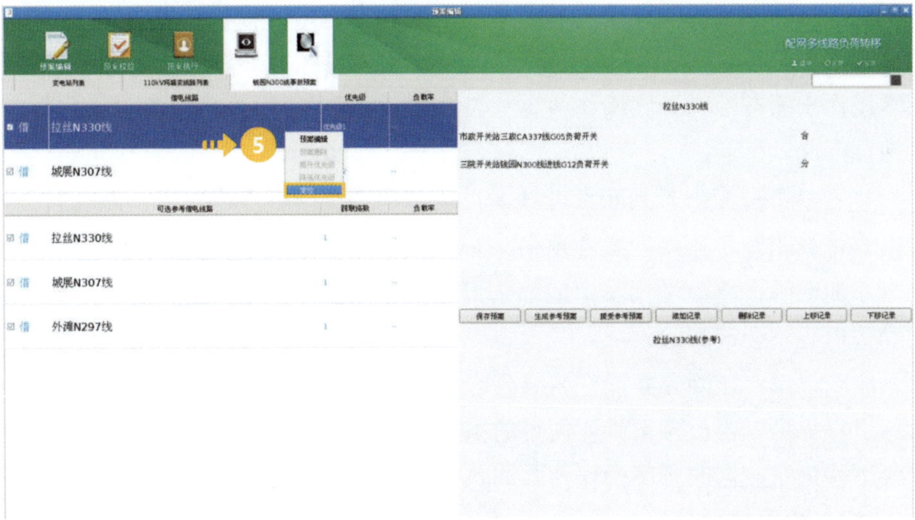

图 5-38　预案编辑状态

（2）同时一键热倒负荷转供模块在系统图中定位本线路和借电线路，实现图形联动，如图 5-39、图 5-40 所示。

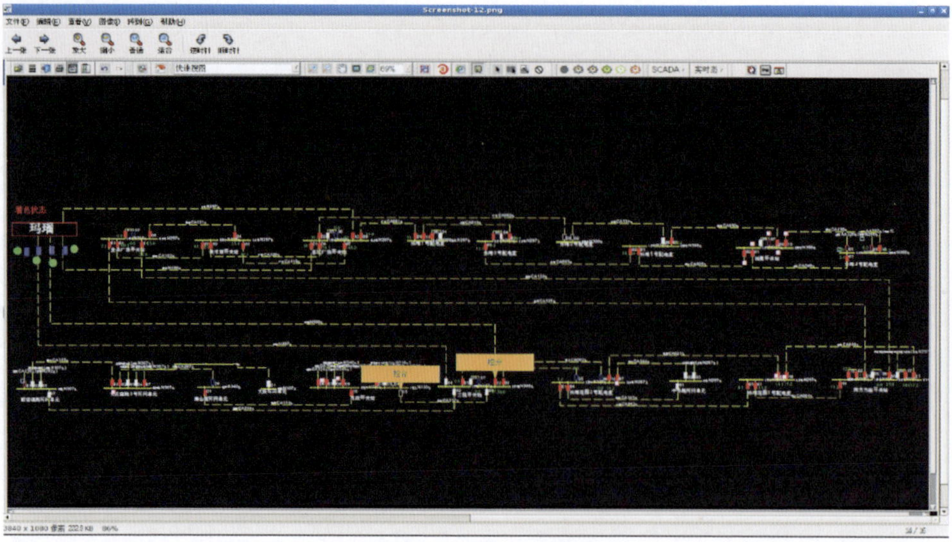

图 5-39　已存在预案图形

图 5-40　预案编辑按钮

保存预案：将预案操作内容写入实时库。

生成参考预案：一键热倒负荷转供模块根据电网运行状态生成参考预案。参考预案操作步骤包括：①控分线路第一个配网开关，②控合联络开关。参考预案操作步骤在参考预案操作内容列表中展示，同时在系统图中显示操作内容，实现图形联动。

接受参考预案：若判断参考预案正确，则点击接受参考预案。原有预案操作内容将被删除，替换为参考预案。

添加记录：将参考预案中的一条记录添加至预案操作内容列表中，原有预案操作内容不会被删除。

删除记录：删除预案操作内容列表中的记录。

上移记录：修改预案操作内容的执行顺序。

下移记录：修改预案操作内容的执行顺序。

（四）预案执行

1. 变电站选择

变电站选择界面根据变电站所属区域对所有变电站进行分类，如图 5-41 所示。

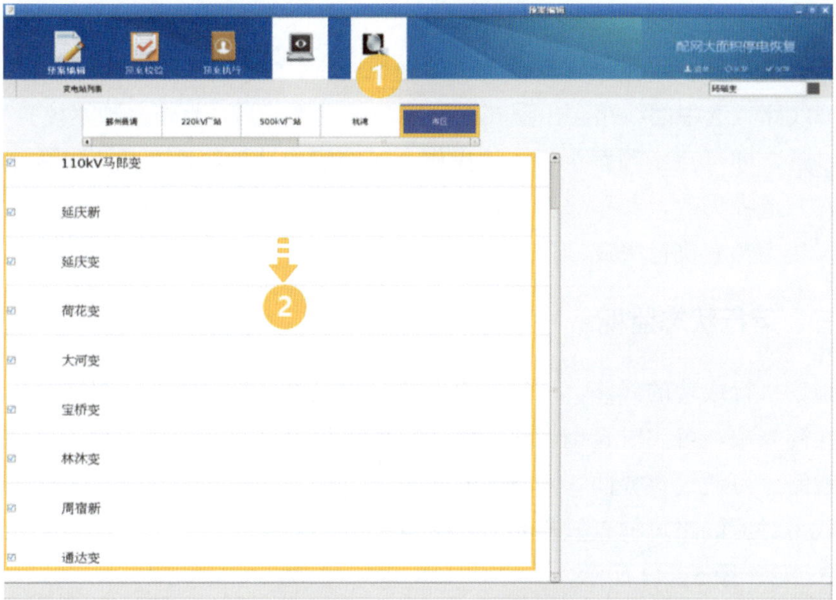

图 5－41　变电站选择界面

（1）单击选择变电站区域，下方列出所有属于该区域的变电站。

（2）双击需要预案执行的变电站，进入变电站预案执行界面。

2. 变电站线路预案遥控执行

如图 5－42 所示。

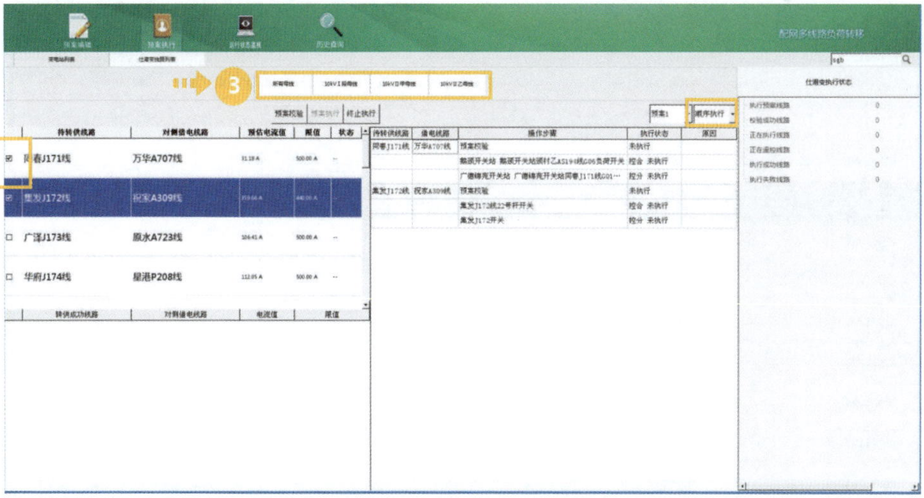

图 5－42　变电站线路预案

画面中出现“预案校验”“预案执行”“中止执行”功能键，右上方下拉框中根据需求选择“单步执行”或者“顺序执行”（多条线路顺序执行），左侧勾选相应线路，选中的线路会出现在中间窗口。设置好后，点击“预案校验”。校验通过后，即可点击预案执行，该操作会对校验成功的线路开始下发顺序遥控命令。若遥控失败，该程序会尝试再次遥控，尝试最大次数为 3。3 次遥控均失败，认为预案执行失败，停止单条预案的执行。

三、运行状态监视

预案执行成功的线路，一键热倒负荷转供模块会自动将其记录在执行成功的预案列表中，可实时查询转供对侧线路的电流值和电流限值，便于查询重载风险线路。可通过该界面，对预案执行成功的线路实现负荷转供恢复的程序操作。双击对应线路可检查操作步骤，其操作与预案执行类似，不再重复说明，如图 5－43、图 5－44 所示。

四、历史查询

该界面可以查询通过该模块进行程序操作的每个开关的操作记录，通过输入开始、结束时间进行精确查询，也可以通过输入厂站名称进行筛选，如图 5－45 所示。

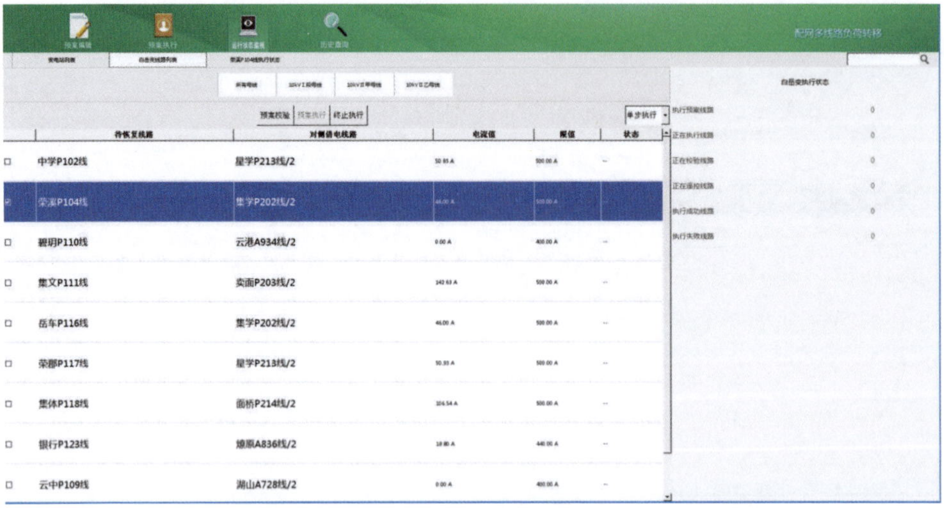

图 5－43　运行状态监视

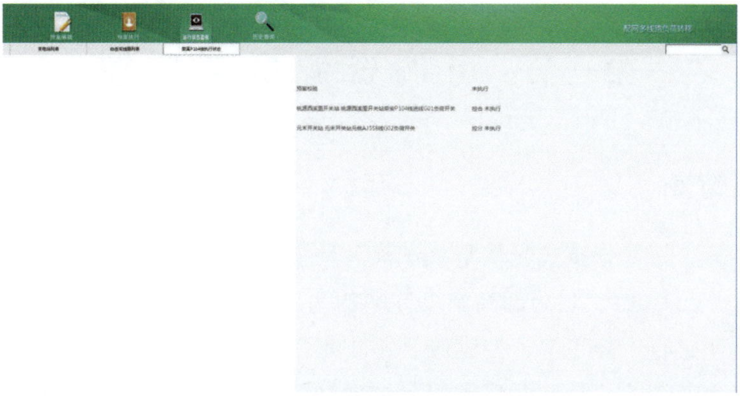

图 5－44　运行方式恢复方案

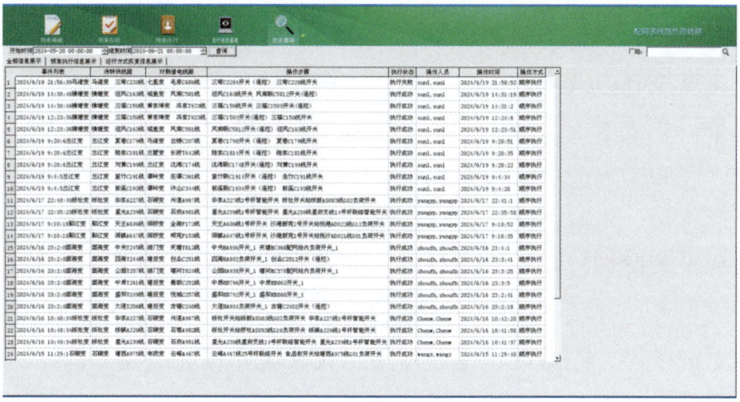

图 5－45　历史查询界面

❖测一测

1. 大面积负荷转供模块完成哪些功能？
2. 全停冷倒转供的单条线路的转供步骤是什么？

答案

1 大面积负荷转供模块是利用自动化装置(系统)，配网供电线路（馈线）的运行情况，结合电子存档的操作预案，通过程序操作，实现变电站多条10kV 配网线路的转供操作，达到快速转移负荷或者恢复正常供电的目的。

2 操作步骤包括：(1) 控分线路第一个开关；(2) 控合联络开关。

第三节 可调资源群调群控

一、背景

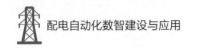

近年来，随着分布式光伏整县试点、新型储能等项目的推进，分布式电源将呈现出“点多面广”、局部高密度并网的高速发展态势。分布式光伏、储能迅猛发展，存在的“分布散、控制难、不稳定”等问题，给主、配网安全稳定带来一定的冲击。尤其是如浙江省等受端电网特征明显的地域，分布式电源爆发式并网下，与集中式光伏、风电、水电等容易形成叠加效应，从而加剧电网调峰困难等问题。

传统调度控制方式下，分布式电源大多是孤立分散地接入电网，不参与电网功率调节，导致电能质量、功率密度等问题比较突出。随着分布式电源的规模化发展，有必要充分挖掘分布式电源集群的可调节能力，实现电网对分布式电源的全面感知、集群控制与调节优化。

分布式电源群调群控技术以分布式光伏、储能等为基础，实现调度员对电网内分布式电源运行状态感知，具备配网分布式光伏等可控资源的灵活控制功能，实现对配变级、线路级、变电站级、县域级光伏的单控、群控、全控，及已控分光伏的批量恢复，解决目前分布式电源无法参与调度工作的问题。通过群调群控达到对分布式光伏、分布式储能的全面可控，实现对分布式电源集群的灵活友好并网，解决分布式光伏的消纳利用问题。同时，可充分提高电网的电能质量水平，确保各类情况下的发供用电平衡稳定。

二、可调资源群调群控流程

可调资源群调群控主要考虑通过分布式储能集群进行有功调节，通过分布式光伏集群进行有功、无功调节。

（一）分布式储能群调群控

分布式储能具有较好的有功功率调节特性，具备吸收和发出有功的能力，可以实现对节点净功率的削峰填谷，有助于实现电能的本地化利用，同样能一定程度降低网络损耗。分布式储能群调群控流程如图 5–46 所示。

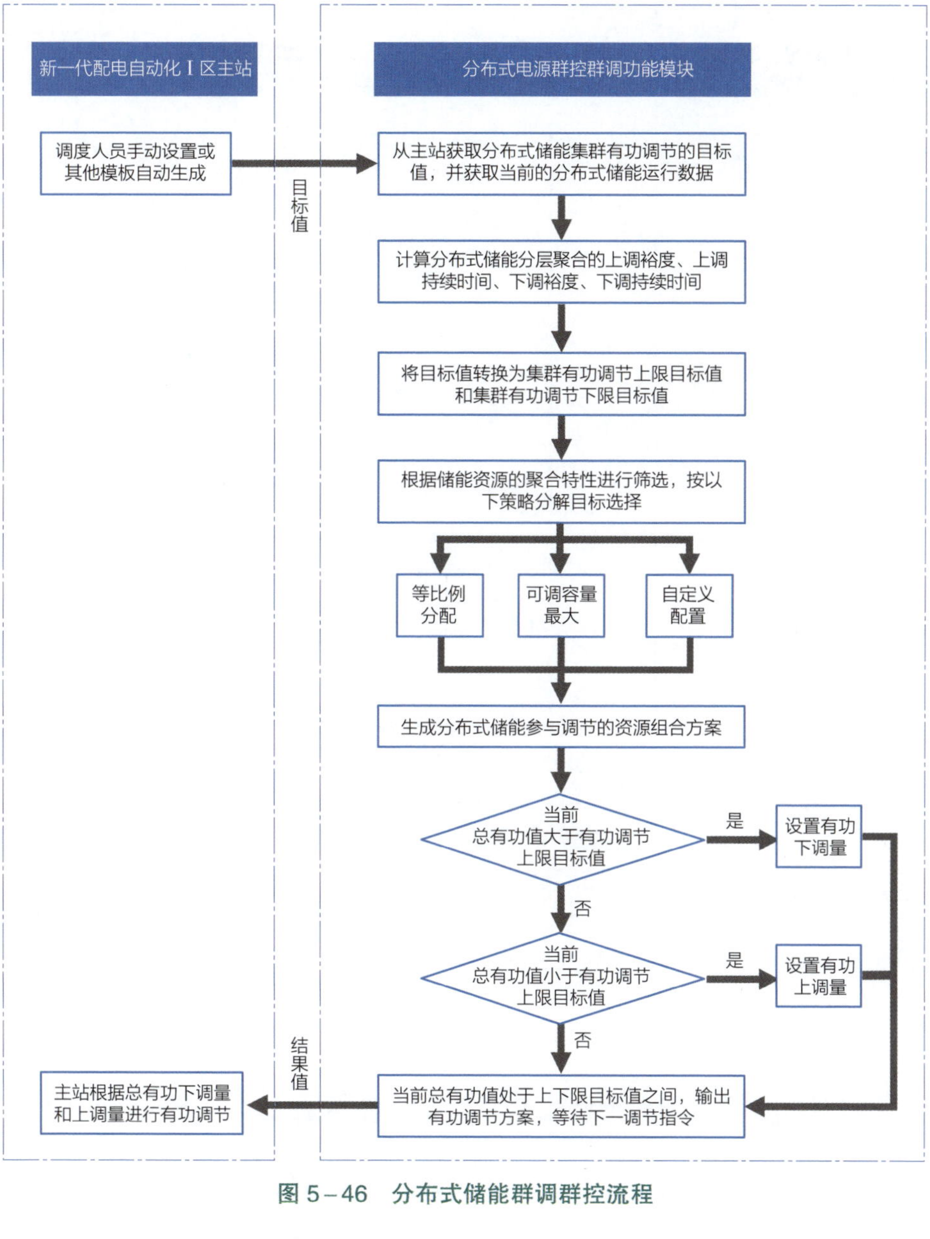

图 5-46　分布式储能群调群控流程

（二）分布式光伏群调群控

分布式光伏有功削减是一种非常简单有效的抑制网络过电压的方法，并且可以有助于降低过电压情形下线路中的有功流动，从而降低网络损耗；无功主要通过光伏逆变器进行调节，以就地控制方式为主。分布式光伏群调群控流程如图 5-47 所示。

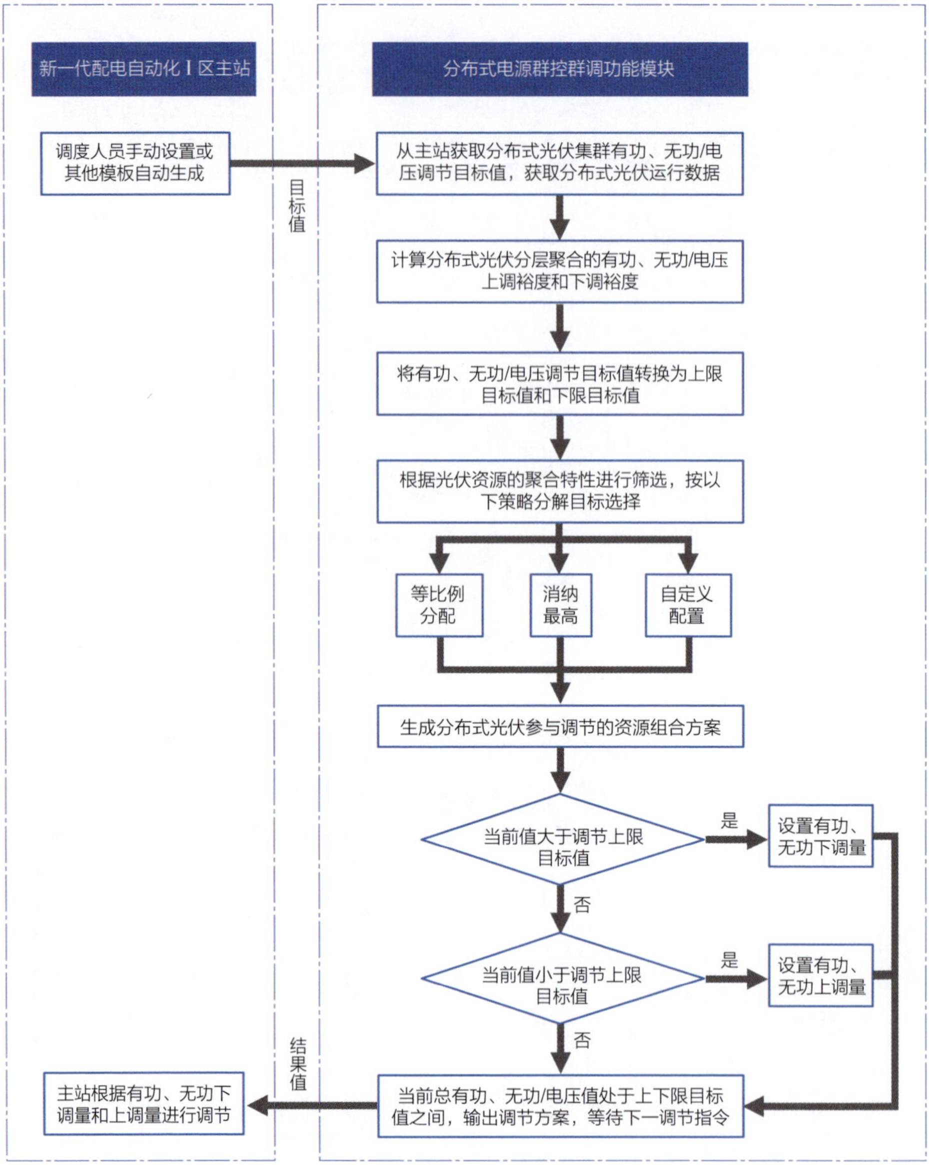

图 5-47　分布式光伏群调群控流程

三、可调资源群调群控功能操作步骤

（一）资源选择界面

此界面主要用于展示储能、光伏的基本信息及可调能力的汇总，方便选择参与群调群控的可调资源，如图 5-48 所示。

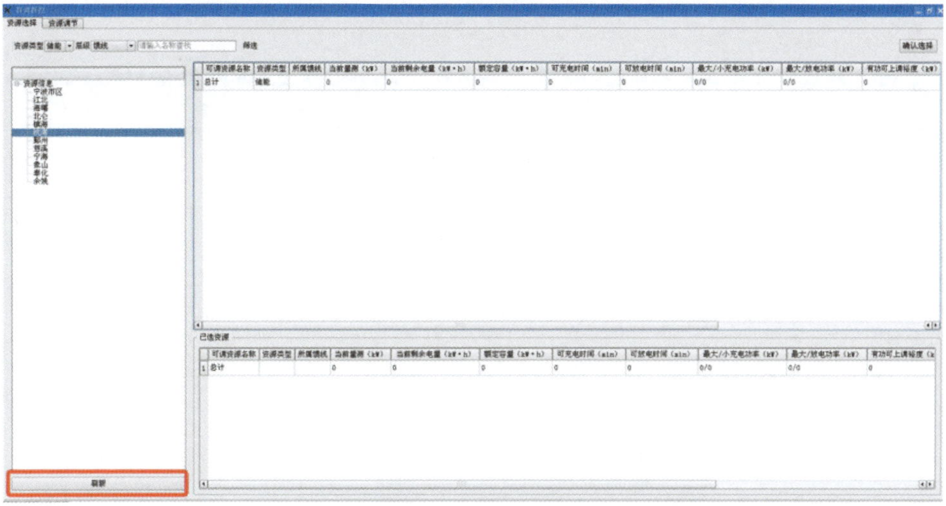

图 5-48　储能、光伏群调群控展示界面

1. 界面说明

界面左侧树展示了可调资源（储能、光伏）所属的供区-馈线层级关系。

右侧上方表格展示选择层级（供区、馈线、资源）下的可调资源（储能、光伏）基本参数及实时信息。可通过界面上方工具栏的资源类型选择切换储能/光伏信息界面。操作人员方便通过其可调能力信息选择合适的可调资源。

右侧下方表格展示了所有已选的可调资源信息，包括可调能力汇总。操作人员方便根据已选资源的总可调能力进行参与群调群控资源的调整。

2. 资源信息刷新

点击下方刷新按钮可实时刷新可调资源信息。

3. 可调资源选择

在右侧上方资源信息表格中选择一条或多条资源记录，支持连续多条选择及跨行多条选择，选中后右击“添加选中资源”，即可将选中资源暂时加入下方的已选资源列表。

若想移出已选资源，在已选资源列表中以同样的方式选中右击“删除选中资源”即可。

储能和光伏需要分别在其对应界面进行选择。选择参与群调群控的资源完成后，点击确认选择即完成确认，进入资源调节界面。

（二）资源调节界面

此界面用于参与群调群控资源的下发控制，如图 5-49 所示。

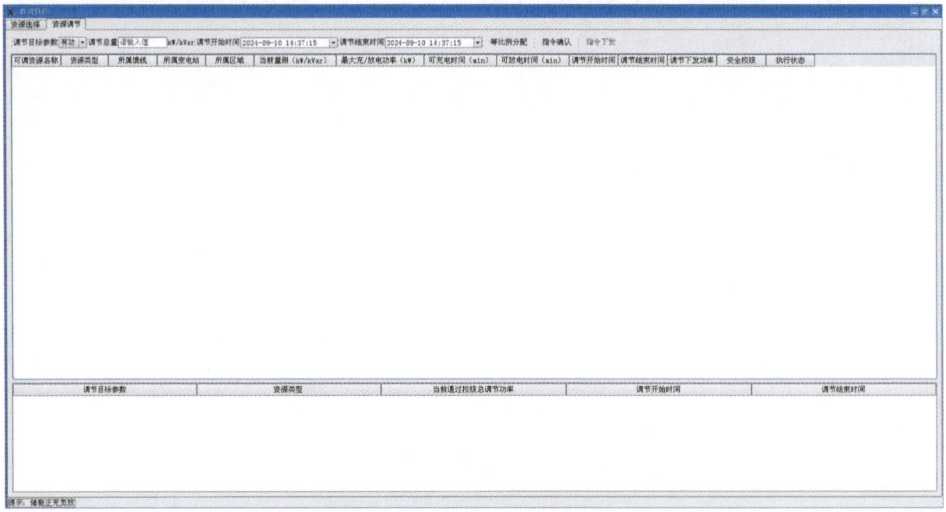

图 5-49　资源调节界面

1. 界面说明

界面上方工具栏包括群调群控的有功/无功调节值、开始时间、结束时间设置，同时提供基于等比例的每种资源调节值分配功能、安全校核功能、调节下发功能。

上方表格展示了参与群调群控的可调资源基本信息，包括其调节功率（可设置）、安全校核信息、调节状态信息。

下方表格展示了目前已通过安全校核后的有功/无功调节功率信息汇总。

2. 调节下发功率设置

可在每条资源记录的调节下发功率一栏双击设置其下发值。

3. 等比例分配

等比例分配按钮基于设置的总调节值及已选资源的额定容量信息，按照等比例原则依次将待调节量分配给每个可调资源，提供一个资源功率调节的参考值。

4. 安全校核

设置完每个资源的调节值后，在下发前需进行校核，后台会根据每个资源的基本参数及实时量测计算其可调能力，检验当前设置的调节值是否合理，在安全校核栏中显示检验结果。同时将通过校核的总调节功率信息展示在下方表格中。

5. 指令下发

安全校核后，点击指令下发按钮，上方表格实时更新调节执行状态。

四、注意事项

1. 可调节资源需要在可调资源定义表进行数据维护或者数据导入，否则程序无法识别可调节资源并进行调节；

2. 所涉及的储能及光伏需要直采接入配电自动化Ⅰ区主站，并接受Ⅰ区主站远程遥控或遥调。

❖测一测

1. 分布式储能群调群控具有哪些优点？

2. 若需对分布式光伏有功、无功/电压进行调节，可采取哪些策略达到目标值？

答案

1 具有较好的有功功率调节特性，具备吸收和发出有功的能力，可以实现对节点净功率的削峰填谷，有助于实现电能的本地化利用，同样能一定程度降低网络损耗。

2 等比例分配、消纳最高、自定义配置。

第四节　经 济 运 行

一、主变负载均衡

（一）概述

由于区域内空间负荷分布不均，造成同一变电站不同主变或者不同变电站主变负载率相差较大，影响设备利用率及运行可靠性。

配电自动化高级应用－主变负载均衡以主变负载率为主要指标，设定一阈值，当主变负载率超过阈值且与区域内主变平均负载率差值超过所设定范围，则基于配电自动化主站系统启动负荷转移，使高负载率的主变负荷降低，提高低负载率的主变负荷，从而达到区域内主变负载均衡的目标。

主站负载均衡功能逻辑图如图 5-50 所示。

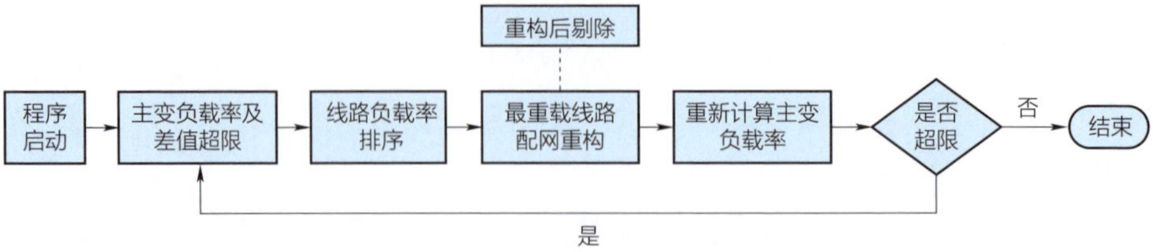

图 5-50 主站负载均衡功能逻辑图

（二）负荷错峰优化工具的应用

1. 算法介绍

转供原则：找到区域内最大负载率的主变进行转供，对该主变搜索可以转供的对侧主变，找到负载率最小的对侧主变作为转供的目标主变。

主变转供量的计算：主变最大负载率与平均负载率的差值为减载量，目标主变的最小负载率与平均负载率的差值为增载量。如果减载量小于或者略大于增载量（差值小于增载量的 20%），则用该减载量进行转载。如果减载量大于增载量的 50%，则用增载量进行转载。

转入线路允许最大转移量的计算：如果线路允许转移量大于主变转供量，则取主变转供量为待转量。如果线路允许转移量小于主变转供量，则取线路允许转移量为待转量，从而保障转入线路不过载。

线路转供原则：对于主变下多条馈线转供，转供依据为转供量尽量接近减载量、转供线路最少、开关操作最少。依据该原则，则策略选择：选择能转移到目标主变的线路中负载率最大的线路进行优先转供。

转供断开开关的选择原则：

供电主干路径靠近联络开关的第一个开关的电流就大于转供量，如果差值小于转供量的 20%，允许进行转供操作。

如果主干路径中间某个开关电流大于转供量，该开关的电流更接近转供量并且差值小于转供量的 20%，则选择该开关作为转供断开开关。

如果比转供量小的开关的电流更接近转供量，则选择该开关作为转供断开开关。如果线路总电流都小于待转供的电流，则线路全转。

2. 操作步骤

（1）打开方式：通过图形浏览器－调控－高弹性模块，点击主变负载均衡，以打开主变负载均衡程序；或者输入命令 dms_transload_balance 来打开程序界面，如图 5-51、图 5-52 所示。

图 5-51　高弹性模块界面

图 5-52　主变负载均衡程序

（2）选择待优化主变：左侧导航树选择需要均衡的主变，点击“选择”，会将主变添加至左下角的主变优化清单，并展示主变名称及当前负载率，如图 5-53 所示。

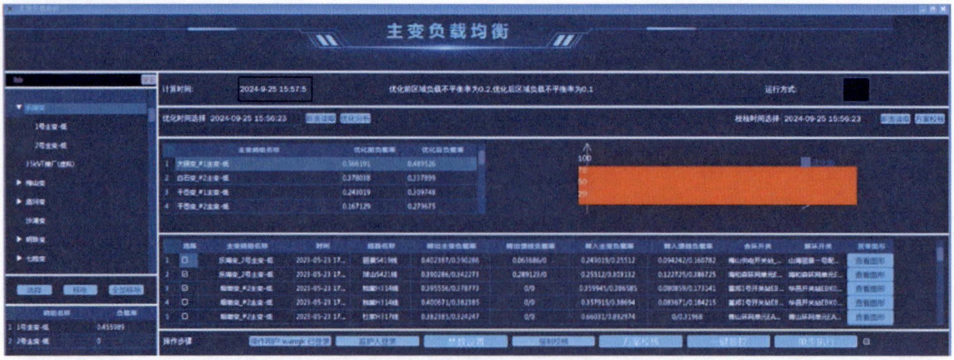

图 5-53　待优化主变

（3）获取方案：在优化时间选择输入要优化的时间点，默认程序打开当前时刻。点击断面读取，再点击优化分析，获取全网优化分析结果，并展示优化前后主变的负载率情况，如图 5-54 所示。

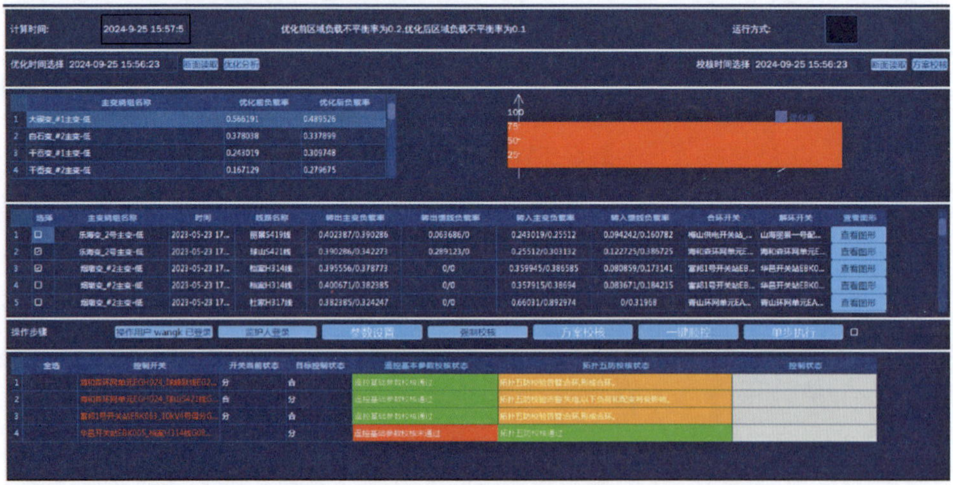

图 5-54　获取方案

（4）方案校核：选择目标方案进行勾选，可多选，用户登录后点击方案校核，程序会对转供方案进行开关状态校验、拓扑校验等一系列安全校核，并提示校验未通过原因。

（5）一键顺控：在方案校核通过后，可点击一键顺控，程序将对开关进行遥控，默认并发执行。若勾选单步执行，遥控模式将改为单步执行，并可在左侧选择要执行遥控的开关，程序将按顺序对勾选开关逐个进行遥控，如图 5-55 所示。

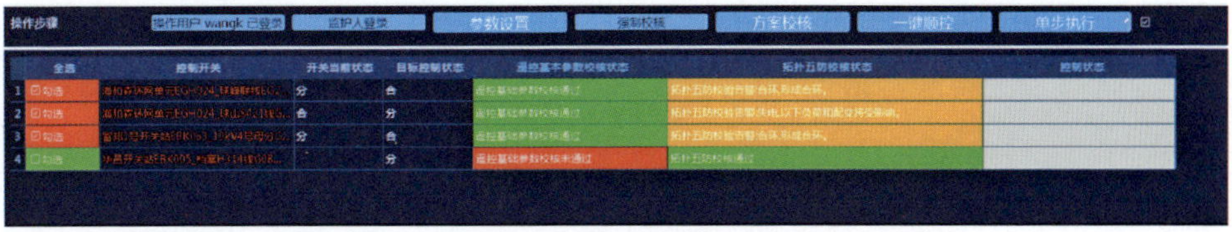

图 5-55　一键顺控

主变负载均衡能够以区域主变、馈线环为对象，重构范围内网络运行方式，实现主变最高负载率降低、最低负载率升高，实现区域内主变、环内馈线负载均衡。

（三）小结

主变负载均衡能够以区域主变、馈线环为对象，重构范围内网络运行方式，实现主变最高负载率降低、最低负载率升高，实现区域内主变、环内馈线负载均衡。

二、负荷错峰优化

（一）概述

由于线路负荷接入较多，虽然电源层面供需尚平衡，但具体到设备，往往有“卡脖子”的潮流瓶颈，同时也存在轻载运行的设备，因此如何最大程度挖掘设备供电能力潜力，提高线路、变电站出线间隔等的利用率，减少投资，是面临的重要课题。

负荷错峰优化应用，通过深化配电自动化应用拓展，开展负荷特性分析研究，实现负荷自动错峰优化互补。

（二）负荷错峰优化工具的应用

1. 原理介绍

本功能以开关站母线为最小研究对象，根据历史采样数据分析其负荷特性，以负荷错峰优化为目标，给出选定区域内不同类型负荷开关站的接线互联优化方案，指导网架优化，提高线路利用率。

2. 操作步骤

（1）启动负荷错峰优化模块。

打开图形浏览器，依次点击“概况”“调控”“高弹性模块”“负荷错峰优化”进入该功能模块；也可以在 home/d5000/ninbo 目录下输入 peak_shift_tool 命令进入该功能模块。

（2）负荷分析。

功能选择“负荷分析”，搜索需负荷分析的母线，设定要分析的负荷时间以及数据类型（Ia、Ib、Ic、P，默认为 Ia），人工设定 Y 轴（设置后可使多条曲线使用同一坐标基准，缺点是若超出人工设定的坐标范围，曲线会显示不全），如图 5-56 所示。

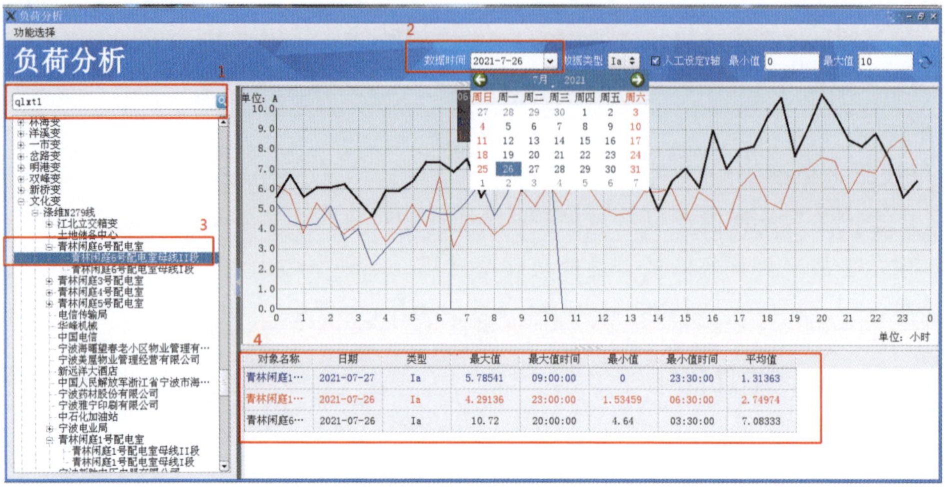

图 5-56　负荷分析

选择搜索到的母线，鼠标左键进行双击生成对应的曲线。程序生成曲线后，双击左侧树形结构中的其余配网母线，右侧会增加一条曲线，下侧表格中相应的增加一条记录；右键表格中的一条记录，可进行删除，如图 5-57 所示。

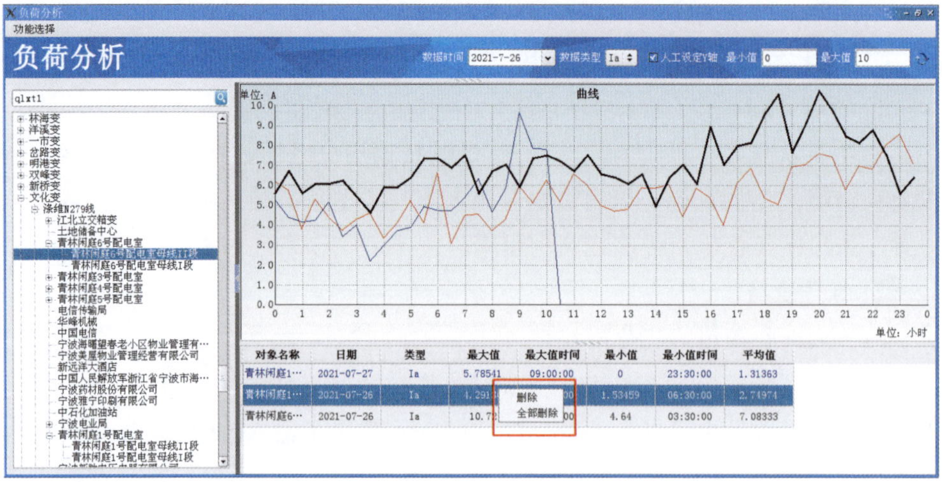

图 5-57　删除记录

（3）错峰分析。

操作界面如图 5－58 所示。功能选择“错峰优化”，顶端设置好负荷数据时间、数据类型后，在 1 号框处人工输入关键词或关键词拼音首字母进行搜索；鼠标左键双击选择馈线，然后选择馈线下对应需要的母线，双击选择好馈线后，程序会将馈线下所有母线全部展示，用户可先将母线全部删除，然后手动添加需要的几条母线，如 5 号框处所示。点击“负荷分析”，基于该线路下选择的所有配网母线计算线路负荷曲线，结果如 6 号框所示。

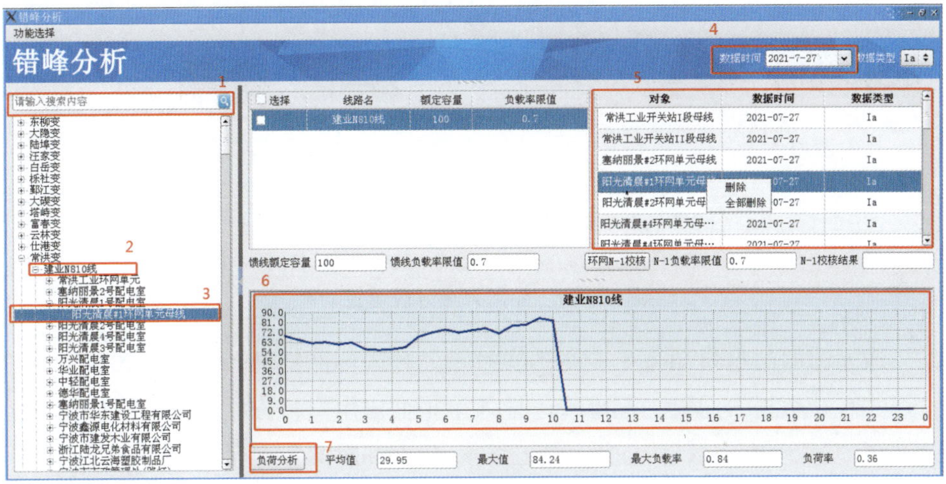

图 5－58　线路负荷曲线

（三）小结

通过组环方式调整，完成负荷错峰优化，指导目标网架，线路利用率提高 50%，节省变电站出线间隔、线缆和廊道资源，实现每千瓦增供负荷电网投资有效降低 20%以上，提高规划平衡负荷占比。

三、线损异常管控

（一）概述

当前，配网线损管控还是基于馈线为单位进行线损管理和考核，随着线损管理和考核的精细化，基于环网柜为单元的线损异常分段管控成为一个现实的需求。线损异常分段管控的实现，可以将异常范围聚焦到馈线下环网柜的供电范围，大大降低了线损异常排查难度，提高线损异常定位的精准度和线损管理工作效率，提高电力企业的经济效益。

（二）线损异常管控的应用

1. 功能介绍（见图 5-59）

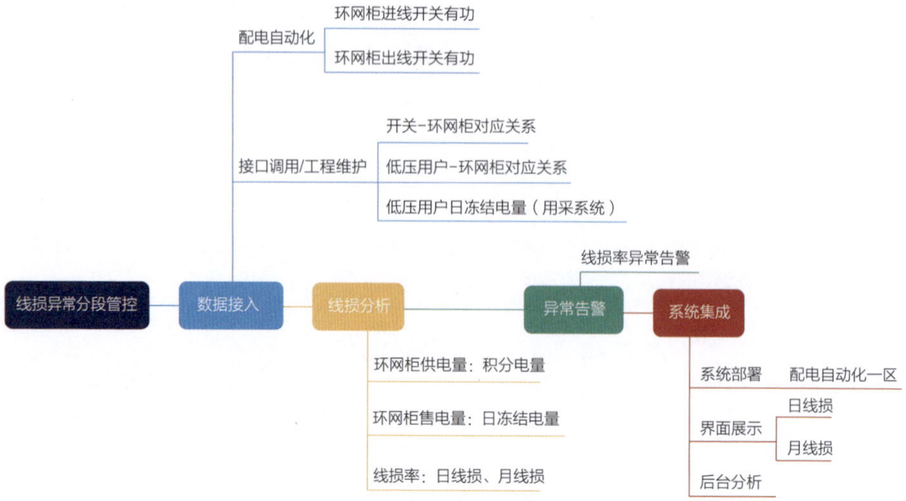

图 5-59　线损异常分段管控功能

通过读取配电自动化 I 区主站实时库，接入环网柜开关进线开关有功、出线开关有功数据；通过工程维护，导入用采低压用户日冻结电量数据；第一阶段通过工程维护获取环网柜-进出线开关（后期实现自动分析获取）、环网柜-低压用户的关联关系。

在数据接入前提下，根据线损算法进行供电量、售电量、损耗电量、线损率计算，并根据线损异常限值进行线损异常告警。

系统集成在现有的配电自动化 I 区主站，对日线损、月线损进行监测和异常告警，实现基于环网柜为单元的线损异常分段管控。

2. 数据接入

数据接入包括环网柜开关进线开关有功、出线开关有功、低压用户日冻结电量、环网柜-进出线关联开关、环网柜-低压用户关联关系，接入方式如图 5-60 所示。

（三）线损分析

1. 日线损

根据接入的运行数据、电量数据、从属关系等，按照以下计算公式进行日线损率计算。通过前台界面可进行查询、筛选、日度线损率曲线展示等，如图 5-61 所示。

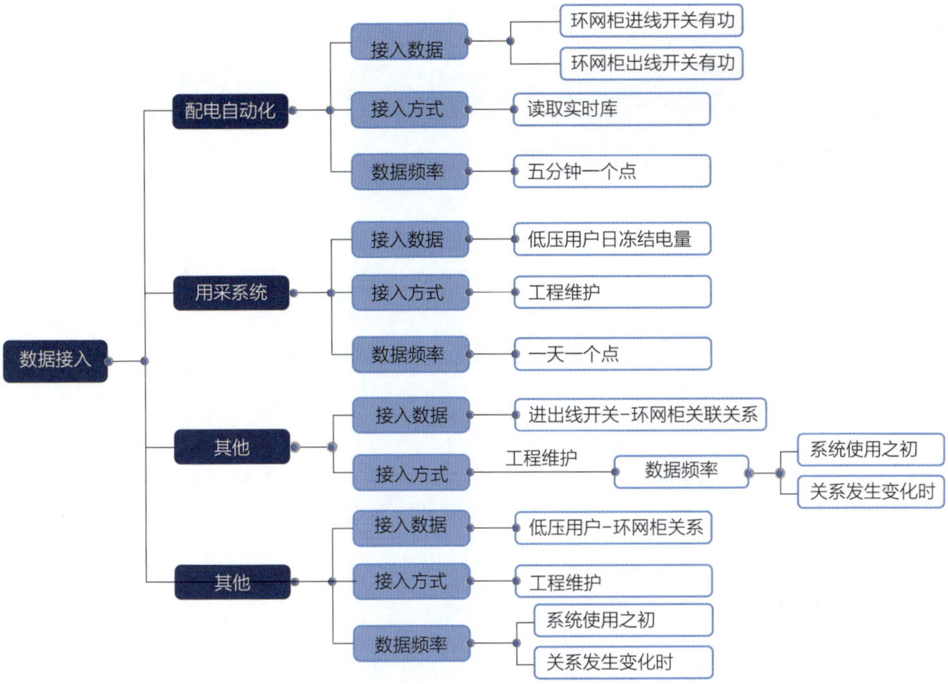

图 5-60 接入方式

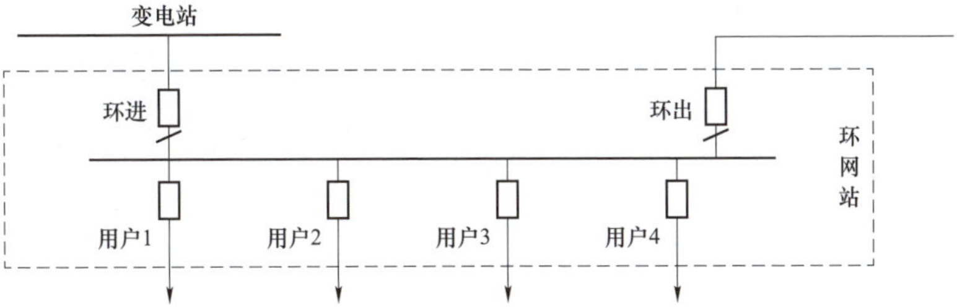

$$\underset{1\text{天或}1\text{月}}{\Delta W_{\text{环进}}}-\underset{1\text{天或}1\text{月}}{\Delta W_{\text{环出}}}=\underset{N=1\text{天或}1\text{月}}{\Delta W_{\text{环网站}}}$$

$$\text{线损}=\left(\underset{1\text{天或}1\text{月}}{\Delta W_{\text{环网站}}}-\Delta W_{(\text{用户}1+\text{用户}2+\cdots\text{用户}4)}\right)\div\underset{N=1\text{天或}1\text{月}}{\Delta W_{\text{环网站}}}$$

图 5-61 日线损率计算

2. 月线损

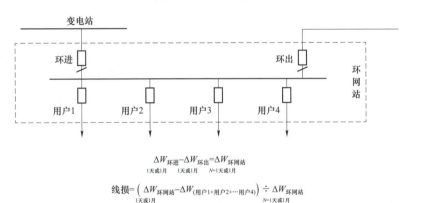

根据日线损率，统计月度线损率。通过前台界面可进行查询、筛选、月度线损率曲线展示等，如图 5-62 所示。

3. 界面使用说明

红圈 1：展示当前打开界面日期。

红圈 2：设备信息列表，以“环网柜——母线 id 集合”层级关系展示目标环网柜环进环出开关定义表设备信息。

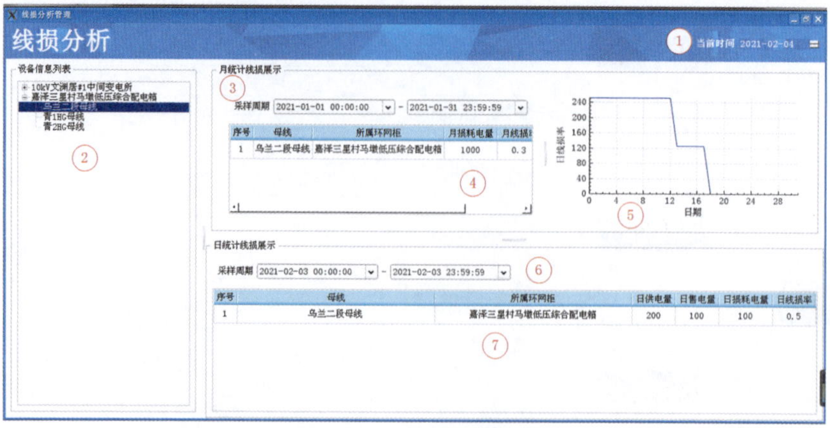

图 5-62　线损分析界面

月统计线损展示：以列表和月线损曲线形式展示环网柜线损计算结果表所有母线月统计线损信息。

红圈 3：展示采样周期，前一个月从月初 00:00:00 到月末 23:59:59。

红圈 4：展示采样周期内所有母线月统计线损信息，包括：序号、母线、所属环网柜、月损耗电量、月线损率。

红圈 5：展示设备信息列表中选中母线采样周期内的月线损曲线信息，展示一个月中每天对应的日线损率曲线，横坐标为日期，如 1-31 号，纵坐标为对应日期的日线损率。

日统计线损展示：以列表形式展示所有母线日统计线损信息。

红圈 6：展示采样周期，前一天从 00:00:00 到 23:59:59。

红圈 7：展示采样周期内所有母线日统计线损信息，包括：序号、母线、所属环网柜、日供电量、日售电量、日损耗电量、日线损率。

四、经济调度

为积极响应国网公司“碳达峰、碳中和”行动方案和电网节能调度要求，切实履行经济调度，使用经济调度模块，通过计算线路损耗情况，调整线路的运行方式，减小环网内线路的线损，提高供电经济性。

（一）原理说明

以图 5-63 所示的环网为例，在某一运行方式下，环网站的输入输出电流（图 5-63 为 I_{in1}、I_{out1}、I_{in2}、I_{out2}）可测，并且已知各段线路的电阻（图 5-63 为

R_1、R_2、R_3、R_4），假设在某一段时间内用户电流保持不变，则可以计算出此时的线损情况。而在新的运行方式下，可重新根据环网站输入输出电流，计算出新的运行方式下的线损。

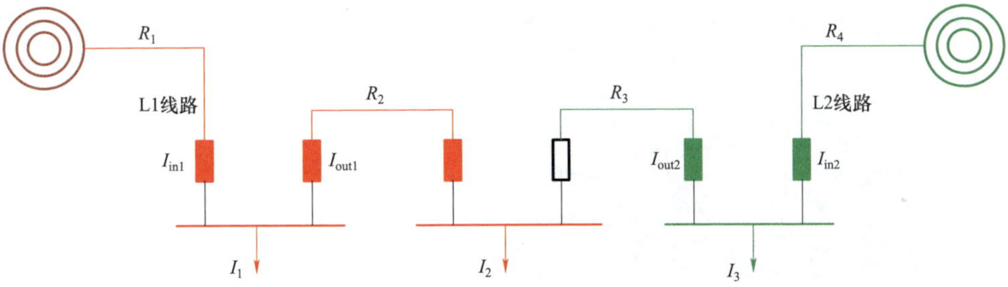

图 5-63　环网示意图

第一个环网站的流进电流为 I_{in1}，流出电流为 I_{out1}，环网站内用户电流为 I_1。在本图中，$I_1 = I_{in1} - I_{out1}$，$I_2 = I_{out1}$，$I_3 = I_{in2}$。线路 L_1 损失的电量可以计算为 $W_{L1} = I_{in1}^2 \times R_1 \times t$，又因 $I_{in1} = I_1 + I_2$，所以 $W_{L1} = (I_1 + I_2)^2 \times R_1 \times t$，其他环网站线损以此类推，新的运行方式下线损计算方式同理。

假设每 5 分钟采样一次，计算一天内环内线路的总线损为 288 个点的积分线损，表达如下（单位：kWh）：

1. $$W_1 = \left[\sum_{i=1}^{288}(I_{i1} + I_{i2})^2 R_1 \times \frac{5}{60\times1000}\right] + \left(\sum_{i=1}^{288} I_{i2}^2 R_2 \times \frac{5}{60\times1000}\right)$$

2. $$W_2 = \left(\sum_{i=1}^{288} I_{i3}^2 R_4 \times \frac{5}{60\times1000}\right) + \left(\sum_{i=1}^{288} I_{i\_out2}^2 R_3 \times \frac{5}{60\times1000}\right)$$
$$= \left(\sum_{i=1}^{288} I_{i3}^2 R_4 \times \frac{5}{60\times1000}\right) + \left(\sum_{i=1}^{288} 0^2 R_3 \times \frac{5}{60\times1000}\right)$$

3. $W_{总} = W_1 + W_2$

备注：若电流的采样频率不是 5 分钟，那么需要计算的点数需要按实际情况进行修改。

程序以环内线路损耗 $W_{总}$ 最小为目标，计算不同开关作为联络点的情况下的线路损耗，从而获得降损效益最佳的开口点，用于确定月度经济运行方式，或者检验当前运行方式是否经济合理，也可以计算当前的线损功率，确定当前的最经济运行方式。

（二）操作介绍

1. 启动经济调度模块

启动经济调度模块后的界面如图 5-64 所示。在界面上方可以选择需要计算的馈线环、计算的时间区间、执行或返回优化方案、是否计算三相线损和线损系数。

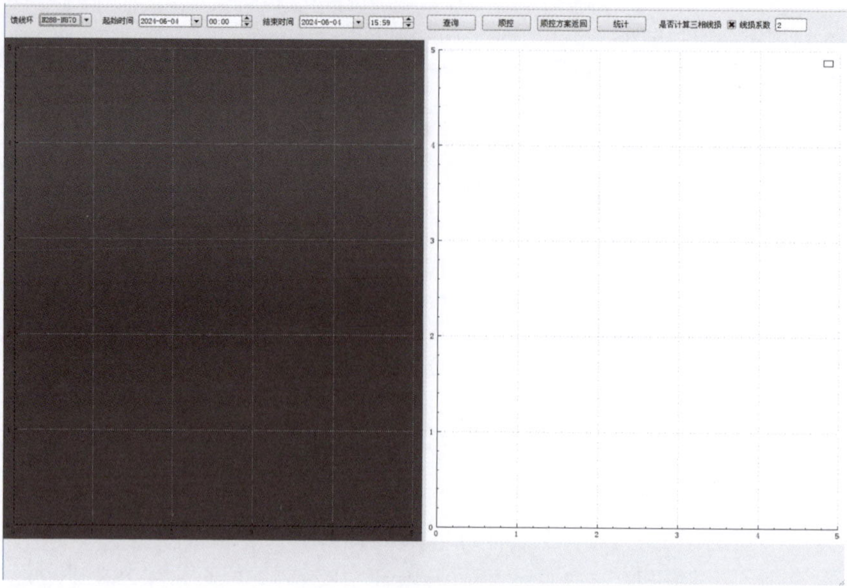

图 5-64 启动经济调度模块后的界面

2. 选择馈线环

点击“馈线环”，在下拉菜单中选择需要优化的线路，见图 5-65。

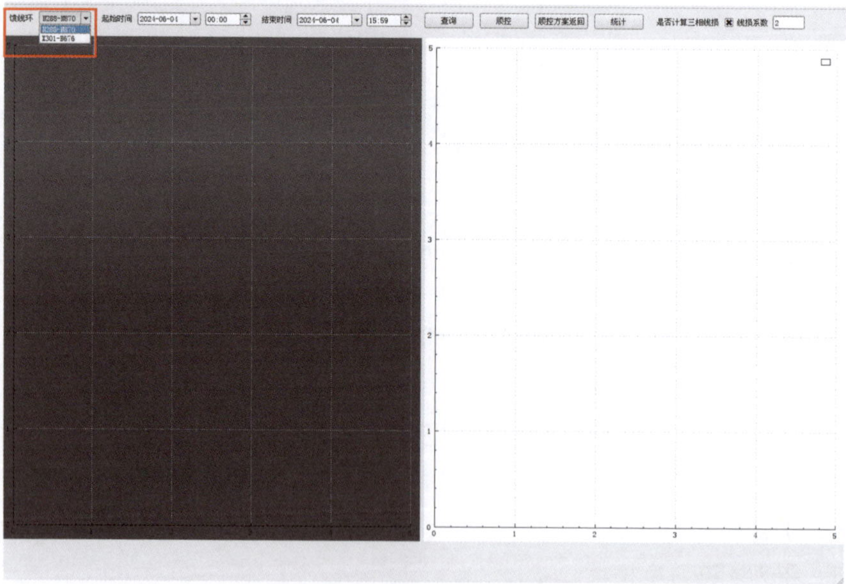

图 5-65 选择馈线环

3. 选择计算的时间区间

分别选择起始时间和结束时间，确定用于计算线损的时间区间，见图 5－66。

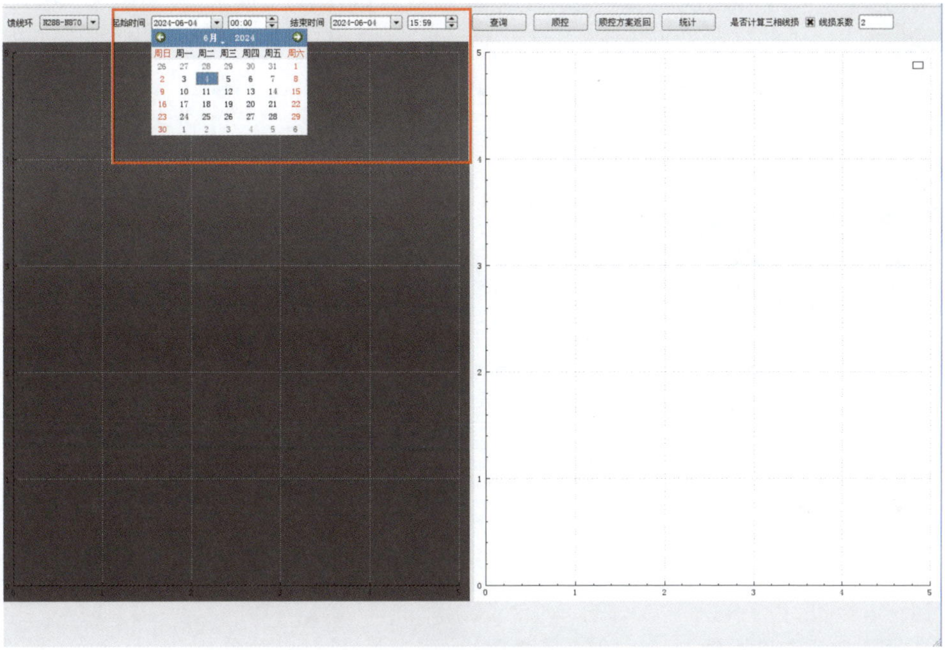

图 5－66 选择计算的时间区间

4. 计算线损情况

点击“查询”后，系统将计算所选馈线环在不同断开点下的线损情况，见图 5－67。界面左侧显示的是不同断开点下的平均线损，界面右侧显示不同断开点下的线损－时间曲线，界面底部将会给出最佳方案和它的平均线损。通过点击右下方的断开点，还可以将选中的线损－时间曲线高亮显示，见图 5－68。

5. 执行优化方案

点击“顺控”按钮，系统将自动给出调整到最佳方案需要控制的开关，见图 5－69，并可以根据需要选择先分后合（冷倒）或先合后分（热倒）的方式执行。若需要将已进行经济调度的线路的运行方式返回，则点击“顺控方案返回”即可。

6. 线损情况统计

点击“统计”按钮，系统将自动计算线路调整前平均功率、调整前线损功率、调整前线损率、调整后平均功率、调整后线损功率、调整后线损率以及平均节约能耗数据，见图 5－70。

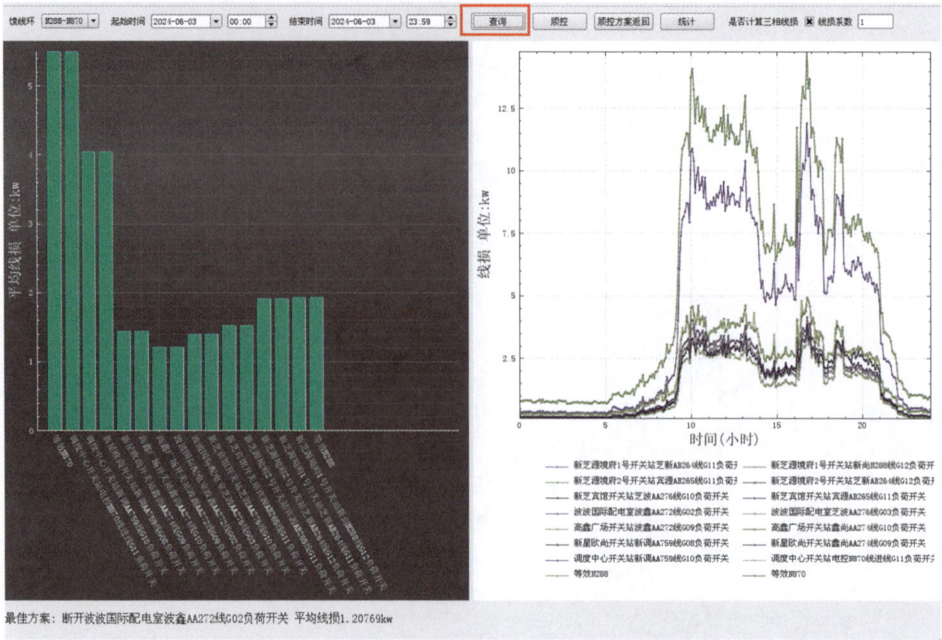

图 5-67 所选馈线环在不同断开点下的线损情况

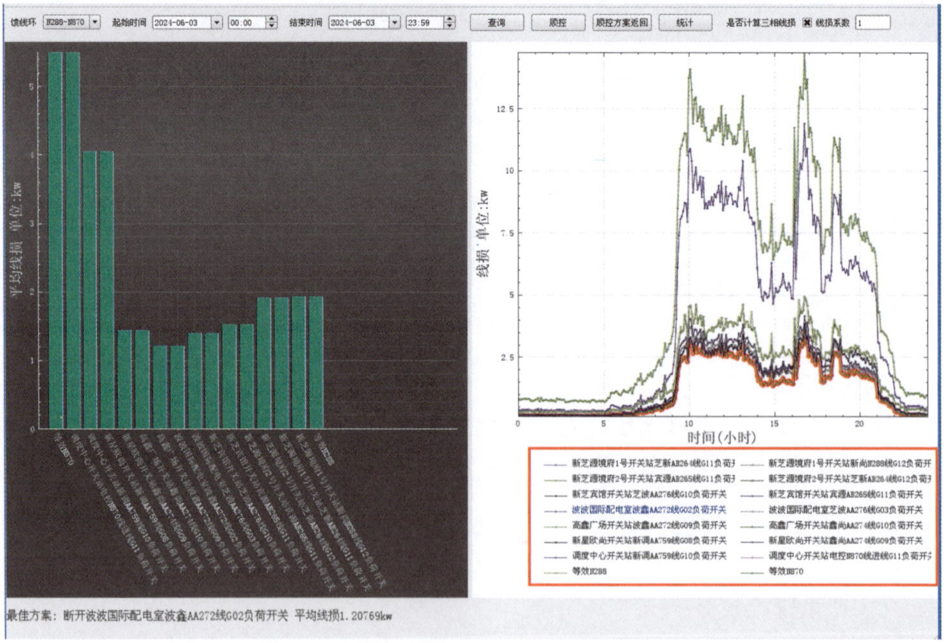

图 5-68 线损-时间曲线

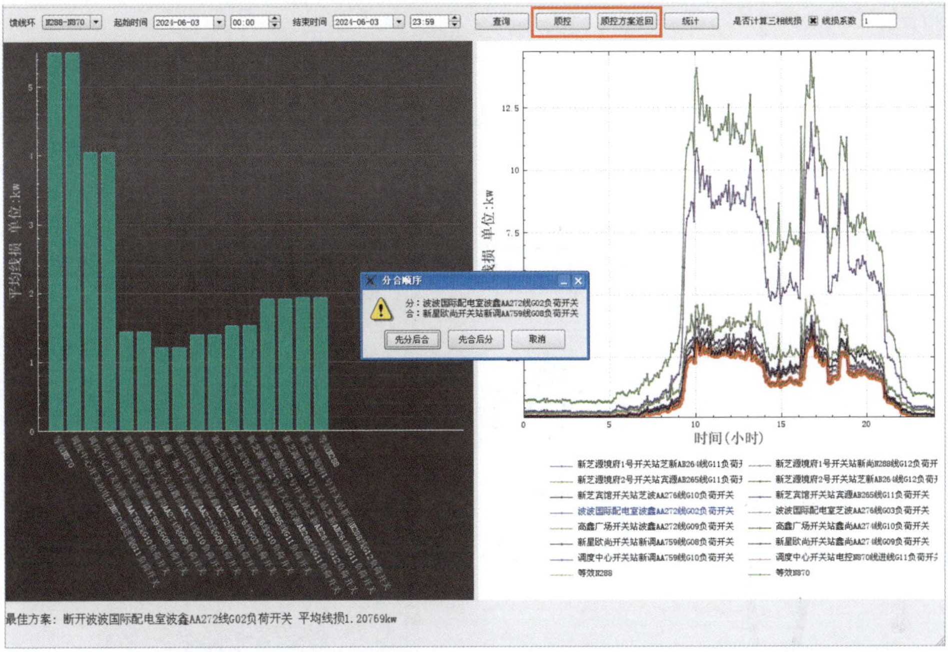

图 5-69 执行优化方案

LossCalcView

	调整前平均功率 (KW)	调整前线损功率 (KW)	调整前线损率 (%)	调整后平均功率 (KW)	调整后线损功率 (KW)	调整后线损率 (%)	平均节约能耗归一化 (KW)
电控H870线	347.095	0.00424842	0.00117602	1529.99	0.364974	0.0176536	0.360725
新尚N288线	2033.96	1.34447	0.0497824	851.067	0.0375909	0.00427539	-1.30688
合计	2381.05	1.34872	0.0432602	2381.05	0.402565	0.0131627	-0.946157

图 5-70 线损情况统计

（三）小结

经济调度模块能够很方便地计算馈线环在不同断开点下的线损情况，给出最佳调整方案，实现整体线损最小，并能够自动生成和执行运方调整方案，极大方便运行人员对线损的优化。

五、低压线损应用

LTU（如图 5-71 所示）是一种可以实现台区的低压拓扑关系的采集单元，可将表箱的三相电压电流通过融合终端实时上送至Ⅳ区主站，LTU 同时可上报故障信息，结合台区低压拓扑关系，进行综合判断停电信息，来实现低压故障定位及研判。

LTU 主要应用于安装在分支箱、计量箱等场所，采集电流及开关量、电量；支持电气拓扑自动辨识、阻抗计算，可进行功能扩展；通过微功率无线/载波与智能融合终端通信，如图 5－72 所示。

在配电自动化Ⅳ区主站中，可以上报终端拓扑图，在 LTU 装置挂接并与中台拓扑校验成功后，即可在单线图中显示低压拓扑及其电压电流数据。

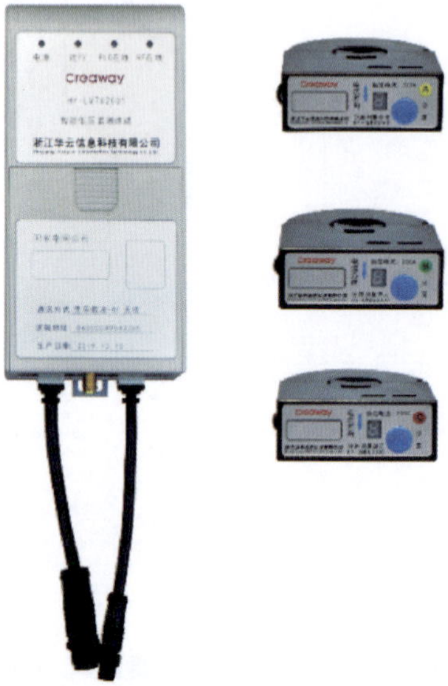

图 5－71　LTU

图 5－72　安装位置

（一）装置挂接流程

装置挂接：导航菜单－设备资产管理－调试管理－装置安装模块，如图 5－73 所示。

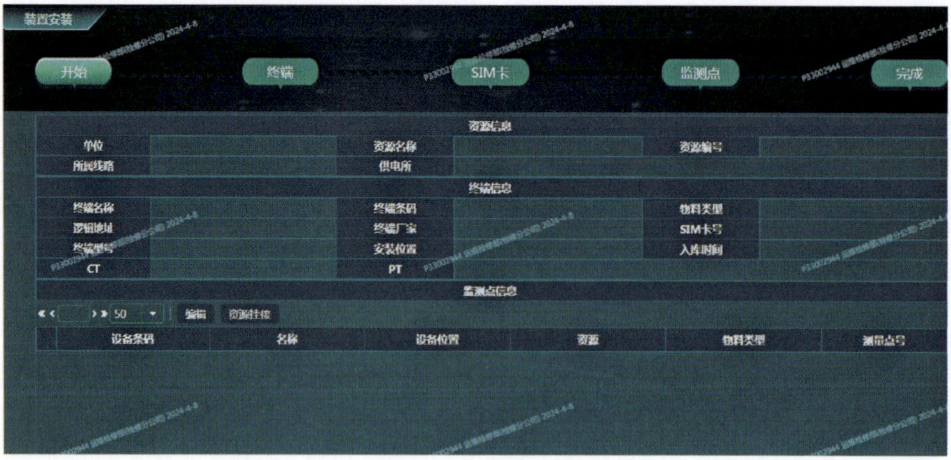

图 5－73　装置挂接

首先在配电自动化Ⅳ区主站点击左侧箭头，然后在查询页面选择二次设备，设备类型选择配变终端，输入设备名称或条形码进行查询。查询得到结果后，右键对配变终端进行定位，双击定位出的台区，则装置安装页面会显示该台区详细信息，如图 5－74 所示。

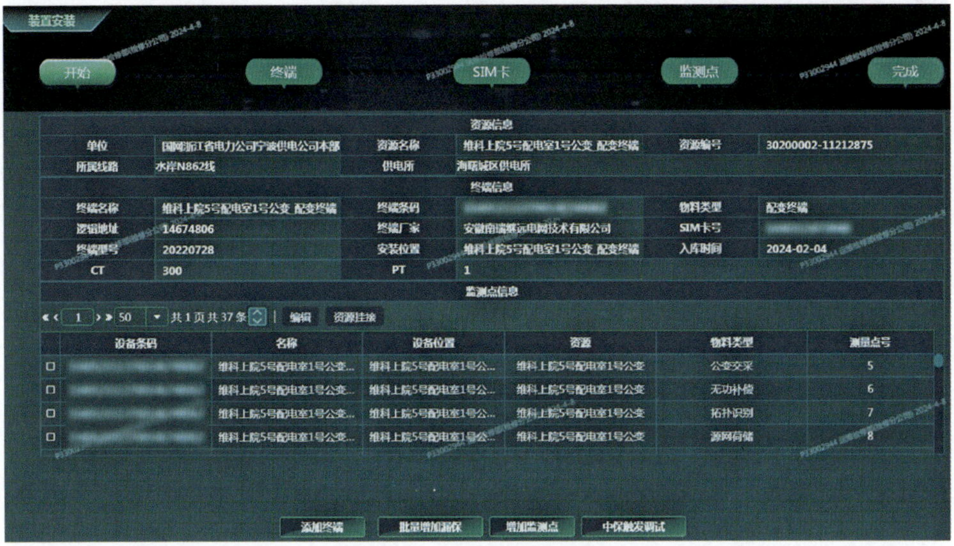

图 5－74 台区详细信息

在该页面选中需要挂接的 LTU 并进行资源挂接，根据现场安装提供的安装资料，在资源类型选择低压计量箱、分支箱或者断路器，在资源名称中输入对应的具体楼宇信息，单击查询并选中所需要的低压计量箱进行挂接，即可完成 LTU 的挂接流程。

（二）电气拓扑校验

电气拓扑校验路径为配网实时监测－台区大管家－电气拓扑校验，打开电气拓扑校验模块。将要查询的台区定位到设备树下然后双击该台区至右侧拓扑图，如果 LTU 挂接完成无误，在电气拓扑校验模块下方会出现该 LTU 记录且校验结果正确，若 LTU 挂接有问题则会显示无法对应。校验成功后的 LTU，在左上方中台拓扑图中会显示 LTU 安装的具体位置以及三相电压电流数据。也可在图形操作模块中打开单线图，双击定位到台区，双击该台区后会显示该台区的低压拓扑图，图中所有安装过 LTU 的表箱可以显示三相电压电流数据。

在电气拓扑校验模块右上方终端上报拓扑图中点击该图中的加号会显示由现场融合终端上报的拓扑关系，终端上报拓扑图需要 LTU 厂家现场调试过后才会有拓扑关系图（如图 5–75 所示）。

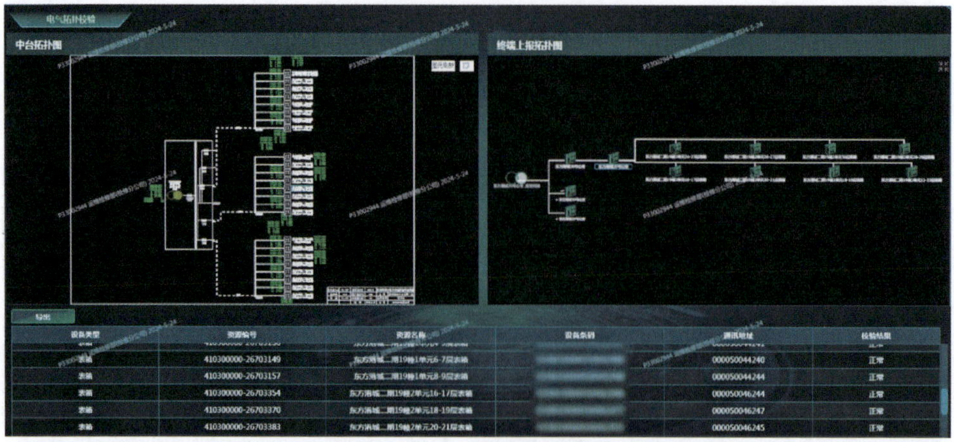

图 5–75　拓扑关系图

（三）拓扑线损查询

终端拓扑与中台拓扑校验后，通过 LTU 实时上送数据，监测低压台区故障信息，同时也可监测低压台区线损情况和故障研判。

进入该模块路径为导航–配网实时监测–台区大管家–拓扑线损专题，左侧显示终端上报拓扑图（如图 5–77 所示），右上方显示当前线损统计表，可根据日期选择 LTU 或者终端显示具体信息，右下方显示线损趋势统计图。

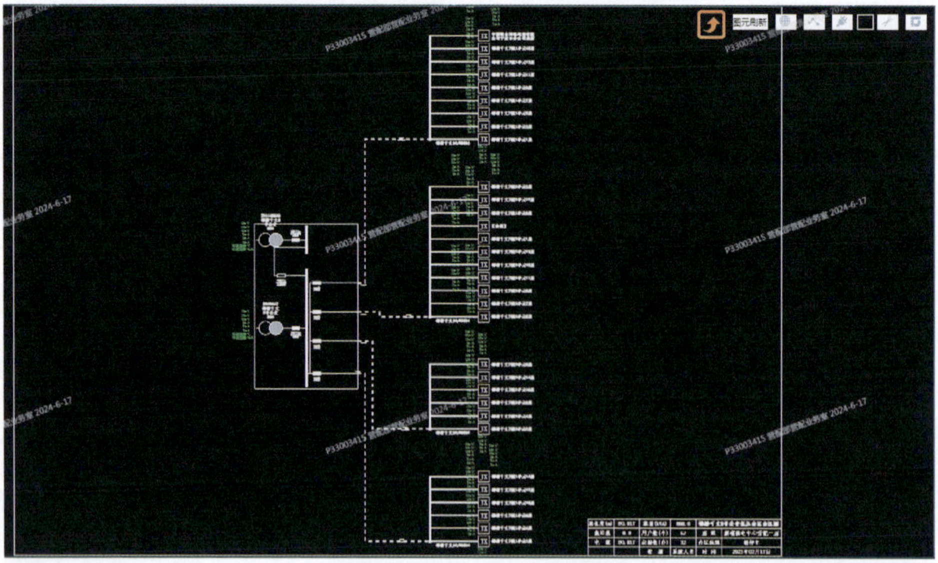

图 5–76　拓扑线损专题

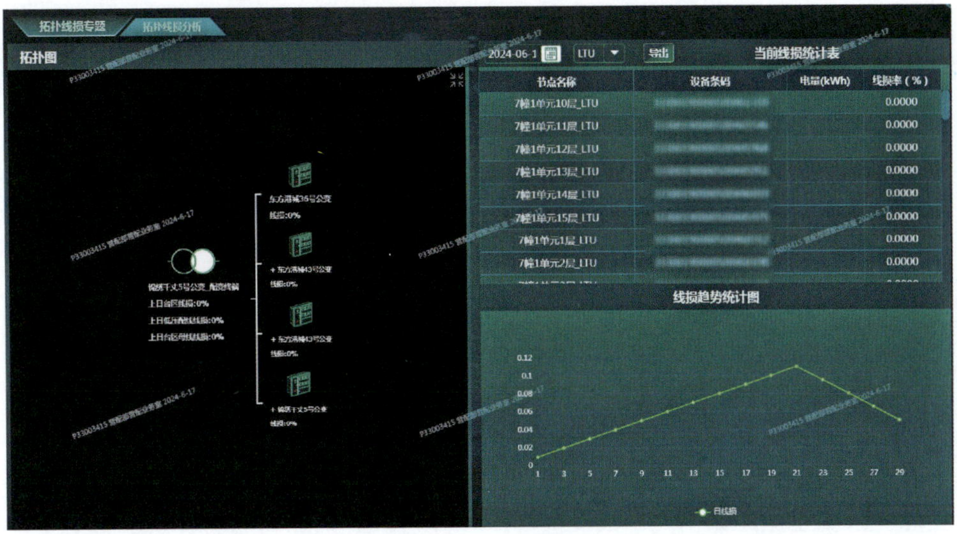

图 5-77　拓扑图

六、中压柔性互联

（一）概述

区域负载分布不均衡，不仅造成分布式光伏无法就近全消纳，而且引起部分电网设备或线路趋向于重过载。需通过内部网架优化与补强以提升电网内部功率自平衡度及安全运行水平，在台区、微电网自治提升工程建设基础上，针对分布式的清洁能源分布不均的特点，构建不同分区间的中压柔性互联方式，建设电力电量平衡的协同自治区域，以弥补分区源荷空间分布不均的不足，实现不同分区的跨空间智循环，推动能源电力的低碳转型，保证分区电网功率内外交换双重安全，打造源荷跨域互动、绿电高效利用、电网稳定运行的样板。

（二）中压柔性互联应用

1. 设备及功能介绍

中压柔性互联，其核心是多绕组多抽头并联变压器、串联变压器和基于半控型电力电子器件的电压调节单元。装置整体结构紧凑简单、运维方便、经济性好、可靠性高，例如宁波北仑 6MW 柔性合环装置占地面积仅 19m^2。柔性合环装置的功能包括：配电网存在幅值差及角度差的两条线路无冲击电流软合环；重载线路和轻载线路互联时均衡线路负荷；通过潮流转移功能实现新能源就地消纳，解决光伏发电倒送问题；实现计划性和非计划性不停电转供。

中压柔性合环装置具备三类基本控制功能：软合环、潮流转移、负荷转供。

（1）软合环功能。

柔性合环装置采集装置两端的电压，结合软合环控制算法，计算装置需要补偿的电压幅值和角度，然后找出对应的档位，通过电压调节单元控制并联变压器的副边绕组抽头，使合环装置输出的电压与原电压叠加后，与另一侧电压最接近，达到合环时冲击电流最小的目的。

（2）潮流转移功能。

潮流转移功能主要针对配电网正常运行工况下，接收监控系统（或配电自动化Ⅰ区主站）下发相关控制指令，调节柔性互联馈线间有/无功潮流的流向及大小，实现不同馈线间潮流互济、功率的合理优化分配，达到降低网损、提高经济效益的目的。中压柔性合环装置核心技术采用一种基于晶闸管控制的串并联混合型变压器，无需复杂的变流环节，即可快速、准确地实现多步长电压调节，具备多电压矢量输出、结构紧凑化设计、配电网强适应性等优势。此外，控制算法调节串联变压器档位，可自适应满足线路切换时的潮流调节能力和调节精度。

（3）负荷转供功能。

负荷转供主要针对配电网一侧母线故障或计划性检修工况下，柔性合环装置接收到配电自动化主站的负荷转供指令时，当转供功率不超过装置潮流转移容量，可以通过柔性合环装置进行负荷转供，也可以通过旁路开关进行负荷转供；如果转供功率超出装置转移容量，则只能通过旁路开关转供，维持故障侧非故障负荷供电，实现不间断供电，提高配电网可靠性。

2. 系统界面

主接线图界面展示中压柔性互联装置所在电气环图以及采集的各类关键数据，包括主变和各馈线负载率，能够展示调整前后主变负载变化和中压柔性装置出力情况。在内部接线图界面中，对柔直系统内部的环控信号、转供信号、控制信号进行展示，并将采集的中压柔性互联装置进出线功率曲线进行展示，在该界面左侧分布了装置故障、保护动作等关键光字便于实时监测。在光字界面中，将中压柔性互联系统中各端口、路由器、公共设备信号及所连馈线等相关光字牌进行展示，见图 5－78～图 5－80。

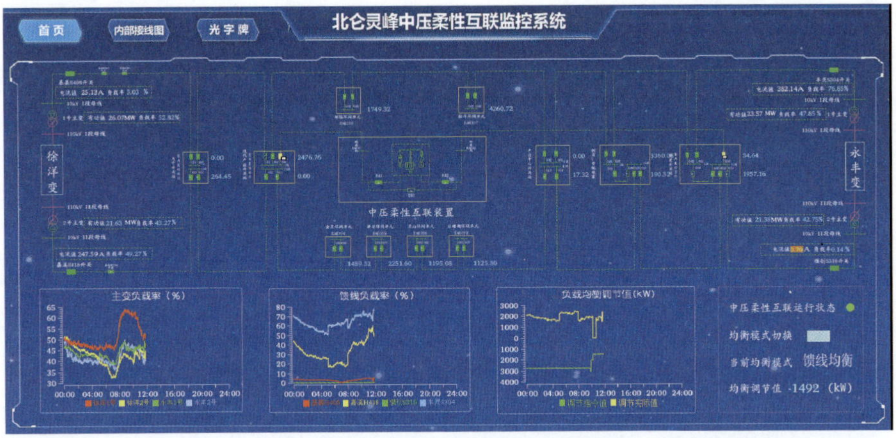

图 5－78　中压柔性互联主接线图

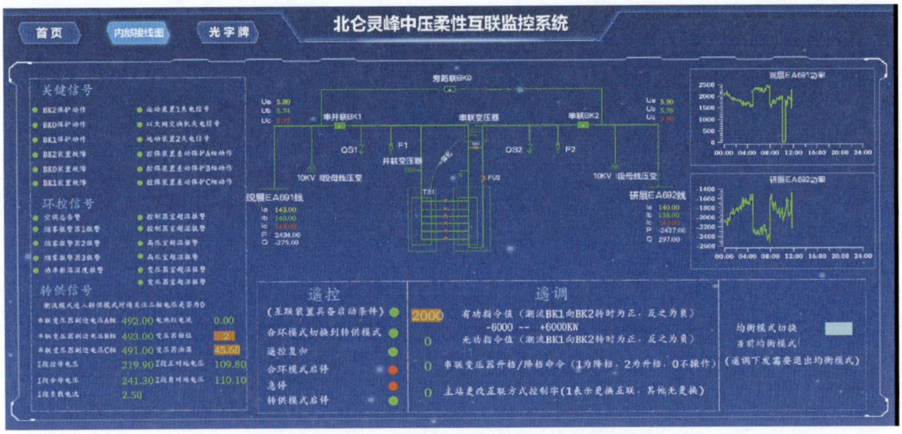

图 5－79　中压柔性互联内部接线图

图 5－80　光字图

3. 系统经济运行控制逻辑

（1）馈线负载均衡逻辑。

读取柔直所连两条馈线的额定功率 P_{s1}、 P_{s2} 及实时有功 P_{r1}、 P_{r2}。

判断两条馈线的负载率并进行比较，若 $f_1 > f_2$，则从馈线 2 向馈线 1 进行转移电量；若 $f_1 < f_2$，则从馈线 1 向馈线 2 进行转移电量。

$$\begin{cases} f_1 = \dfrac{P_{r1}}{P_{s1}} \\ f_2 = \dfrac{P_{r2}}{P_{s2}} \end{cases} \tag{5-1}$$

计算转移功率大小 x：

$$x = \begin{cases} \dfrac{P_{r2}P_{s1} - P_{r1}P_{s2}}{P_{s1} + P_{s2}} & (f_1 < f_2) \\ \dfrac{P_{r1}P_{s2} - P_{r2}P_{s1}}{P_{s1} + P_{s2}} & (f_1 > f_2) \end{cases} \tag{5-2}$$

进行遥调下发。

根据线路负载计算数据，进行柔直设备的远程调节，均衡线路负载。

（2）主变负载均衡策略。

读取柔直所连两台主变的额定功率 P_{s1}、 P_{s2} 及实时有功 P_{r1}、 P_{r2}。

判断两台主变的负载率并进行比较，若 $f_1 > f_2$，则从主变 2 向馈线 1 进行转移电量；若 $f_1 < f_2$，则从主变 1 向主变 2 进行转移电量。

$$\begin{cases} f_1 = \dfrac{P_{r1}}{P_{s1}} \\ f_2 = \dfrac{P_{r2}}{P_{s2}} \end{cases}$$

计算转移功率大小 x：

$$x = \begin{cases} \dfrac{P_{r2}P_{s1} - P_{r1}P_{s2}}{P_{s1} + P_{s2}} & (f_1 < f_2) \\ \dfrac{P_{r1}P_{s2} - P_{r2}P_{s1}}{P_{s1} + P_{s2}} & (f_1 > f_2) \end{cases}$$

进行遥调下发：

根据线路负载计算数据，进行柔直设备的远程调节，均衡主变负载。

（三）小结

结合当前负荷情况，构建基于模块化多电平的中压双端口柔性功率交换装置，实现中压配电线路间、主变母线间的不停电转供、常态化合环运行，产业与城市负荷潮流动态平衡，消除昼夜峰谷差，改善电力系统的日负荷率，大大提高发电设备的利用率，缓解主变重载问题。并有效缩短分布式光伏发电配置传输距离、减少电压变换损耗，从而提高电网整体的运行效率，降低供电成本。

❖测一测

1. 简述主变负载均衡的含义。

2. 经济调度模块中，假设每 5 分钟采样一次，计算一天内环内线路的总线损为 288 个点的积分线损，应如何表达？

答案

1　以主变负载率为主要指标，设定一阈值，当主变负载率超过阈值，则启动基于配电自动化的负荷转移，使高负载率的主变负荷降低，提高低负载率的主变负荷，从而达到区域内主变均衡的目标。

2

(1) $W_1=\left[\sum_{i=1}^{288}(I_{i1}+I_{i2})^2R_1\times\frac{5}{60\times1000}\right]+\left[\sum_{i=1}^{288}{I_{i2}}^2R_2\times\frac{5}{60\times1000}\right]$

(2) $W_2=\left[\sum_{i=1}^{288}{I_{i3}}^2R_4\times\frac{5}{60\times1000}\right]+\left[\sum_{i=1}^{288}{I_{\mathrm{i\_out1}}}^2R_3\times\frac{5}{60\times1000}\right]$

$$=\left[\sum_{i=1}^{288}I_{i3}^2R_4\times\frac{5}{60\times1000}\right]+\left[\sum_{i=1}^{288}0^2R_3\times\frac{5}{60\times1000}\right]$$

(3) $W_{总}=W_1+W_2$

第五节　智　能　晨　操

三遥设备定期性的、计划性的、选择性的进行开关的状态测试操作，确保设备三遥的准确性，为配电网的调度监测，故障区域的判断和快速准确的隔离提供有力的保证。

配电网开关计划性状态测试操作，是指由配网调度员根据配电网当前的运行方式，并依据开关的动作频率，配电线路的重要性，故障常发区域等因素挑选开关，制定出开关的状态测试操作流程，定期在负荷较低的时间段进行配电自动化区域的 10kV 三遥设备的动作试验。

由于三遥设备长时间不操作导致机构卡死，无法正常遥控操作，妨碍调度员对配电网的正常控制。为防止因长时间不操作而导致机构生锈卡死的现象，可对三遥设备定期进行一次操作，确保机构能正常动作。配电网开关计划性状态测试操作可以有效地保障开关状态的良好，发生故障时能有效正确地动作。

通过配电自动化Ⅰ区主站的高级应用——“开关计划性状态测试”，俗称“晨操三遥工具”，我们可以实现晨操快速编排与执行，以下是操作步骤：

（1）点击“文件”→“用户登录”，从而登录配电网开关计划性状态测试模块操作界面，点击“文件”→“新建”，新建一个计划操作任务，点击“开关选择”→“测试开关”，进入测试开关选择操作界面，如图 5－81 所示。

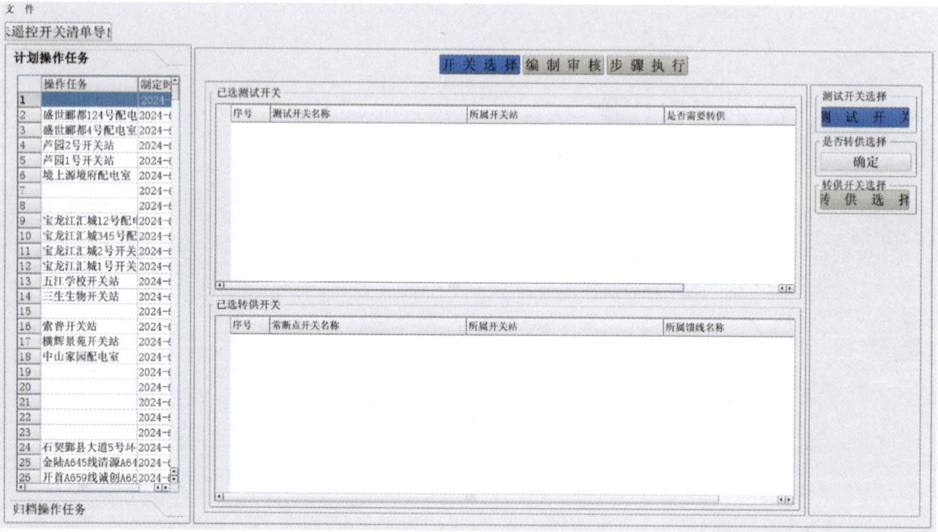

图 5－81　测试开关选择操作界面

（2）选择需要进行晨操操作的馈线或开关站，输入名称后点击“馈线查找”/“开关站查找”，找到晨操目标，以华府开关站为例，输入华府开关站（可用汉语首字母），并点击开关站查找，如图 5－82 所示。

选中华府开关站，并从列表中，选中需要晨操的开关间隔，点击“确定”，如图 5－83 所示。

（3）打开开关站站内图，审核需要晨操的开关间隔是否需要转供，在“是否需要转供”勾选框中（默认全选），勾选需要转供的开关，勾上的开关会根据当前运行方式给出转供方案。未勾选的开关表明不要转供，根据当前该开关的运行或备用状态，“方案”里直接出分闸合闸（或合闸分闸）两步晨操（对点）方案，“不转供”开关的方案遥控执行排序按照测试开关的排序生成于晨操方案中。先执行不转供开关方案，后执行转供开关方案，如图 5-84、图 5-85 所示。

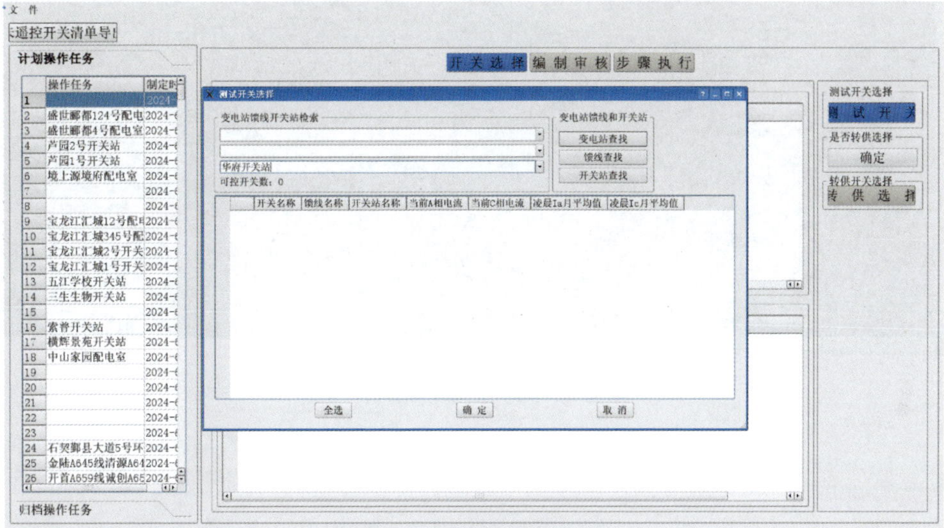

图 5-82　测试开关搜索

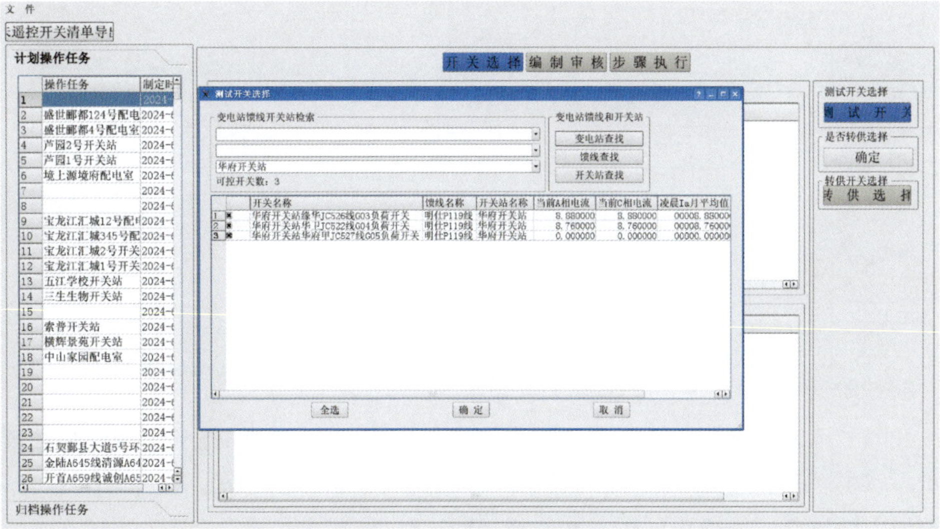

图 5-83　测试开关选择

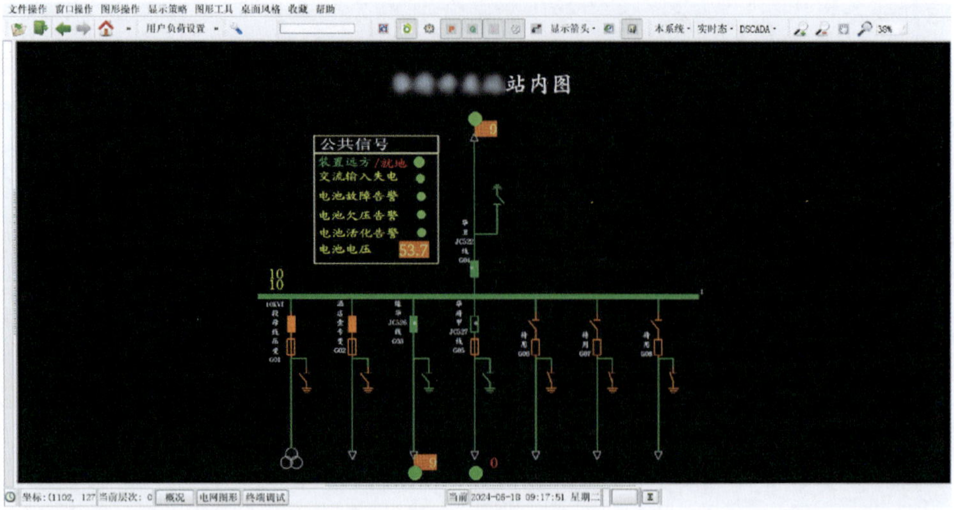

图 5-84　开关站站内图

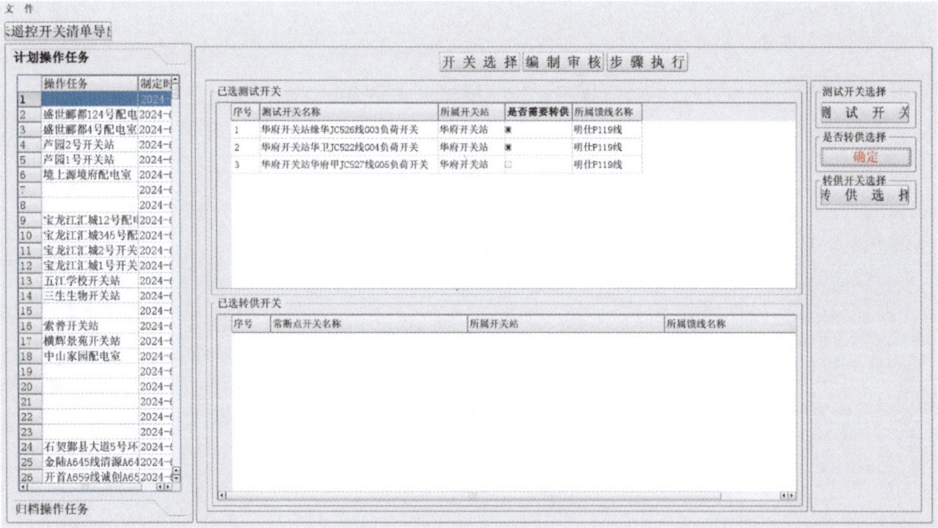

图 5-85　需转供开关选择

（4）选定测试开关后，要考虑电网运行方式调整、倒负荷与电网安全性校验。点击“开关选择”→“转供选择”，系统将搜索转供方案，选择转供开关，等搜索结束后，会弹出转供方案选择界面，如图 5-86 所示，显示测试开关及其是否有转供方案，是否挂牌，转供方案数、转供开关、转供方案等相关信息。

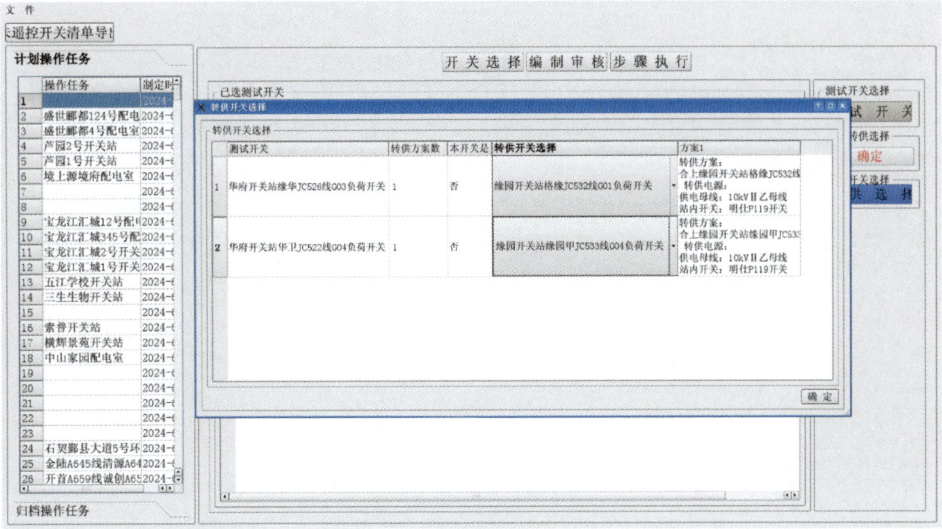

图 5－86　转供开关确认

（5）点击“编制审核”，点击“开始编制”，输入操作任务名称、选择操作方式为“自动执行”（剩余选项中，交互执行方式可以用来进行三遥出口对点，自动预置方式可以用于 DTU 预置功能验证，自动预置方式下，不需要点击转供选择，直接生成方案），如图 5－87、图 5－88 所示。

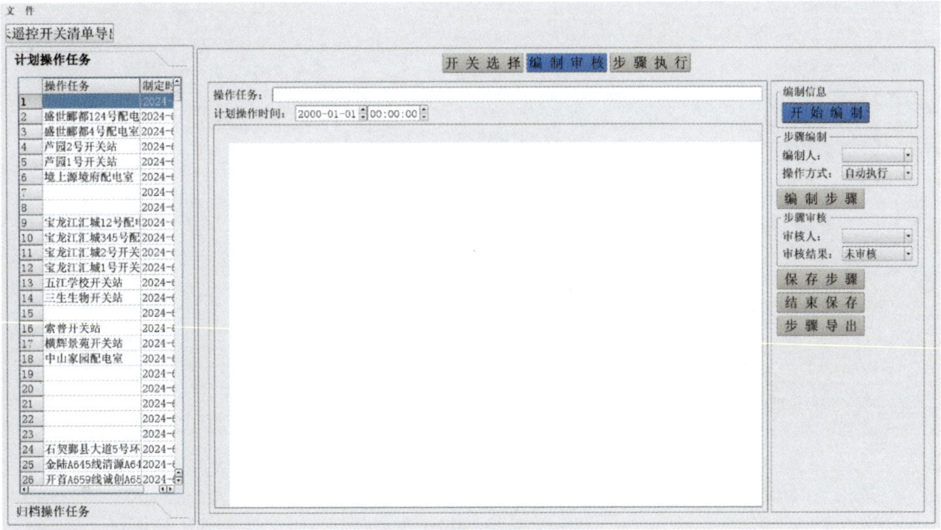

图 5－87　方案编制

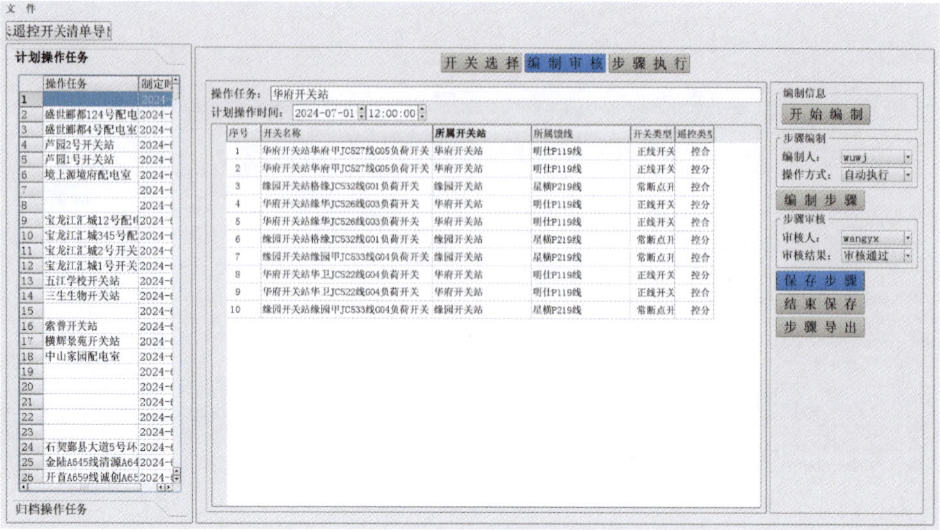

图 5-88　方案生成

（6）通过审核后，选择“保存步骤”–“结束保存”，若需要导出晨操方案，可以点击步骤导出，如图 5-89 所示。

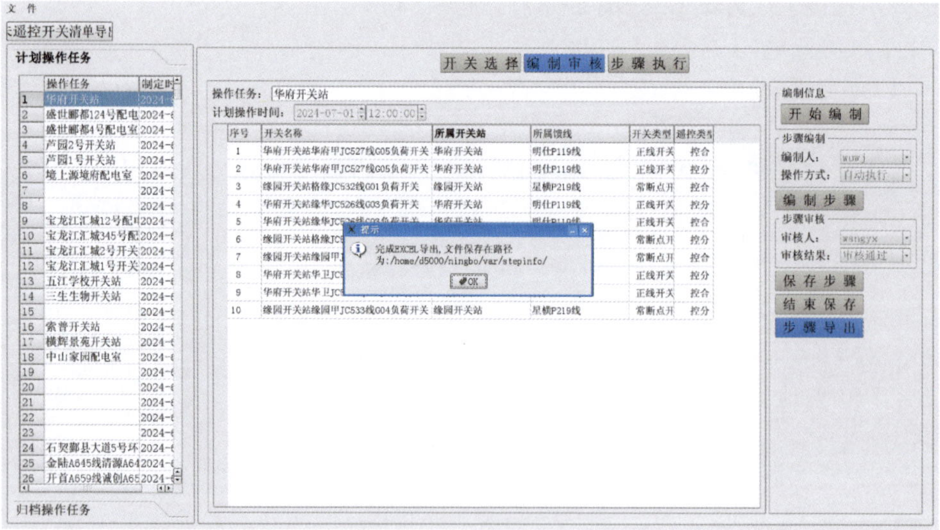

图 5-89　方案导出

（7）通过内网电脑登录配电自动化Ⅲ区主站（web）后，在下载区找到相应的 EXCEL 格式的步骤文件并完成下载，如图 5-90、图 5-91 所示。

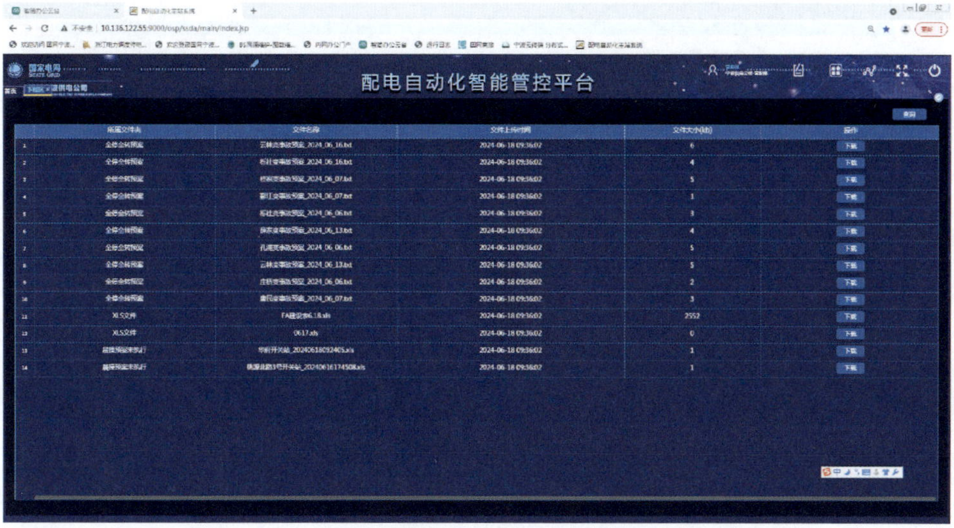

图 5－90　配电自动化Ⅲ区主站（Web）

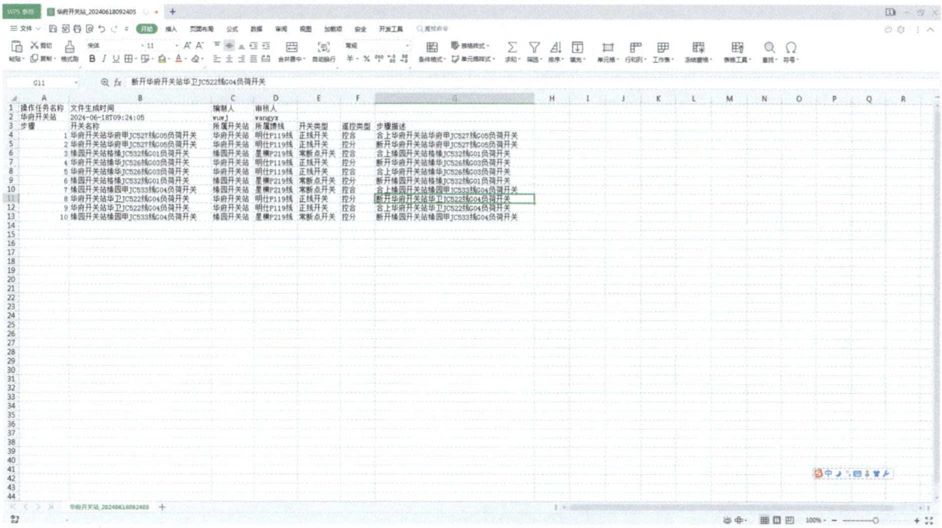

图 5－91　EXCEL 格式的步骤文件

（8）点击“步骤执行”，进入执行界面，首先点击“预案校验”，经过系统校验与人工校验均确认方案无误后，点击预案执行，如图 5－92、图 5－93 所示。

（9）点击“开始”按钮，在系统提示下完成切换遥控执行用户后，再次点击“开始”按钮，系统将后台自动执行遥控操作。

① 在遥控执行过程中，若遥控分操作失败，则停止遥控操作，并提示信息“开关遥控分失败，无法继续遥控操作，等待恢复！”。

② 若遥控合操作失败，则会提示信息“开关遥控合失败，无法继续遥控操作，等待恢复！”。

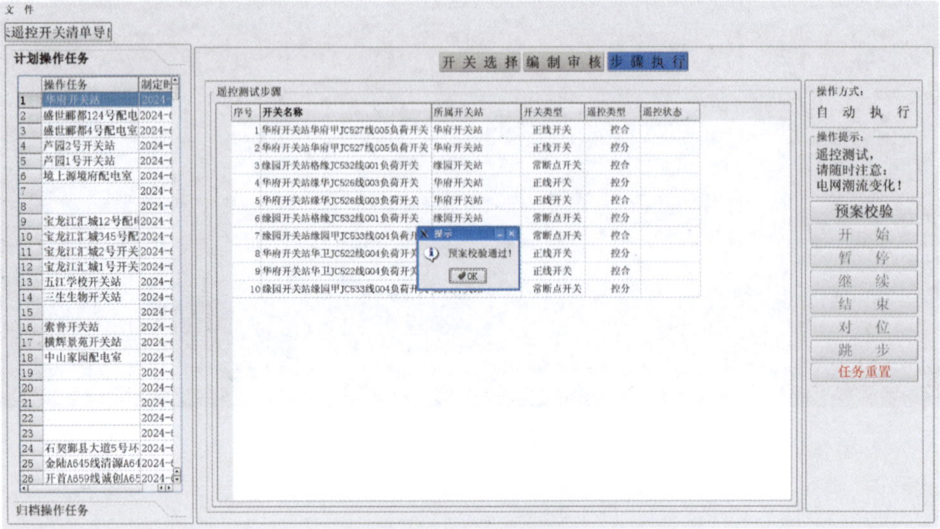

图 5-92　预案校验

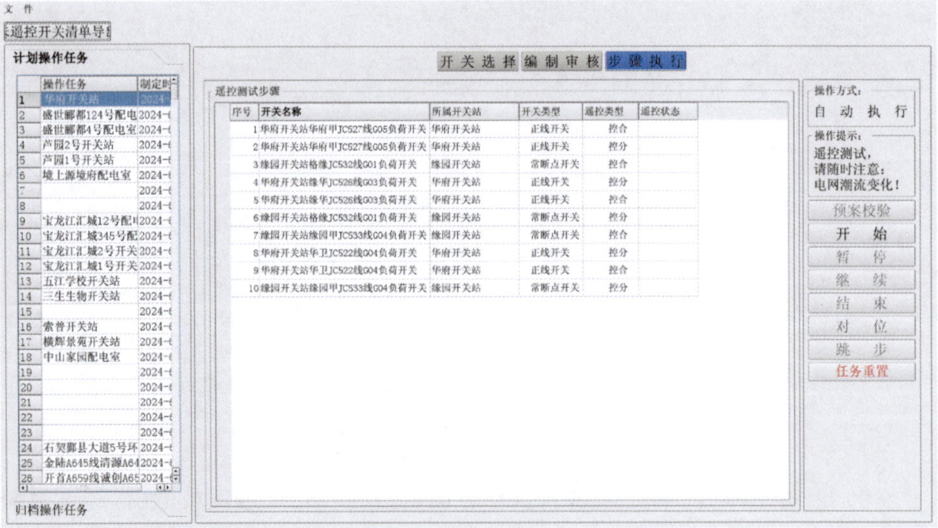

图 5-93　预案执行

③ 在遥控执行过程中，若需要暂停遥控操作，则点击“暂停”按钮之后，弹出提示是否暂停遥控操作，点击“确定”后，暂停遥控操作。

④ 在遥控执行过程中，若需要继续遥控操作，则点击“继续”按钮之后，

弹出提示是否继续遥控操作，点击“确定”后，继续遥控操作。

⑤ 在遥控执行过程中，若需要结束遥控操作，则点击“停止”按钮之后，弹出提示是否结束遥控操作，点击“确定”后，结束遥控操作。

⑥ 在遥控执行过程中，开关需要人工干预分或合操作。在人工恢复开关的分或合操作之后，需要核验遥信状态，这是则需要遥控对位操作，则点击“对位”按钮之后，弹出提示“开关状态已恢复，继续遥控操作”，点击“确定”后，继续遥控操作。

⑦ 测试开关控分失败，可以实行跳步遥控操作，点击“跳步”按钮，系统会弹出跳步操作对话框，需要选择跳至哪一步，选择结束后，点击确定会弹出提示“开始××开关控分操作”，继续后续遥控操作。

⑧ 遥控执行结束，会给出提示“自动式遥控执行操作步骤全部完成！”。

（10）自动执行完毕后，任务归档，如图 5－94 所示。

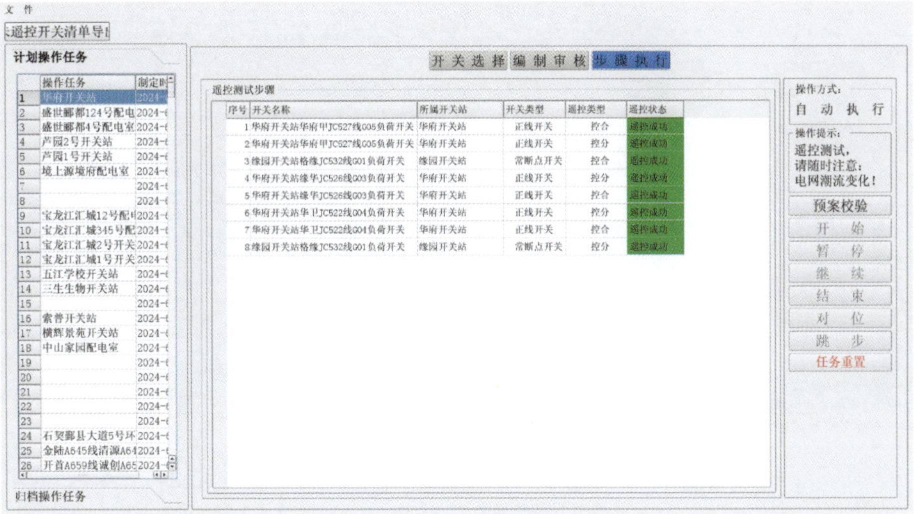

图 5－94　任务归档

晨操三遥工具能够对三遥设备进行定期性、计划性的状态测试操作，通过该功能，大大减少了调度员执行遥控操作所需的时间，既能够减少调度员的操作量，又能够提前发现并处理缺陷，对于配网调控运行而言，是日常工作的好帮手、好助理。

❖测一测

1. 什么是配电网开关计划性状态测试操作？

2. 晨操三遥工具的优势有哪些？

答案

1. 配电网开关计划性状态测试操作，是指由配网调度员根据配电网当前的运行方式并依据开关的动作频率，配电线路的重要性，故障常发区域等因素挑选开关，制定出开关的状态测试操作流程，定期在负荷较低的时间段进行配电自动化区域的10kV三遥设备的动作试验。

2. 可以大大减少了调度员执行遥控操作所需的时间，既能够减少调度员的操作量又能够提前发现并处理缺陷。

第六章 电网安全保障

本章聚焦

- 了解量子技术的含义及量子安全服务平台。
- 了解配网AVC 系统以及遥控测试和参数设置的方法。
- 掌握潮流越限控制的主要应用。
- 掌握30 度角差合环的基本原理与相关设备及技术。

知识脉络

量子加密技术

1. 背景
2. 量子技术概述
3. 量子安全服务平台介绍
4. 量子终端接入主站流程

配网AVC 全域电压管控

1. 配网AVC流程图
2. 配网AVC系统监视画面
3. 遥控测试
4. 参数设置
5. 注意事项

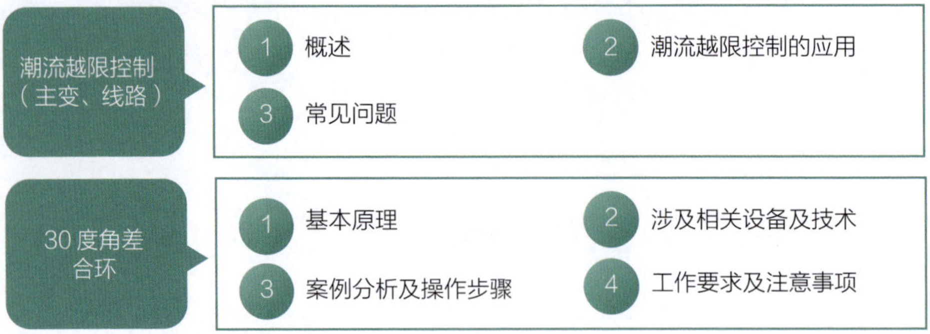

第一节　量子加密技术

一、背景

2021 年浙江省电力公司两会工作报告中，提出打造重大创新成果，试点建设融合量子通信等技术的 5G 公网电力应用示范区，探索电力有线通信的替代方案，为配电网领域开展无线通信控制类业务树立坚定信心。同时，省公司在《5G 公网电力应用示范工作推进方案》要求，宁波公司承担无线公专网融合方式专项建设示范。基于量子保密通信技术构筑基于 5G 网络的量子加密通道，为智能柱上开关系统数据上报、主站控制指令下发提供安全防护，为无线遥控技术的规模化应用提供技术支撑。

二、量子技术概述

（一）什么是量子

一个物理量如果存在最小的不可分割的基本单位，则这个物理量是量子化的，并把最小单位称为量子。量子英文名称量子一词来自拉丁语 quantus，意为“有多少”，代表“相当数量的某物质”。在物理学中常用到量子的概念，指一个不可分割的基本个体。

（二）什么是量子通信

量子通信是利用量子叠加态和纠缠效应进行信息传递的新型通信方式，基于量子力学中的不确定性、测量坍缩和不可克隆三大原理提供了无法被窃听和计算破解的绝对安全性保证，主要分为量子隐形传态 QT 和量子密钥分发 QKD 两种。

量子通信　量子隐形传态QT　量子密钥分发QKD

量子隐形传态基于量子纠缠对分发与贝尔态联合测量，实现量子态的信息传输，其中量子态信息的测量和确定仍需要现有通信技术的辅助。量子隐形传态中的纠缠对的制备、分发和测量等关键技术有待突破，目前处于理论研究和实验探索阶段，距离实用化尚有较大差距。

量子密钥分发，也称量子密码，借助量子叠加态的传输测量实现通信双方安全的量子密钥共享，再通过一次一密的对称加密体制，即通信双方均使用与明文等长的密码进行逐比特加解密操作，实现无条件绝对安全的保密通信。

（三）量子加密与传统加密区别

从功能上来讲，量子密钥分发与传统密钥分发一样都是通过一定技术手段安全地传递密钥，以实现信息安全传输的目的。不同的地方在于传统密钥一般采用随机生成或计算生成，而量子密钥采用量子的物理特性生成。

传统加密技术主要分为对称加密和非对称加密两种。在对称加密中，加密和解密使用相同的密钥，这个密钥只有发送和接收方知道，因此被称为共享密钥。由于密钥必须在发送和接收之间共享，因此需要确保密钥的安全性。在非对称加密中，加密和解密使用不同的密钥。公钥用于加密数据，而私钥用于解密数据。公钥可以被任何人访问，而私钥只有接收方可以访问。相较于对称加密，非对称加密因不使用共享密钥而更加安全。

但是传统加密使用的密钥无论是通过随机生成或计算生成均存在天然的缺陷。对称加密使用的密钥一般通过传统硬件芯片或软件随机生成，存在一定的伪随机性，密钥共享过程也可能被窃取。而非对称加密以应用最广的 RSA 算法为例，从原理上来说也并非不可破解而是“很难破解”，这个破解过程可能需要成百上千年的计算，等密钥计算出来，时效期早已过去，破解已经没有意义了。

但是可以预见的是，随着当前大数据技术的高速发展和高性能的计算设备的加持，传统对称加密使用的伪随机密钥可能被破解预测。而新兴的量子计算机对非对称加密算法也构成威胁，理论上破解密钥为 1024 位长的 RSA 算法，使用传统计算机可能需要成百上千年，而一台 512 量子比特位的量子计算机在 1 秒内就能完成。

量子密钥由于其基于量子力学中的不确定性、测量坍缩和不可克隆三大原理提供了无法被窃听、预测和计算破解的绝对安全性保证。所以以量子密钥分发为基础的量子保密通信是现阶段保障网络信息安全的一种非常有潜力的技术手段，是量子通信领域理论和应用研究的热点。

三、量子安全服务平台介绍

（一）平台架构

量子安全服务平台设备主要包括量子密钥生成与管理终端发射端、量子密钥生成与管理终端接收端、量子随机数发生器、交换密码机、密码安全服务系统、量子密钥充注系统、量子安全网关等。按功能模块可分为量子密钥生成、量子密钥调度和量子密钥应用三部分。

功能模块划分　量子密钥生成系统　量子密钥调度系统　量子密钥应用系统

量子密钥生成系统由量子密钥生成与管理终端生成对称密钥，由随机数发生器生成大容量单机密钥，其中对称密钥主要为应用设备（如量子终端、量子安全网关）提供会话密钥，随机数发生器主要生成会话密钥的保护密钥。

量子密钥调度系统包括交换密码机、量子密码服务平台系统、量子密钥充注系统。量子密钥生成与管理终端和量子随机数发生器生成量子密钥后，存入交换密码机，在交换密码机中实现对会话密钥进行一次一密封装，确保在线分发的会话密钥为加密状态。量子密码服务平台系统负责对应用设备请求进行响应，确保会话密钥可以送达应用侧两端。

量子密钥应用系统包括量子安全网关和量子终端，量子终端收到量子密钥调度系统传输的密钥后，采用设备内提前充注的保护密钥解密会话密钥，再用会话密钥建立至量子安全网关的加密通道。

量子密钥分发平台系统原理上基于光纤网络的量子保密通信系统设计，将量子密钥生成与管理终端基于 BB84 协议生成的量子密钥脱离有线网络，实现基于 4G/5G 网络的在线安全分发。平台部署实现了将量子密钥生成与管理终端、量子随机数两种量子技术的密钥生成系统融合，并由安全服务平台统一调度、分发，实现了量子密钥分发系统的云化部署，应用侧融合了量子安全网关和量子终端，实现应用侧基于量子保密技术的业务加密通道建立。

（二）部署方式

量子平台独立于配电自动化主站系统，部署在配电自动化系统主站与终端之间，具体位于主站无线安全接入区外侧边界，现场量子终端通过运营商网络先接入量子平台安全接入区后再进入配电自动化系统无线安全接入区。网络架构图如图 6－1 所示。

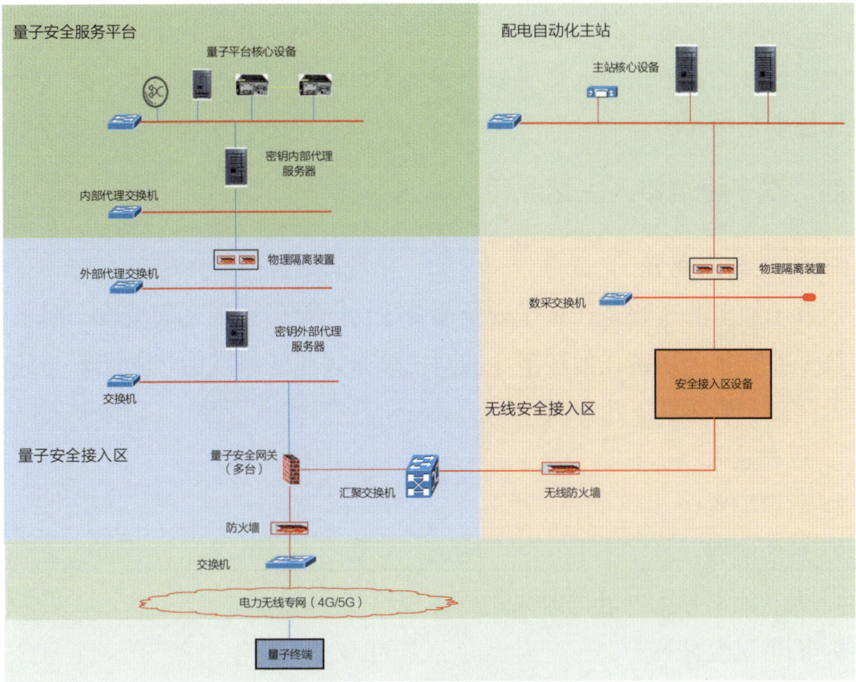

图 6–1　网络架构图

（三）量子加密数据流

如图 6–2 所示，应用侧数据流如下：

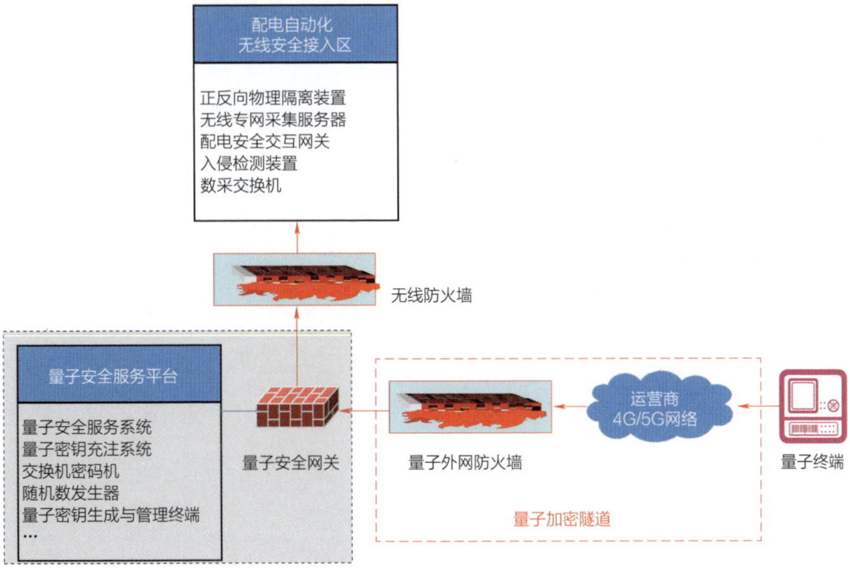

图 6–2　量子加密数据流

量子终端通过运营商4G/5G网络和量子安全网关建立量子加密隧道，终端数据通过量子加密隧道进入量子安全服务平台，再通过无线防火墙进入配电自动化无线安全接入区。

四、量子终端接入主站流程

（一）主站侧配置

因量子加密的过程是在量子安全服务平台与量子终端之间完成，配电自动化系统不参与量子加密任何环节，故对主站来说量子终端的接入配置与其他终端并无区别，概括以下几方面：

1. 点表录入；
2. 通道配置；
3. 规约配置；
4. 国密证书导入（若同时采用国密规约）；
5. 图形信息关联；
6. 信息联调。

以上流程只需注意通道配置中的IP地址需填写量子加密隧道建立完成后给终端配置的业务IP，而不是终端SIM卡IP。国密证书导入配电网关时绑定的IP同理。

（二）量子平台侧配置

量子密钥充注：

在量子平台完整部署的情况下，接入终端需提前在量子平台进行充注密钥的生成工作，该密钥生成后需离线导入终端的量子模块内，作为终端与量子平台建立加密隧道时的协商密钥。每台终端密钥文件大小不低于4096KB，可批量生成多个密钥文件，量子隧道调试时分别导入多个终端。

（三）终端侧配置

这里以一二次融合式量子FTU为例说明，一二次融合式量子终端是在传统一二次融合FTU的基础上将量子加密模块集成至终端内部而形成的一种终端，如图6–3所示。

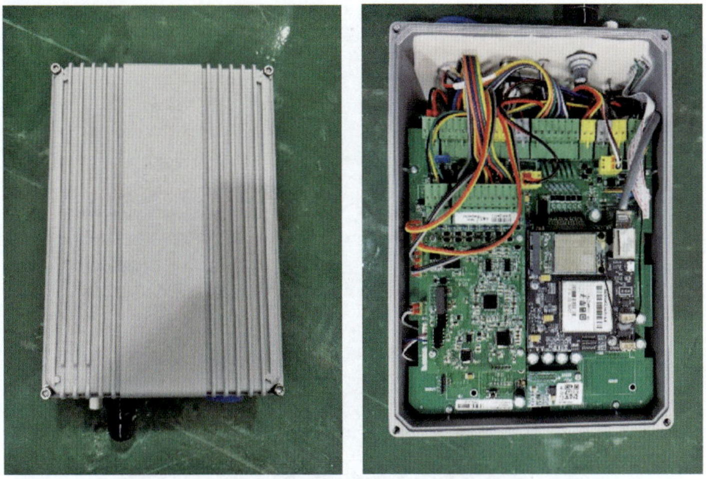

图 6－3　一二次融合式量子终端

因量子 FTU 可看作是普通 4G/5G FTU 的量子通讯升级版，故其除了量子加密配置外其他操作与普通 FTU 无异，主要工作有：

1. SIM 卡与现场网络开通申请；
2. 国密证书请求文件的导出申请（使用 I 区测试 UKEY）；
3. 国密通用证书导入（使用 I 区正式 UKEY）；
4. 点表录入（使用浙江通用版本可出厂预置）；
5. 量子加密配置；
6. 与主站信息联调。

以下介绍终端量子加密配置部分，流程如下：

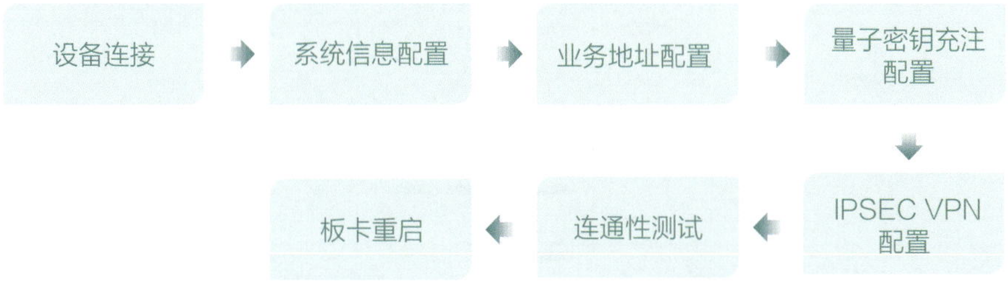

1. 设备连接

设备上电后使用调试计算机连接至量子板卡网口，并将计算机 IP 地址配置为与量子板卡管理地址同一网段的 IP，在浏览器输入地址“https://管理 IP”进行设备登录，如图 6－4 所示。

图 6-4　量子板卡网口

登录成功后，默认显示状态页面，包含系统信息、内存信息、网络信息等，如图 6-5 所示。

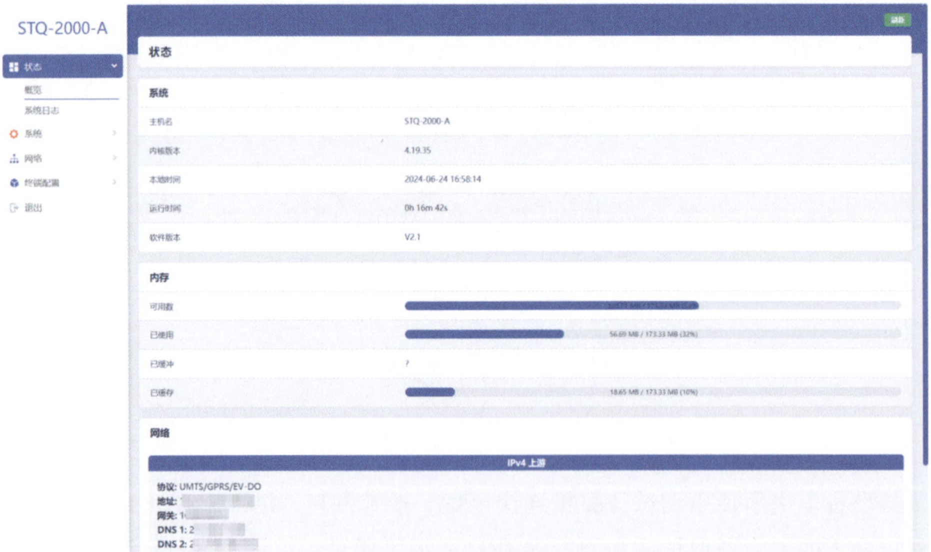

图 6-5　状态页面

2. 系统信息配置

配置系统日志，进入系统→系统→日志页面，修改日志大小为 51200 并保存，如图 6-6 所示。

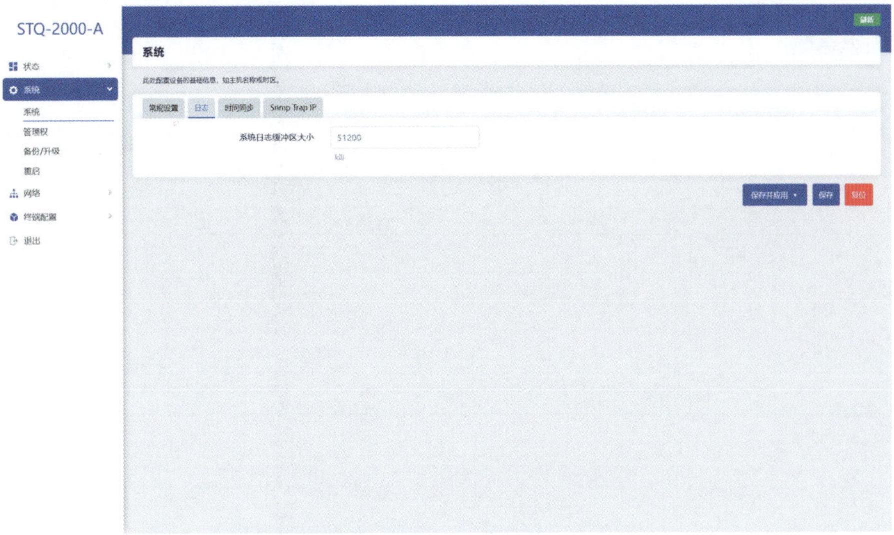

图 6-6　日志页面

配置时间同步，进入系统→系统→时间同步页面，启用 NTP 客户端并输入 NTP 服务器地址，一般为平台侧所连量子网关外联地址，如图 6-7 所示。

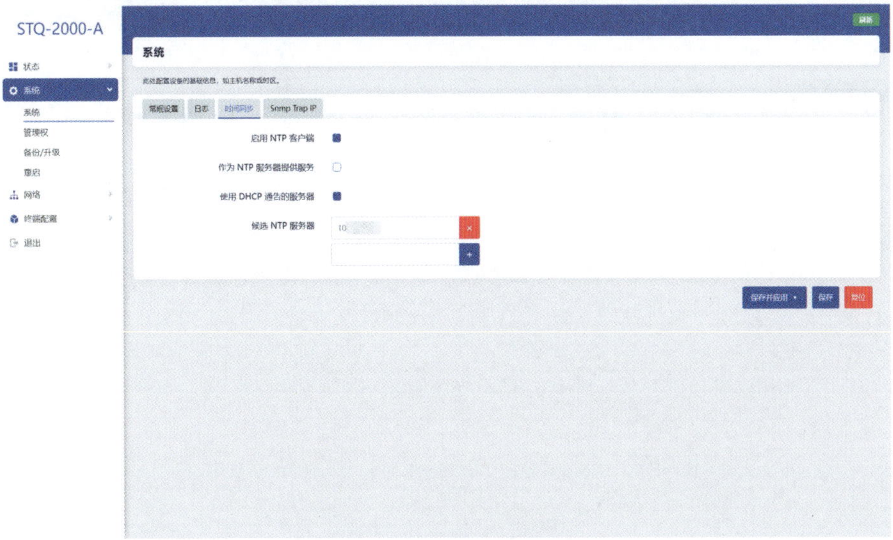

图 6-7　时间同步页面

配置网管服务，进入系统→系统→Snmp Trap IP 页面，输入 Trap IP，该 IP 为平台侧网管服务器地址，如图 6-8 所示。

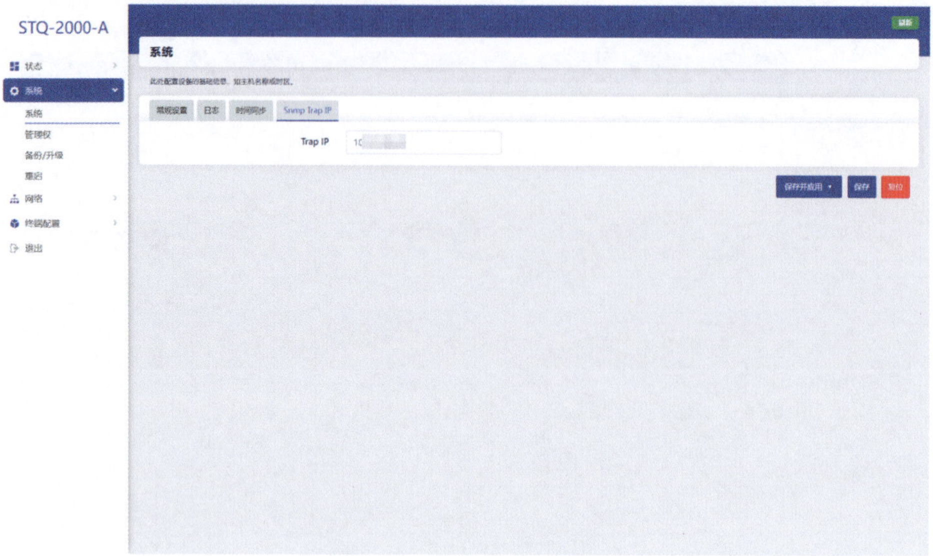

图 6-8　Snmp Trap IP 页面

3. 业务地址配置

进入网络→接口页面，如图 6-9 所示。

图 6-9　接口页面

对 LAN 项目进行编辑，IPv4 地址处点击蓝色加号，添加终端量子加密后业务地址（主站侧通道及证书导入地址与此一致），保存后返回接口页面，再次点击保存并应用，如图 6-10 所示。

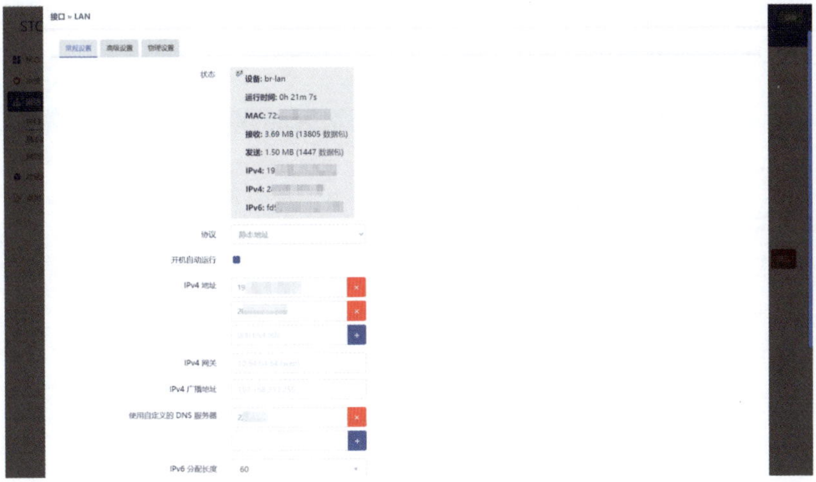

图 6-10　LAN 项目

4. 量子密钥充注配置

进入终端配置→量子 SDK 配置页面，点击上传 QUANTUM INFO 按钮，选择在量子平台侧预先生成的三个同一前缀的密钥充注文件（如 FTU-3736）并保存，如图 6-11 所示。

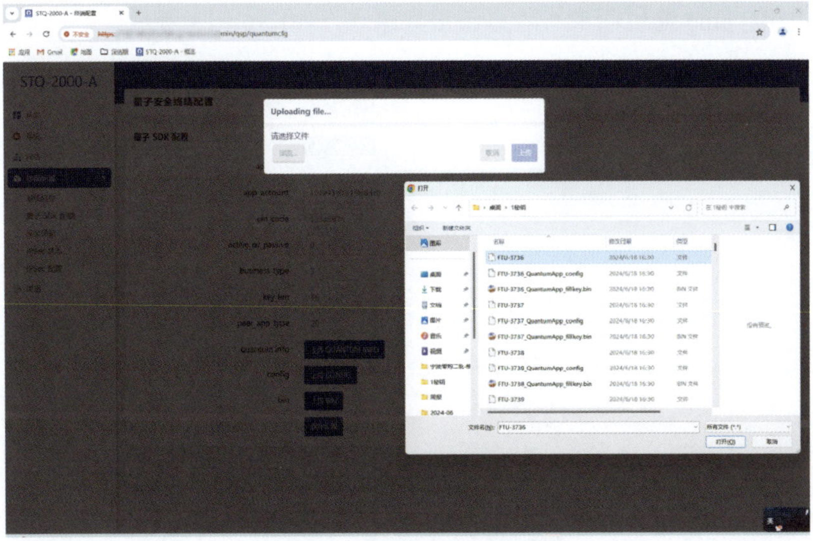

图 6-11　量子 SDK 配置页面

5. IPSEC VPN 配置

进入终端配置→IPSEC 配置页面，输入本地地址（SIM 卡地址）、对端地址（所连量子网关外联地址），选择签名证书（sm2.sig.crt）、加密证书（sm2.enc.crt），输入本地子网（终端业务网段）、对端子网（主站业务网段），保存并应用，如图 6–12 所示。

图 6–12　IPSEC 配置页面

6. 连通性测试

进入网络→网络诊断页面，输入主站 IP 地址，点击 IPV4 PING 进行 ping 测试，如能 ping 通说明量子隧道已正常建立，如图 6–13 所示。

图 6–13　网络诊断页面

7. 板卡重启

进入系统→重启页面执行重启，对板卡进行软重启使配置生效，如图 6－14 所示。

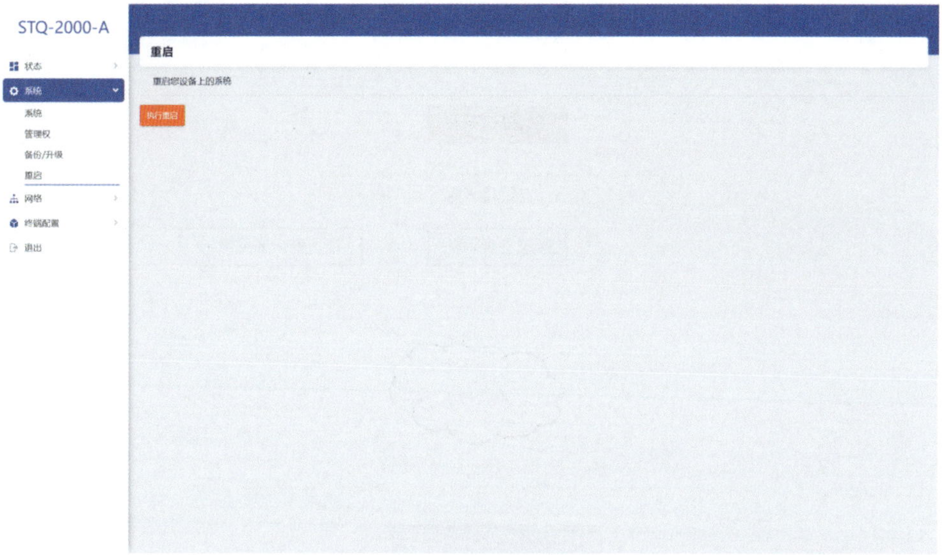

图 6－14　重启页面

五、量子应用场景拓展

量子保密通信技术在架空和电缆线路上的应用，为配电终端无线通信接入配电自动化Ⅰ区主站筑牢了安全屏障，补齐“三遥全覆盖”最后一块短板。但量子技术在电力方面的应用场景不限于此，下面介绍在智慧低压台区场景、柔性负荷控制场景下初步预设的应用方案。

（一）智慧低压台区场景

场景现状：

台区数字化、智能化水平不足，低压配电网设备多采用就地通信方式，信息安全防护薄弱，运维管理人员无法实时掌握台区设备和负荷运行状况。

解决方案：

通过台区量子化改造，应用“云－边－端”量子加密通信方案，保障台区设备信息传输的安全性，实现台区光储充设备的可调可控，台区内实现自主治理，提高台区供电可靠性，缓解负荷高峰时段台区重过载问题，提升电网投资经济性，如图 6－15 所示。

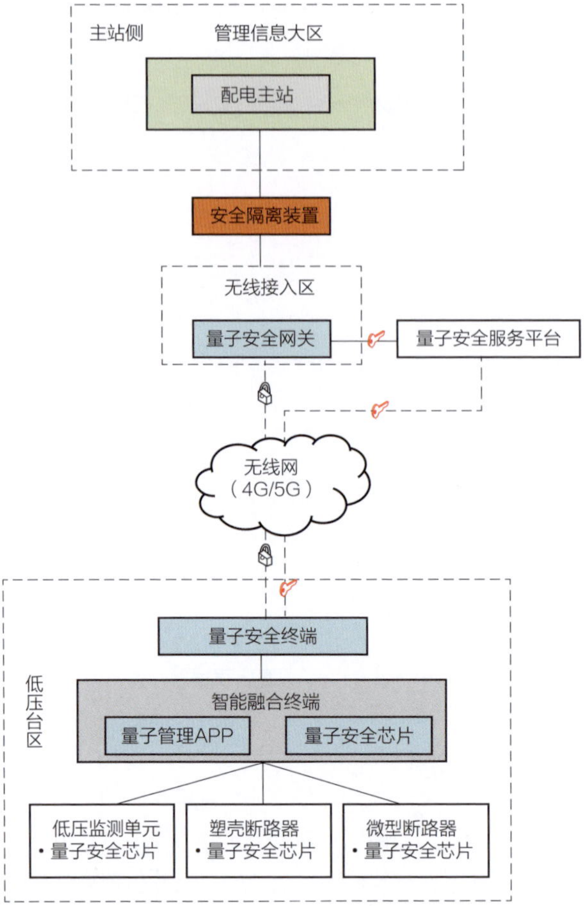

图 6-15　台区量子化改造

（二）柔性负荷控制场景

场景现状：目前柔性负荷控制场景存在两大风险：

一是终端设备入网安全风险：在柔性负荷控制系统中，非法终端设备的接入对系统安全构成严重威胁，以终端设备为突破口进行网络攻击，可能会导致系统崩溃或数据泄露。

二是控制策略执行安全风险：在执行控制策略时，可能存在恶意攻击或非法操作的风险。攻击者可能通过篡改控制指令，破坏电力系统的正常运行。

解决方案：

1. 边端设备集成量子安全芯片，并预置中国电科院签发的数字证书和主/

子密钥对；

2. 数字证书用于边端双向身份认证；

3. 边侧主密钥可通过派生算法得出子密钥，利用子密钥分发由边侧自主产生的会话密钥；

4. 利用会话密钥实现边端保密通信。

解决两大风险，实现光储充设备的柔性调控，如图 6－16 所示。

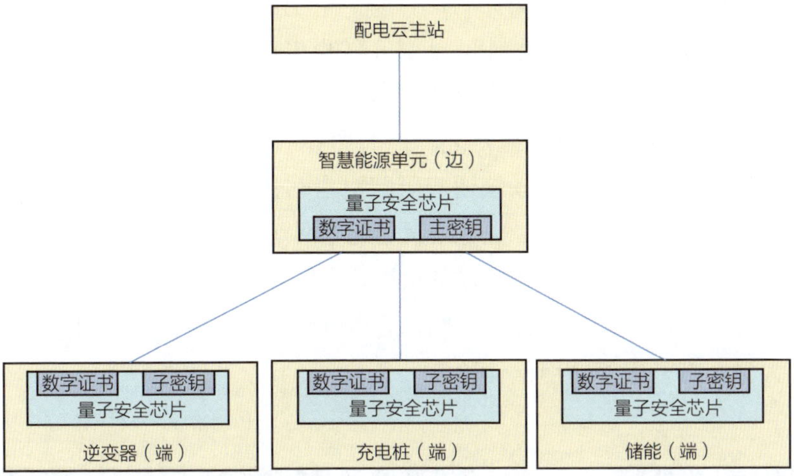

图 6－16　柔性负荷控制场景

第二节　配网 AVC 全域电压管控

电网 AVC 目前已经得到了广泛应用，并取得了巨大成就。目前国内的智能配网 AVC 研究主要集中在理论上，实际应用仍很少。随着国网公司对配电网重视程度的全方位提升，未来配电网在无功优化和电压控制方面相对薄弱的局面也终将改变。

随着智能电网尤其是配电网的建设如火如荼，电监会也已经发布《关于发布全国农村地区供电可靠率及居民用户受电端电压合格率标准的通知》，对农电的电压合格率提出了具体的标准表，并逐步加大力度进行考核，因此配电网自动电压控制系统的研究开发势在必行。

在全球能源短缺和环境问题日趋严重的趋势下，开发新能源、保护生态环境逐渐成为未来国际社会发展的主要方向。近年来，随着节能减排与低碳生活的提出，我国分布式能源的开发速度与新能源技术的提升都取得了明显的进步。探索能源问题的发展方向，开发利用新能源无疑成为解决未来能源与环境问题的最佳之选。分布式能源本身一般具备快速、连续的无功调节能力，是电力系统中的重要无功电源之一，同时在线路上加装可控的串联补偿装置则可以调整线路的电抗。将这些无功电压调节手段纳入配电网区域化无功电压控制，有助于增强电网的无功电压调控能力，提高电网运行的安全性及经济性。分布式光伏纳入配电网的无功电压协调控制，有助于系统监控人员对线路上的无功电压情况做到“实时监视，自动控制”，能够在线根据需要优化分布式光伏无功出力或者调整线路电抗，调整并网点母线电压，提高母线电压的合格水平，因此将新能源纳入 AVC 体系也是关键点之一，如图 6－17 所示。

配网电压无功自动控制系统适应于配电自动化 I 区主站及类似功能的配网主站系统，配电自动化 I 区主站已经满足配电网运行状态监视、实时数据采集、监控及基本应用分析的功能要求，在此基础上可开展配网 AVC 建设，以实现对配电范围内各级电压无功的优化控制，提高电压质量，提升配电网的经济效益，也给广大群众带来更好的用电体验。

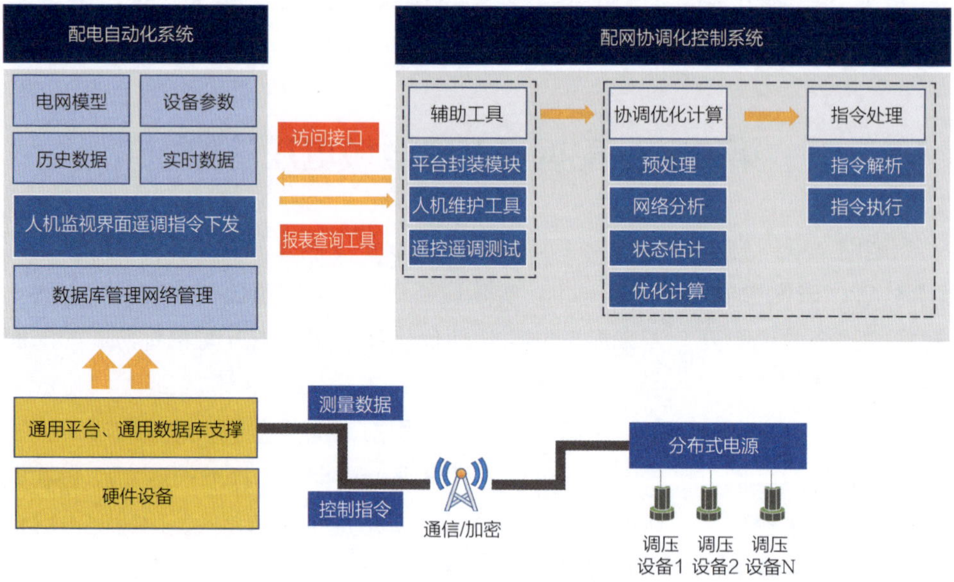

图 6－17　AVC 控制架构图

一、配网 AVC 流程图

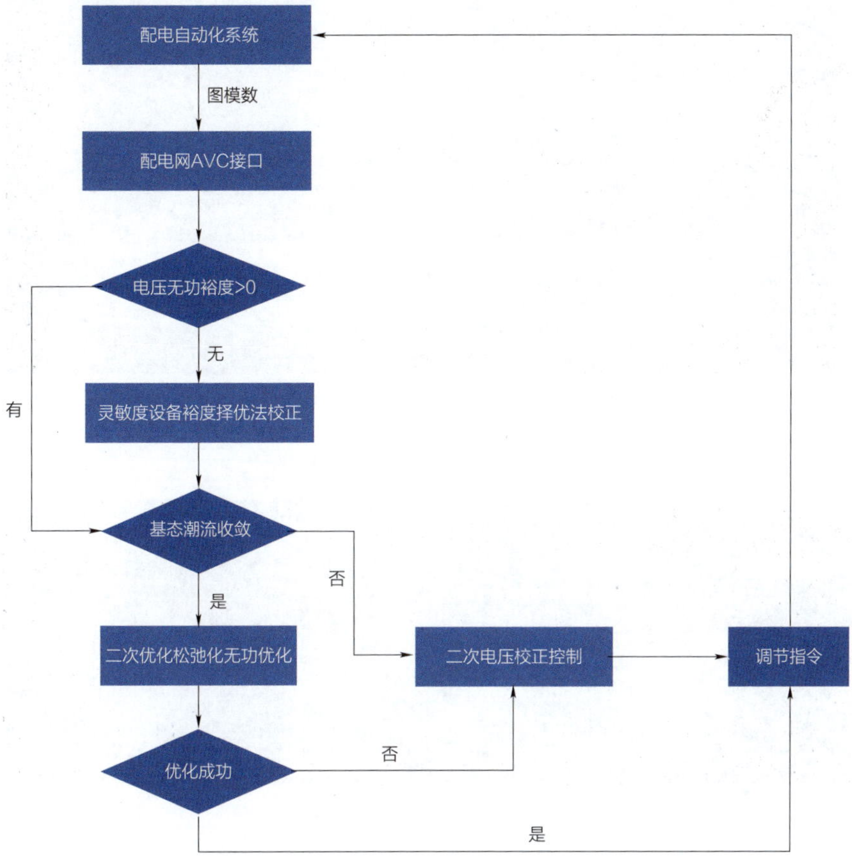

图 6－18　主站 AVC 系统决策流程图

二、配网 AVC 系统监视画面

在主界面点击“快速搜图”，在其中输入 zdavctestn1，选中该图形即可进入监视主界面，如图 6－19 所示。

1. 系统信息区域显示

该区域显示系统运行实时信息，如图 6－20 所示。

2. 参数维护界面

在主界面点击“参数维护”按钮，即可跳转参数维护界面。

在参数维护界面可点击“无功补偿参数设置”“母线参数设置”“系统参数设置”“馈线参数设置”按钮，进行 AVC 参数设置，如图 6－21 所示。

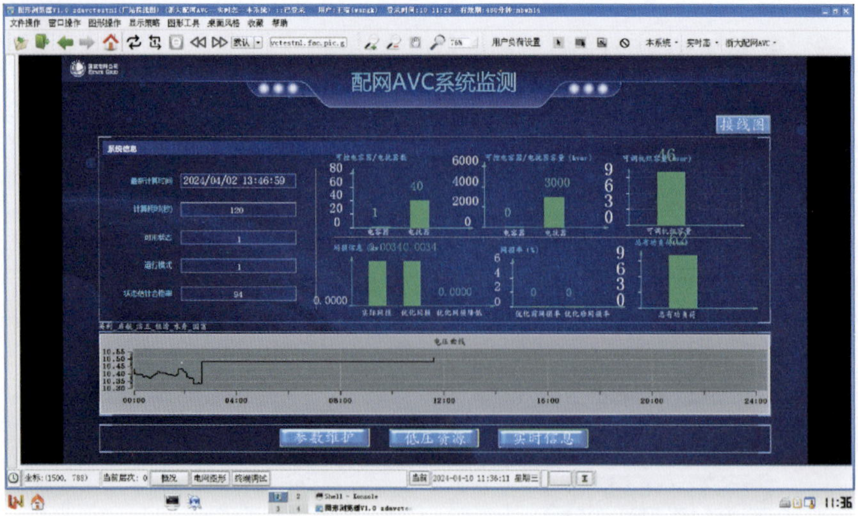

图 6-19　监视主界面

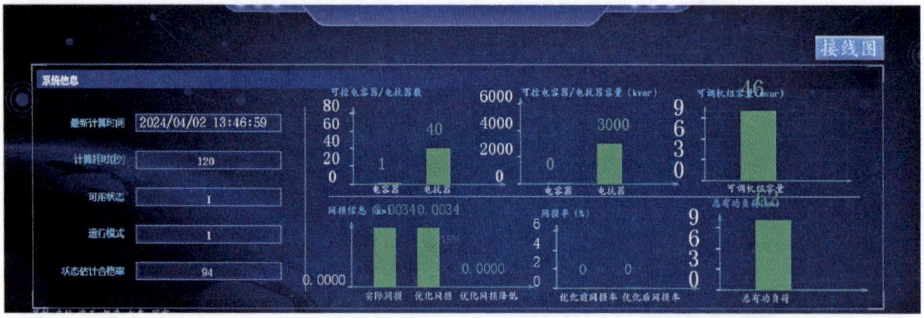

图 6-20　系统信息区域显示

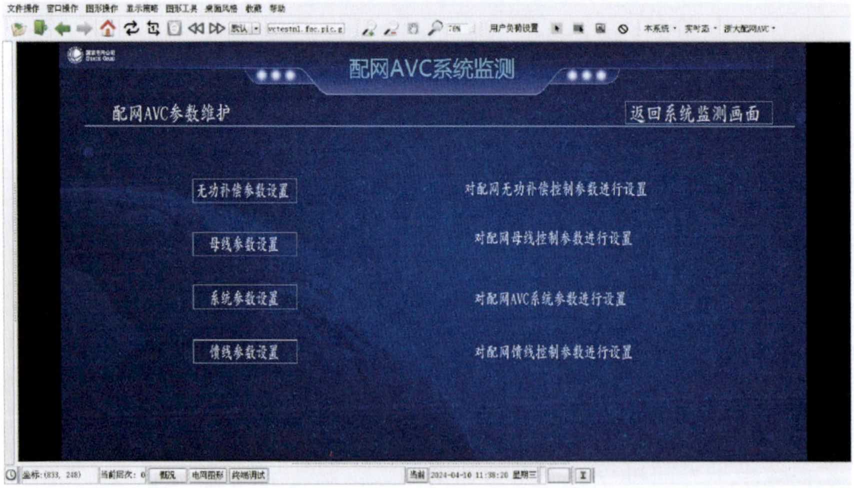

图 6-21　参数维护界面

3. 实时信息展示

在主界面点击“实时信息”按钮，可进入实时信息展示界面，如图 6–22 所示。

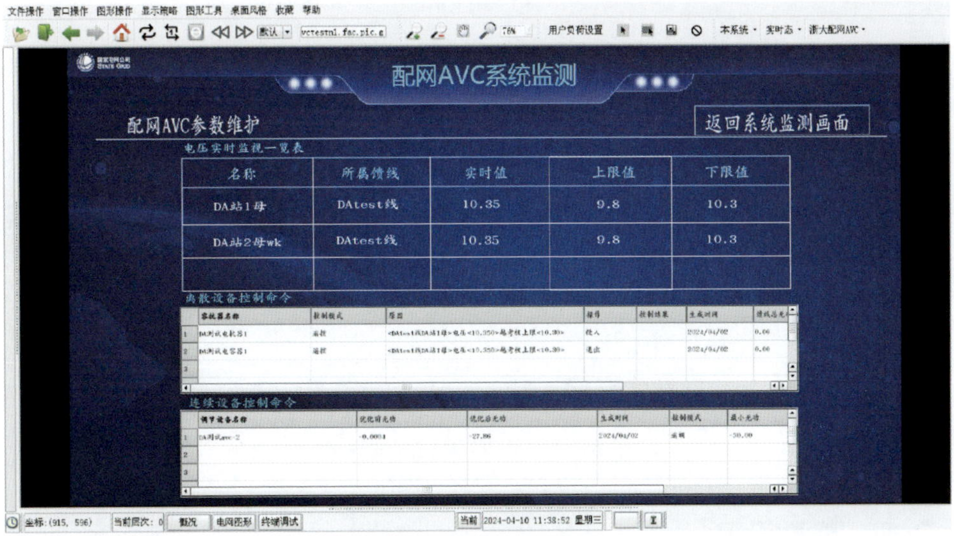

图 6–22　实时信息展示

三、遥控测试

在变电站投入 AVC 闭环控制前，首先需要在 SCADA/EMS 平台中进行遥控点的设置，并进行相关设备的遥控测试。在此基础上，通过 AVC 遥控测试程序进行遥控测试的目的是用于验证 AVC 程序在转发遥控指令给 SCADA 转发程序或前置机程序的过程是否正确。同时，通过 AVC 遥控测试也可查看相关设备的遥控参数（如设备是否 AVC 可控，遥控预置超时时间、遥控执行超时时间等）是否设置合理。

遥控测试程序：

AVC 遥控测试程序可在 AVC 总控台上启动，也可在终端中输入命令：avc_command_test 启动，如图 6–23 所示。

在左下角搜索厂站，找到后双击，再在左上角双击进行遥控测试。遥控测试时，先点击遥控预置按钮，核对点号与“遥控关系表”中对应的点号是否一致，等 2 分钟左右，点击下发按钮，观察设备是否动作，动作时间是否迅速，如果动作缓慢，则需要查出原因，排除问题后，再次进行上述步骤的遥控测试。

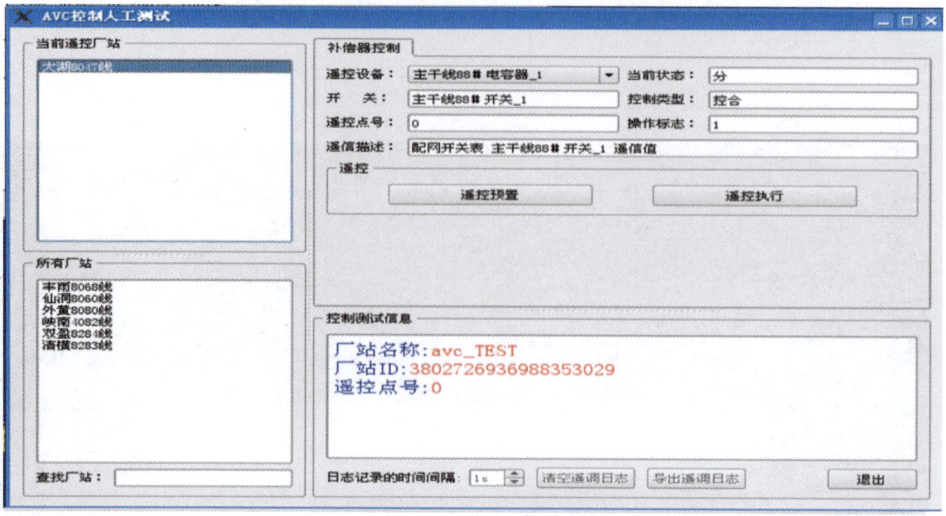

图 6－23 AVC 遥控测试程序

四、参数设置

1. 系统参数设置

系统参数设置主要是对系统级的运行模式、运行周期、时间间隔、日动作次数、死数据判别时间进行设置，如图 6－24 所示。

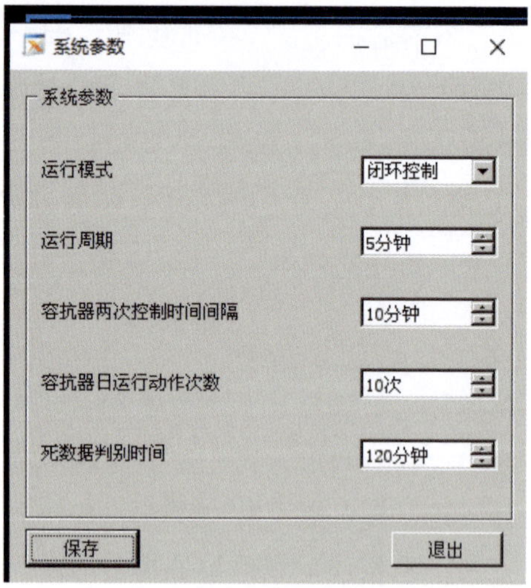

图 6－24 系统参数设置

2. 母线参数设置

母线参数设置，主要是对母线可控标志、考核标志、控制上下限、考核上下限等进行设置，如图 6-25 所示。

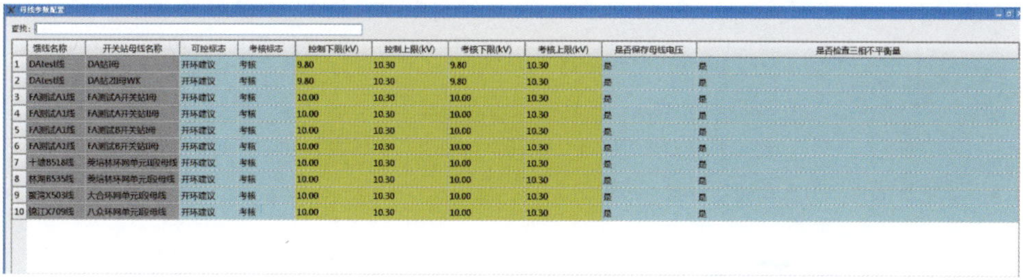

	馈线名称	开关站母线名称	可控标志	考核标志	控制下限(kV)	控制上限(kV)	考核下限(kV)	考核上限(kV)	是否保存母线电压	是否检查三相不平衡量
1	DAtest线	DA站I母	开环建议	考核	9.80	10.30	9.80	10.30	是	是
2	DAtest线	DA站2II母WK	开环建议	考核	9.80	10.30	9.80	10.30	是	是
3	FA测试A1线	FA测试A开关站I母	开环建议	考核	10.00	10.30	10.00	10.30	是	是
4	FA测试A1线	FA测试A开关站II母	开环建议	考核	10.00	10.30	10.00	10.30	是	是
5	FA测试A1线	FA测试B开关站I母	开环建议	考核	10.00	10.30	10.00	10.30	是	是
6	FA测试A1线	FA测试B开关站II母	开环建议	考核	10.00	10.30	10.00	10.30	是	是
7	十塘B518线	美培林环网单元II段母线	开环建议	考核	10.00	10.30	10.00	10.30	是	是
8	林湖B535线	美培林环网单元I段母线	开环建议	考核	10.00	10.30	10.00	10.30	是	是
9	聚湾X503线	大合环网单元I段母线	开环建议	考核	10.00	10.30	10.00	10.30	是	是
10	锦江X709线	八众环网单元I段母线	开环建议	考核	10.00	10.30	10.00	10.30	是	是

图 6-25 母线参数设置

3. 补偿器参数设置

补偿器参数设置，主要是对补偿器的可控标志、一天可动作总次数、设备相邻量测动作时间间隔、预置次数等进行设置，如图 6-26 所示。

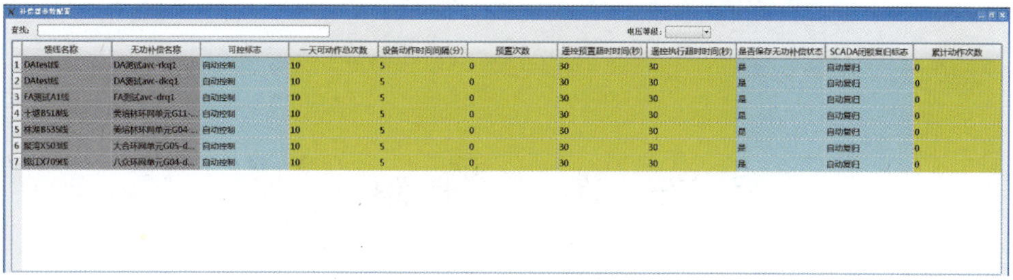

	馈线名称	无功补偿名称	可控标志	一天可动作总次数	设备动作时间间隔(分)	预置次数	遥控预置超时时间(秒)	遥控执行超时时间(秒)	是否保存无功补偿状态	SCADA闭锁复归标志	累计动作次数
1	DAtest线	DA测试avc-rkq1	自动控制	10	5	0	30	30	是	自动复归	0
2	DAtest线	DA测试avc-dkq1	自动控制	10	5	0	30	30	是	自动复归	0
3	FA测试A1线	FA测试avc-drq1	自动控制	10	5	0	30	30	是	自动复归	0
4	十塘B518线	美培林环网单元G11-...	自动控制	10	5	0	30	30	是	自动复归	0
5	林湖B535线	美培林环网单元G04-...	自动控制	10	5	0	30	30	是	自动复归	0
6	聚湾X503线	大合环网单元G05-d...	自动控制	10	5	0	30	30	是	自动复归	0
7	锦江X709线	八众环网单元G04-d...	自动控制	10	5	0	30	30	是	自动复归	0

图 6-26 补偿器参数设置

4. 馈线参数设置

馈线参数设置，主要是对馈线的可控标志、正控标志、是否参与计算等进行设置，如图 6-27 所示。

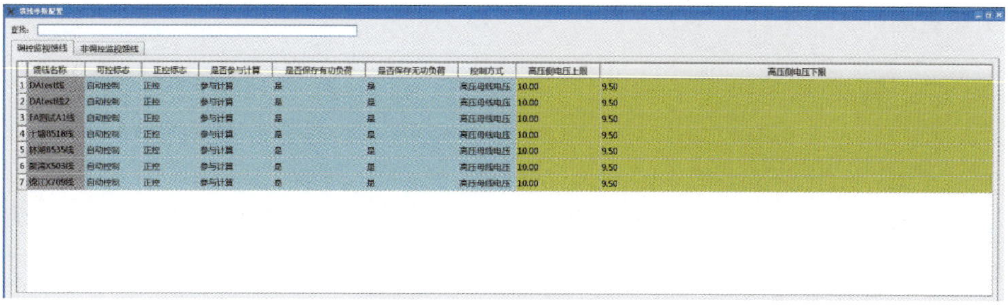

	馈线名称	可控标志	正控标志	是否参与计算	是否保存有功负荷	是否保存无功负荷	控制方式	高压侧电压上限	高压侧电压下限
1	DAtest线	自动控制	正控	参与计算	是	是	高压母线电压	10.00	9.50
2	DAtest线2	自动控制	正控	参与计算	是	是	高压母线电压	10.00	9.50
3	FA测试A1线	自动控制	正控	参与计算	是	是	高压母线电压	10.00	9.50
4	十塘B518线	自动控制	正控	参与计算	是	是	高压母线电压	10.00	9.50
5	林湖B535线	自动控制	正控	参与计算	是	是	高压母线电压	10.00	9.50
6	聚湾X503线	自动控制	正控	参与计算	是	是	高压母线电压	10.00	9.50
7	锦江X709线	自动控制	正控	参与计算	是	是	高压母线电压	10.00	9.50

图 6-27 馈线参数设置

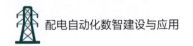

五、注意事项

配网 AVC 控制需要配电自动化 I 区主站接入无功补偿资源，例如电抗器、电容器、光伏逆变器等，否则无法进行无功优化计算及控制。

❖测一测

1. 通过 AVC 遥控测试程序进行遥控测试的目的是什么？
2. 系统参数主要对哪些参数进行设置？

答案

1. 通过AVC 遥控测试程序进行遥控测试的目的是用于验证AVC 程序在转发遥控指令给SCADA 转发程序或前置机程序的过程是否正确。
2. 系统级的运行模式、运行周期、时间间隔、日动作次数、死数据判别时间。

第三节　潮 流 越 限 控 制

一、概述

潮流越限控制是配电自动化系统中的一个高级应用，该模块可以实时监测线路和主变的负载率，在各场景下对潮流越限的设备开展分析，自动生成最优负荷转供方案，支撑调控人员开展重过载设备的负荷快速转移，确保配电网安全稳定运行。

二、潮流越限控制的应用

（一）功能说明

通过前端界面展示设备负载信息及潮流越限量（超载/倒送），可根据配网实时拓扑，生成指定的目标设备在当前负载断面下的最优潮流越限控制方案。

该功能支持对于方案转供馈线、转供策略、解环开关的自由选择，并对于选定的方案在界面上展示线路（主变）负载率的动态变化，同时还提供方案导出、方案校核以及方案执行/恢复等一系列具体功能。

潮流转供方式可分为负荷精细转供和站端全线转供。负荷精细转供是按照转载量要求，以配网开关为转供最小单元生成转供方案，解环开关更加灵活。站端全线转供是以馈线为转供最小单元生成转供方案，实现馈线整线转出。

（二）主变潮流越限控制

1. 设备负载信息生成

界面启动后，左侧区域展示设备负载信息框，包含：目标设备类型、负载率阈值、责任区参数。“目标设备类型”选择“主变”，人工可进行负载率阈值设置。设置完成后，会自动展示当前责任区下超过阈值的主变名称、负载率及超载量等信息，同时设备负载信息表支持根据拼音首字母搜索功能，便于快速查询到相应设备，如图 6-28 所示。

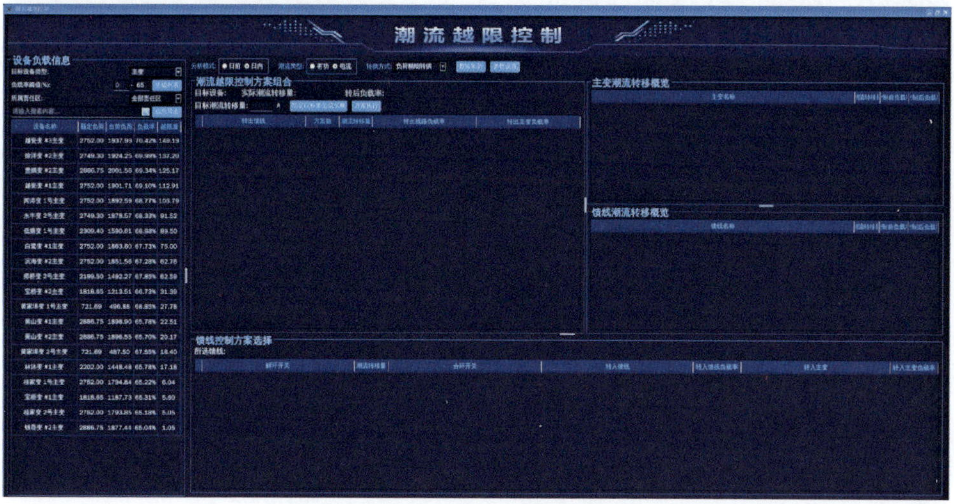

图 6-28　主变设备负载信息生成

潮流类型包括功率、电流两种，切换将影响设备负载信息以及后续潮流越限控制目标所对应的潮流类型。

2. 方案生成

通过双击设备负载信息表中的对应主变设备，可在右侧显示目标主变设备的潮流越限控制方案，如图 6-29 所示。

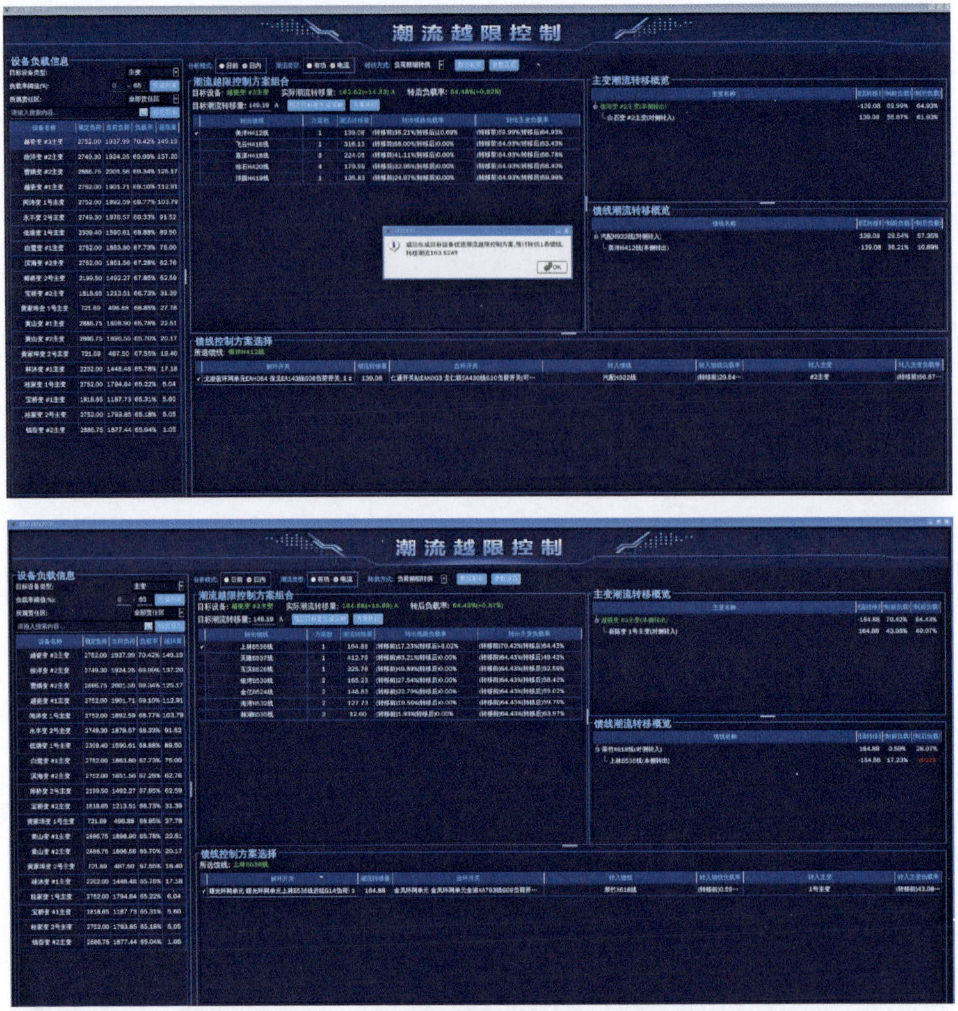

图 6－29　主变潮流越限控制方案生成

在中间窗口中选择对应的转出馈线，可在下方“馈线控制方案选择”框内显示目标馈线对应的所有详细转供方案，包括合解环开关、潮流转移量、转入馈线、转入主变，及负荷转入前后负载率等信息。

馈线控制方案中的解环开关支持手动选择，程序模块会根据当前的选择情况实时展示整体方案的潮流变化信息，右边界面会展示负荷转出前后，本侧线路、本侧主变和对侧线路、对侧主变的负载率变化。方案执行步骤会在下个章节“线路潮流越限控制”中具体说明，如图 6－30 所示。

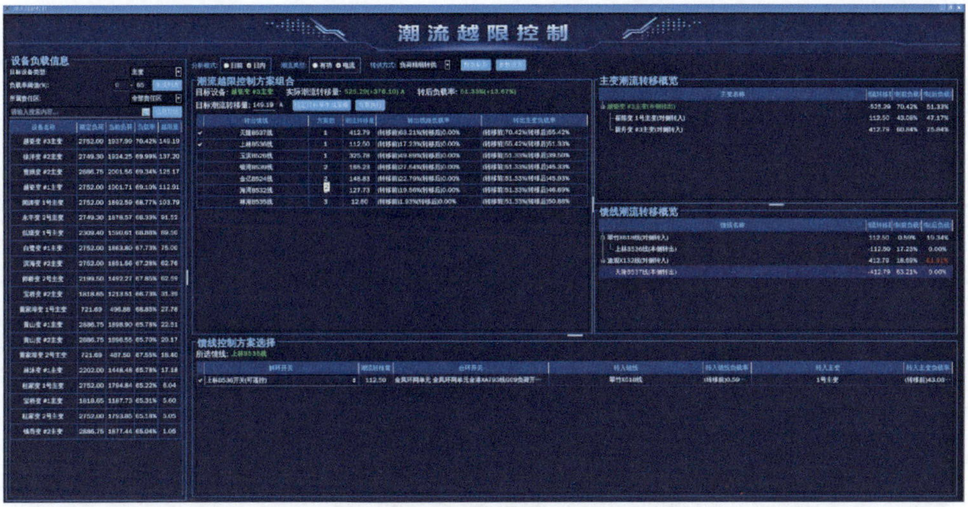

图 6-30　目标馈线详细转供方案

（三）线路潮流越限控制

1. 设备负载信息生成

界面启动后，将目标设备类型中切换为馈线模式，设置好负载率阈值即可按馈线生成设备负载列表，列表中会展示出大于设定负载率阈值的馈线信息：当前负载、负载率和越限量，如图 6-31 所示。

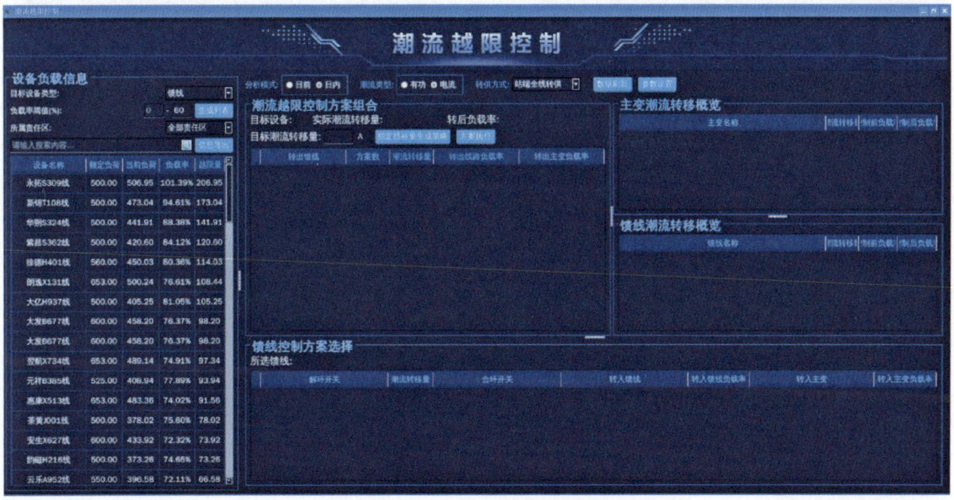

图 6-31　馈线设备负载信息生成

2. 方案生成

双击列表中的对应馈线，可在中间窗口显示目标馈线的潮流越限控制方案，并对于当前选择的方案实时展示馈线潮流转移情况，如图 6–32 所示。

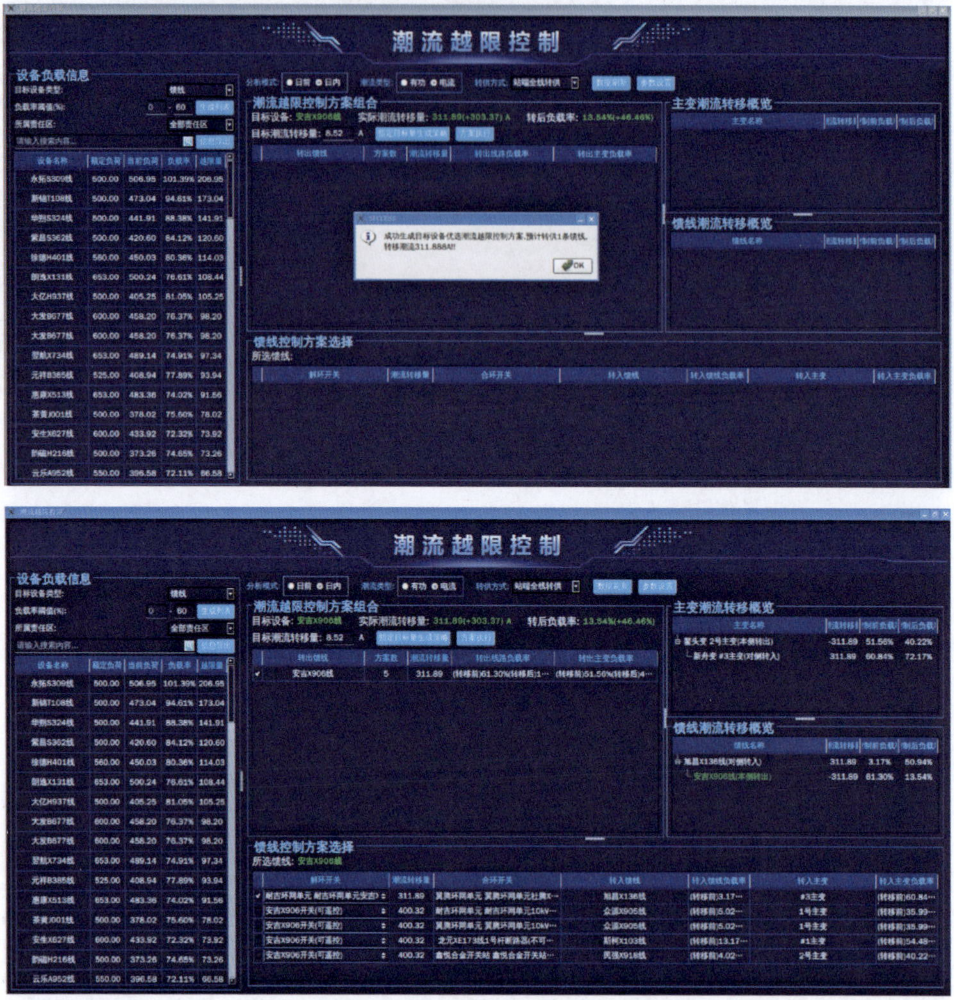

图 6–32　馈线潮流越限控制方案生成

下方馈线控制方案选择框内会显示目标馈线负荷转供的所有详细转供方案，右边界面会展示负荷转出前后，本侧线路、本侧主变和对侧线路、对侧主变的负载率变化，如图 6–33 所示。

3. 方案执行

潮流转移方案选定后，点击潮流越限控制方案组合栏中的方案执行，程序自动弹出控制方案执行界面。

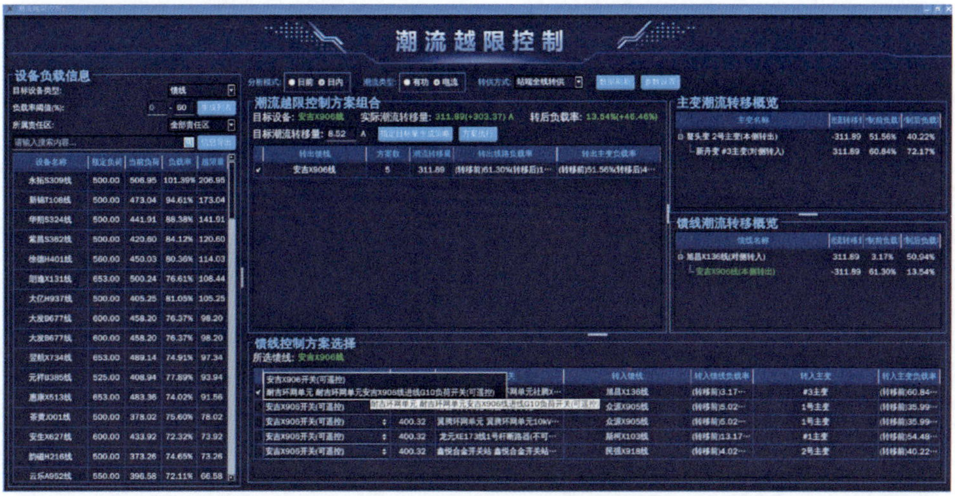

图 6－33　目标馈线详细转供方案

在完成操作用户及操作监护人登录，选择控制模式后，点击一键执行校核，开展方案的安全性校核，会对开关运行状态、电网拓扑等进行安全校验。安全校验后，“一键执行控制”按钮会被点亮，点击“一键执行控制”，可完成潮流转移方案执行，遥控执行后会在“控制状态”列显示控制成功，如图 6－34 所示。

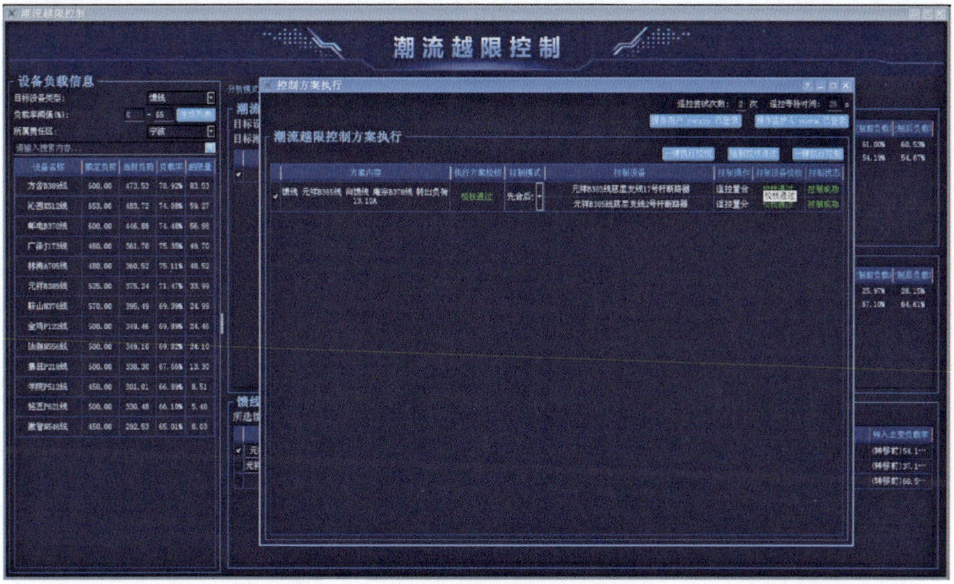

图 6－34　馈线潮流越限控制方案执行

❖测一测

1. 说出转供方式的分类和含义。

2. 潮流越限控制时，双击目标设备时，提示“目标主变未找到关联馈线!!”应该如何处置?

答案

1 潮流转供方式可分为负荷精细转供和站端全线转供。负荷精细转供是按照转载量要求，以配网开关为转供最小单元生成转供方案，解环开关更加灵活。站端全线转供是以馈线为转供最小单元生成转供方案，实现馈线整线转出。

2 检查目标主变设备的相关拓扑是否正确，且是否存在满足负载要求的关联馈线（额定值不等于0且超载越限时馈线负载大于0）。

第四节　30 度 角 差 合 环

在现代电力系统中，10kV 配电线路是电力传输和分配的关键环节。由于不同变电站接线组别原因，部分配电线路之间存在 30 度角差。这种存在角差的线路在倒负荷时不能进行合环操作，采用冷倒方式存在短时停电，严重影响供电可靠性。为了应对这些挑战，我们将详细介绍带 30 度角差合环倒负荷的工作原理和实际应用，并探讨其如何在 10kV 配电线路中发挥作用。

一、基本原理

1. 30 度角差形成

变压器的常见接线方式有星形（Y）和三角形（△）两种，不同的接线方式会引起二次侧电压相位的变化。如果一次侧是星形接线，二次侧是三角形接线，则两侧会存在一个 30 度的相位差。

在电力系统中，变压器通常采用 Y－D11 的接线方式，这种接线方式会导致每经过一级变压器，电压相位滞后 30 度。如果一条 10kV 线路是直接从 110kV 降压到 10kV，而另一条线路是经过 110kV－35kV－10kV 的降压过程，那么这两条线路之间就会出现 30 度的相位差。

2. 带30度角差合环倒负荷的工作原理

通过将解环开关保护定值投入，并将速断保护时间和定值配合变电站出线开关保护定值设置合适范围，在合环时因合环电流较大，超过速断保护定值后，第一时间跳开解环开关，达到带角差合环倒负荷的目的。

如图6–35所示，将变电站A线路负荷带30度角差合环倒至变电站B线路，将开关1保护投入，并将速断保护时间和定值配合变电站出线开关保护定值设置合适范围，开关2合环时，开关1因合环电流较大，超过速断保护定值后，第一时间跳开解环，从而实现变电站A线路负荷带30度角差合环倒至变电站B线路操作。

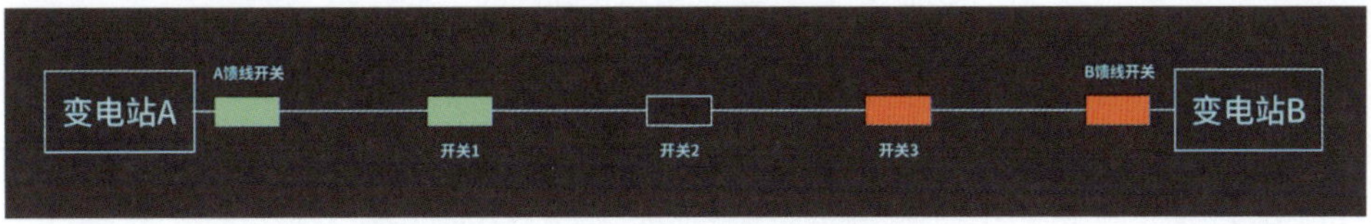

图6–35　带30度角差合环倒负荷

二、涉及相关设备及技术

（一）微机保护装置

微机保护装置是一种采用微型计算机技术实现电力系统继电保护功能的设备。通过对电力系统的电气量（如电流、电压、功率等）进行实时监测和分析，能够快速、准确地判断系统中是否发生故障或异常运行状态。当检测到故障时，微机保护装置能迅速动作，如跳闸或发出告警信号，以隔离故障设备，保护电力系统的安全稳定运行。

微机保护装置具有多种保护功能，如过流保护、过压保护、欠压保护、零序保护、差动保护等，可以根据电力系统的需求进行灵活配置和整定。

本书中我们只简单分析过流保护动作逻辑：

当电力系统中的电流超过预先设定的允许值（即过流阈值）时，过流保护装置会动作，通常表现为跳闸或发出告警信号，如图6–36所示。

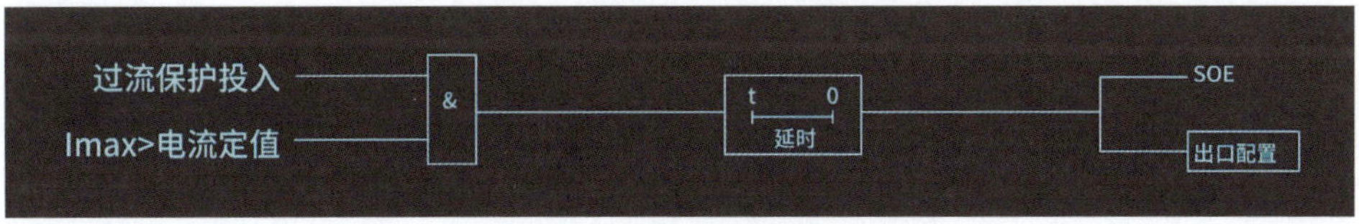

图6–36　过流保护动作逻辑

当同时满足以下条件时，经整定延时后，过流保护动作：

- 过流保护投入；
- 相电流最大值（Imax）大于电流定值。

过流保护动作后，点亮“保护”指示灯。

（二）定值远程下装

部分设备支持主站远程定值下装功能，运维人员可无需到达现场，只在主站侧远程进行定值下装即可。主站操作步骤如下：

1. 数据库添加终端厂家：（6500000　13633 配网终端型号表），维护终端类型。左下角输入框中输入应用号及表号“6500000　13633”，点击查询表数据，打开配网终端型号表，按需求添加终端型号等数据，如图 6-37 所示。

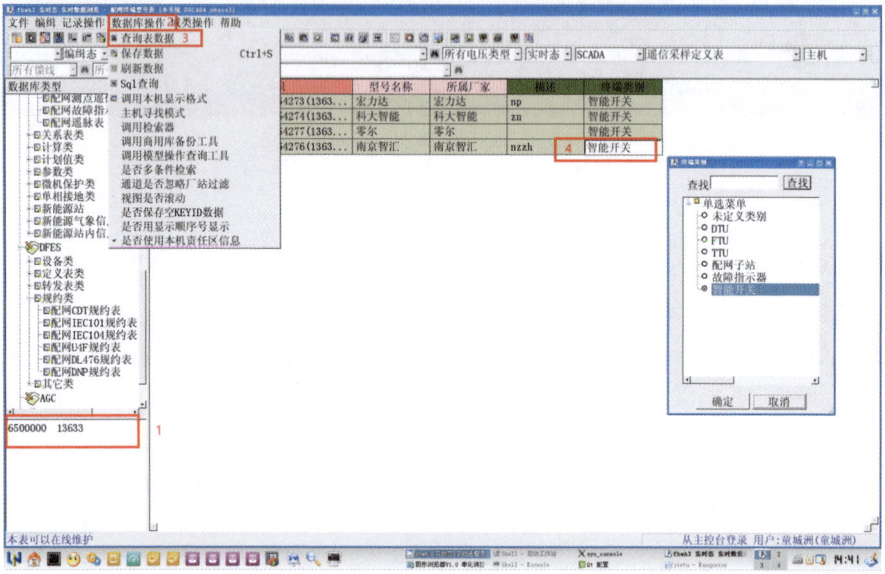

图 6-37　数据库添加终端厂家

2. 添加遥调模板：（6500000　13634 配网终端参数字典表），打开 13634 配网终端参数字典表，维护各类参数值，如图 6-38 所示。

（1）参数名称（必填），整定参数名称；

（2）型号 ID（必填），终端设备厂家名称；

（3）参数代码（必填），对应终端设备参数的唯一 ID 码；

（4）参数类别（必填），运行参数（参数定值），动作参数（压板投退），固有参数（系统自带信息），其中运行参数、动作参数可进行定值下装及定值召唤，固有参数无法进行定值下装，只能定值召唤；

（5）参数值数据类型（必填）；

（6）参数单位（必填）。

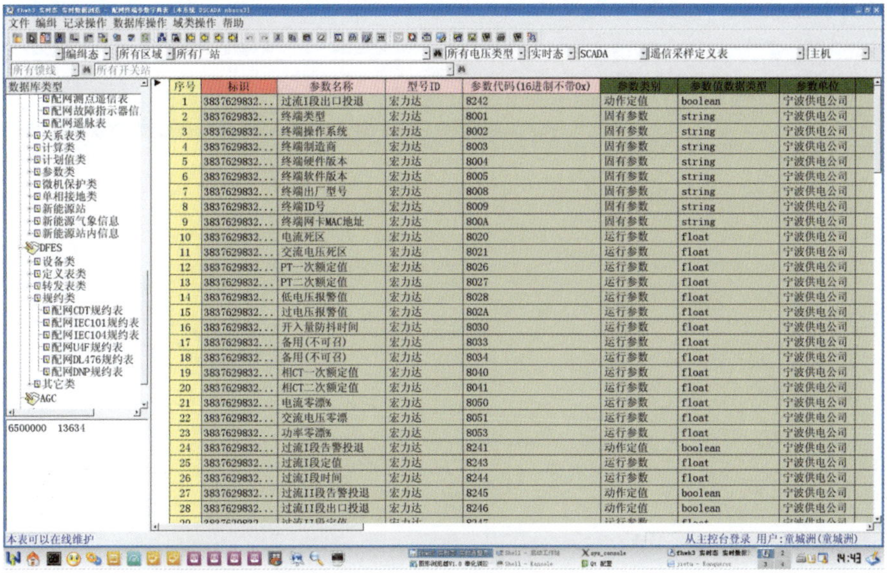

图 6－38 添加遥调模板

3. 选择终端型号：（6500000 13510 配网终端信息表），选择需要配置遥调功能的终端，对“终端型号”域维护相应的型号名称，如图 6－39 所示。

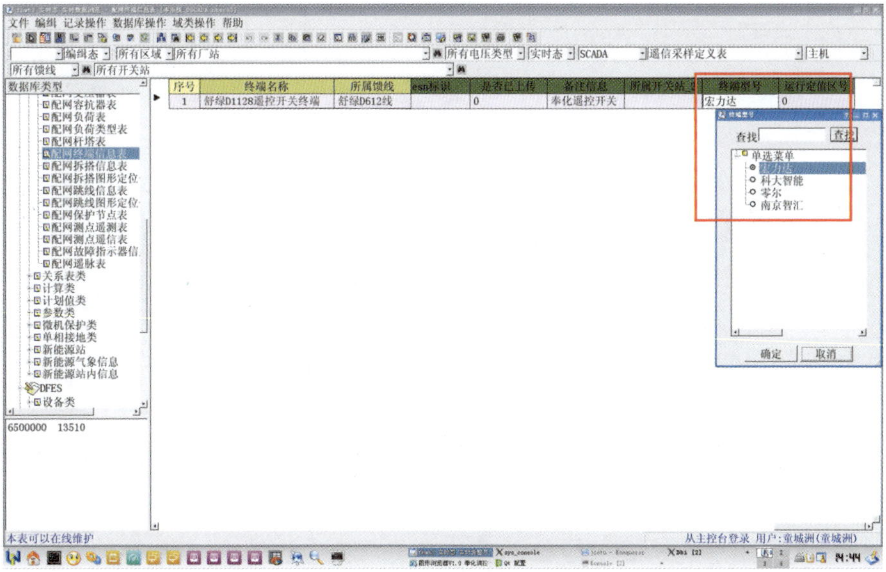

图 6－39 选择终端型号

4. 配网 104 规约表补充配置：（6600000　13572 配网 IEC104 规约表），选择对应的终端通道，将“备用 7 域值配置为 3”，此步骤为选填，仅针对部分终端部分数据不能召测做特殊处理用，如图 6-40 所示。

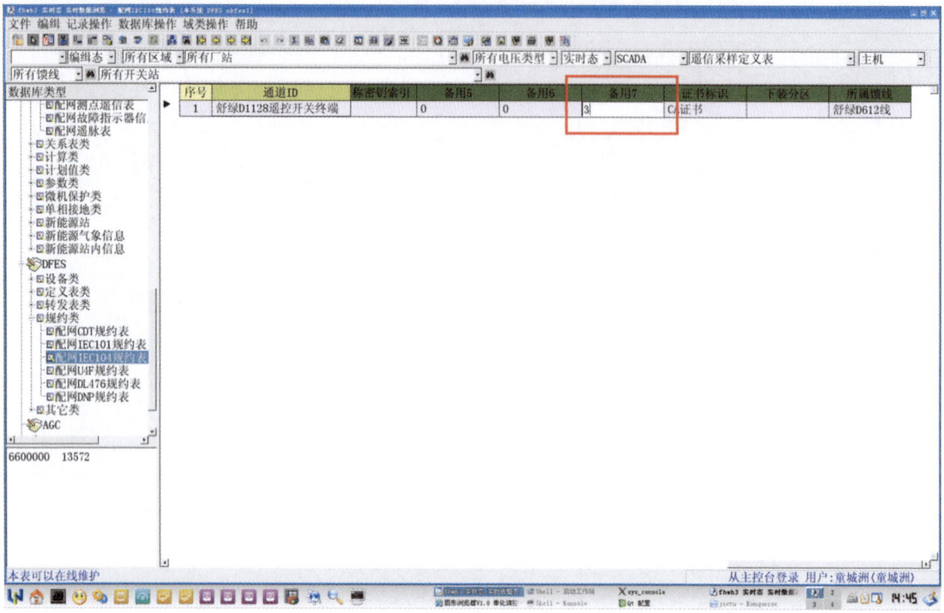

图 6-40　配网 104 规约表补充配置

5. 定值召测下装

（1）打开终端 - 输入指令 term_param。

（2）左侧设备树按“区域”→“变电站”→“馈线”组织。也可输入框输入设备名称或拼音首字母回车，可快速在设备树上定位，双击选择需遥调的终端，在右侧窗口按“运行参数”“动作定值”“固定参数”列出该终端所属的终端型号的参数记录表，如图 6-41 所示。

（3）召唤定值区：选取终端后，首先要做的就是“召唤定值区”。单击“召唤定值区”按钮，将终端内所有定值区内存储的整定方案召唤至主站，如图 6-42 所示。

不同厂家的终端，定值区数量有所不同，或两个，或三个，每个定值区都存储一套整定方案，可按需求配置，后续方便按需求对定值区整定方案进行切换。

（4）切换定值区：召唤定值区后，点击“切换定值区”，进行定值区激活，此步骤可选做，如图 6-43 所示。

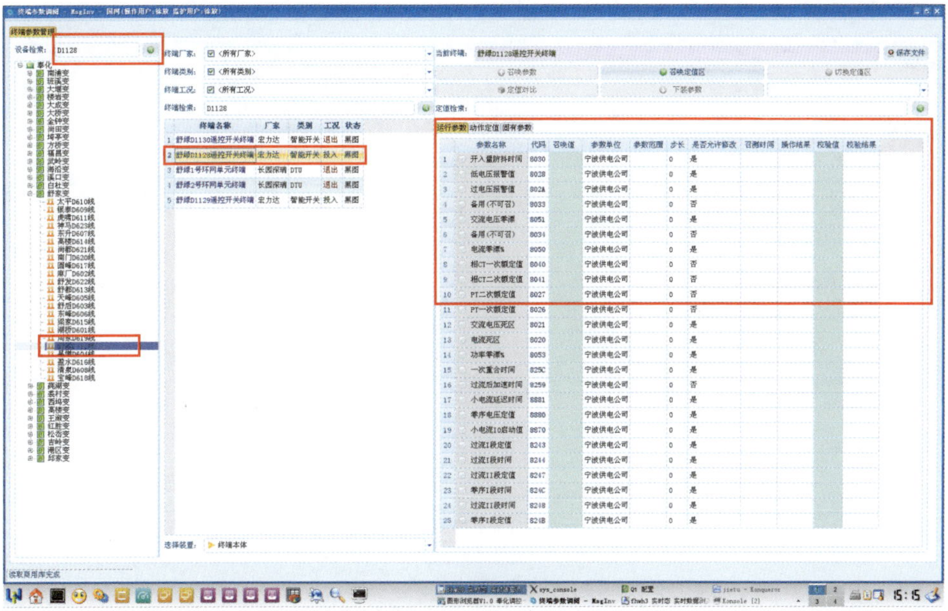

图 6－41 定值召测下装

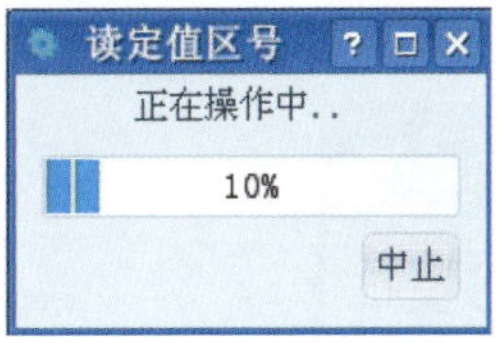

图 6－42 召唤定值区

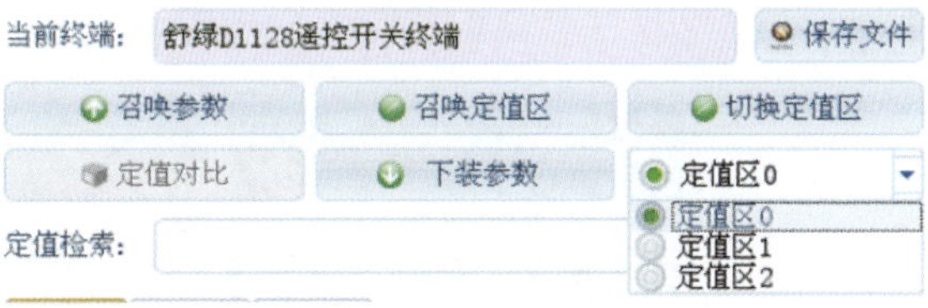

图 6－43 切换定值区

（5）召唤参数：选择需要召唤的运行参数、动作定值或固有参数，在前面打钩，点击“召唤参数”按钮。

（6）定值下装：固有参数是固定不变的，只能召测不能下装。“运行参数”和“动作定值”可以下装。在参数值列输入需要下装的定值，如图 6－44 所示。

然后单击“下装参数”完成操作，下装参数成功后，点击“激活参数”，定值才会生效，如图 6－45 所示。

三、案例分析及操作步骤

以舒家变舒绿 D612 线与西坞变亭山 D833 线为例。首先，舒家变舒绿 D612 线由 110kV 直接降压至 10kV，经过了一次 Y－D11 变压器降压，存在 30 度角差，而西坞变由 220kV 先降压至 35kV 后再降压至 10kV，经过了两次 Y－D11

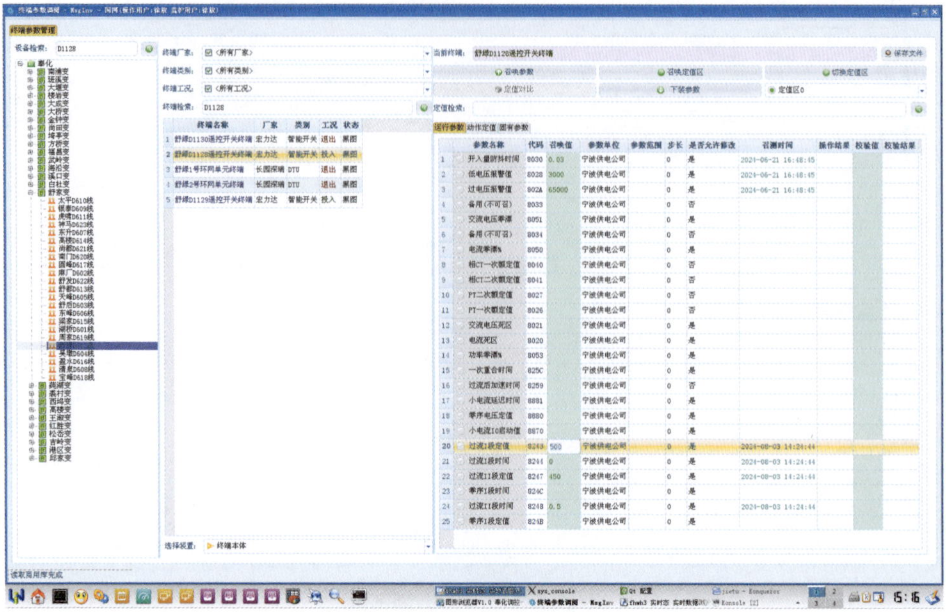

图 6-44　定值下装

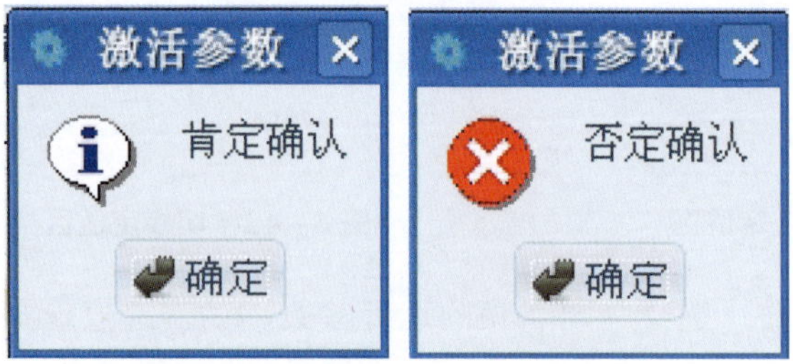

图 6-45　表示激活成功和激活失败

变压器降压，舒家变舒绿 D612 线与西坞变亭山 D833 线之间即存在 30 度角差，通常此两条线路倒负荷只能通过冷倒方式进行，现对其带 30 度角差进行合环倒负荷，拓扑图如图 6-46 所示。

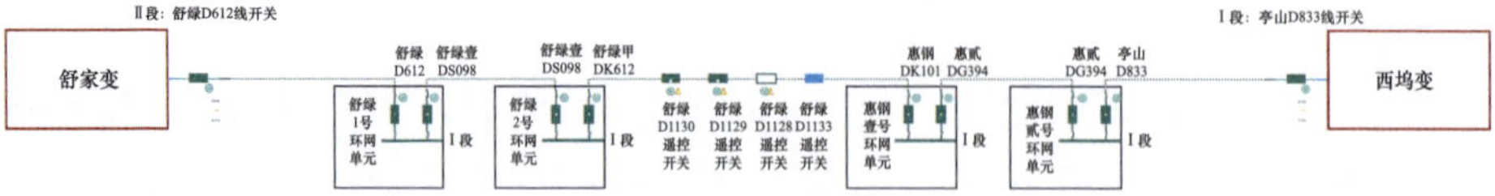

图 6-46　拓扑图

具体工作步骤：

1. 确认舒家变舒绿 D612 线与西坞变亭山 D833 线合环电流及定值情况

（1）计算带角差合环理论电流：对线路负荷、配变等参数搜集，利用 MATLAB 完成建模与仿真，计算出带角差合环理论电流。带 30 度角差线路直接合环冲击稳态电流如下图所示，冲击电流的最大电流为稳态 1.8 倍，电流基本在 450～2500A 之间，根据线路长度不同，以 4－10km 为例，差流主要集中在 800～1500A 之间，如图 6－47 所示。

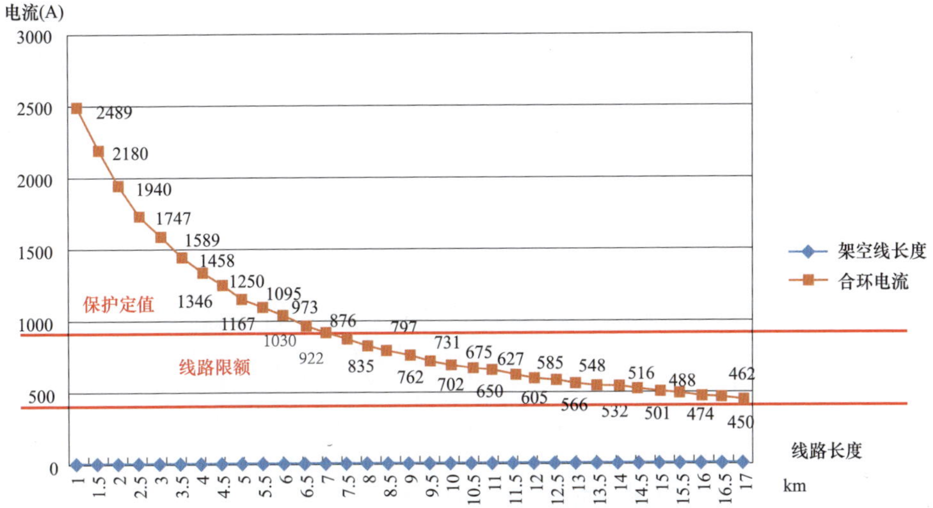

图 6－47 合环冲击稳态电流对比图

经过实测，舒家变舒绿 D612 线倒至亭山 D833 线，带角差合环后，理论合环电流为 526A。

（2）西坞变亭山 D833 线过流Ⅰ段定值退出；过流Ⅱ段定值 12A（CT 变比 400/5，一次定值 960A），过流Ⅱ段时间 0.2 秒；过流Ⅲ段定值 9A（一次定值 720A），过流Ⅲ段定值 0.5 秒。限额电流 400A。

（3）舒家变舒绿 D612 线过流Ⅰ段定值退出；过流Ⅱ段定值 11A（CT 变比 600/5，一次定值 1320），过流Ⅱ段时间 0.3 秒；过流Ⅲ段定值 8A（一次定值 960A），过流Ⅲ段定值 0.6 秒。限额电流 505A。

2. 确定倒负荷方案及编制调度操作票

（1）舒绿 D612 线负荷倒至亭山 D833 线：

正常情况下，舒绿 1 号环网单元舒绿 D612 开关和舒绿 D612 线 22 号杆舒绿 D1128 遥控开关，两个开关的保护定值均退出，为开展角差合环热倒操作，需进行临时定值设置，与变电站保护相互配合，在变电站保护未动作前完成解环操作。

解环开关为舒绿 1 号环网单元舒绿 D612 开关，合环开关为舒绿 D612 线 22 号杆舒绿 D1128 遥控开关。

将解环开关设定为保护跳闸开关，以两条线路较小的限额设为临时速断保护定值，速断时间设定为 0s，调度发令将合环开关合闸后，两条线路合环，解环开关在变电站开关保护动作之前跳闸，完成解环操作，然后将解环开关开关保护退出，定值恢复。

（2）舒绿 D612 线负荷由亭山 D833 线倒回：

原理同上，只需将原解环开关和合环开关交换配置即可，解环开关为舒绿 D612 线 22 号杆舒绿 D1128 遥控开关，合环开关为舒绿 1 号环网单元舒绿 D612 开关，步骤原理相同。

（3）编制操作票：

舒家变舒绿D612线角差热倒试点方案【倒出】

袁亚洲,王青磊　拟票日期：2024-04-05

受令单位	操作内容
西坞变	* 西坞变：亭山D833线重合闸由跳闸改为信号【8日 11:45】
奉东供电所	* 舒绿1号环网单元舒绿D612开关：速断时间由60秒改为0秒，速断定值由99A改为3.3A。（CT变比600/5，亭山D833线限额400A）【8日 11:45】
奉东供电所	* 核实：舒绿1号环网单元舒绿D612开关保护已投入
奉化县调调控	* 舒绿D612线22号杆舒绿D1128遥控开关由热备用改为运行（合环）
奉东供电所	确认：舒绿1号环网单元舒绿D612线已跳闸，完成解环操作
奉东供电所	* 舒绿1号环网单元舒绿D612开关：速断时间由0秒改为60秒，速断定值由3.3A改为99A
奉东供电所	* 核实：舒绿1号环网单元舒绿D612开关保护已退出
西坞变	* 西坞变：亭山D833线重合闸由信号改为跳闸

临时票

舒家变舒绿D612线角差热倒试点方案【倒回】

王青磊,董栋,袁亚洲　拟票日期：2024-04-07

受令单位	操作内容
西坞变	西坞变：亭山D833线重合闸由跳闸改为信号【10日 11:45 】
奉东供电所	舒绿D612线22号杆舒绿D1128遥控开关：速断时间由999秒改为0秒，速断定值由999A改为400A【10日 11:45 】
奉东供电所	核实舒绿D612线22号杆舒绿D1128遥控开关保护已投入
奉化县调调控	舒绿1号环网单元：舒绿D612线由热备用改为运行（合环）
奉东供电所	确认：舒绿D612线22号杆舒绿D1128遥控开关跳闸，完成解环操作
奉东供电所	舒绿D612线22号杆舒绿D1128遥控开关：速断时间由0秒改为999秒，速断定值由400A改为999A
奉东供电所	核实：舒绿D612线22号杆舒绿D1128遥控开关保护已退出
西坞变	西坞变：亭山D833线重合闸由信号改为跳闸

图 6-48　操作票

3. 执行操作

（1）舒绿 D612 线负荷倒至亭山 D833 线倒出：

1）对舒绿 1 号环网单元舒绿 D612 开关进行保护整定：

① 速断保护设置投入，如图 6–49 所示。

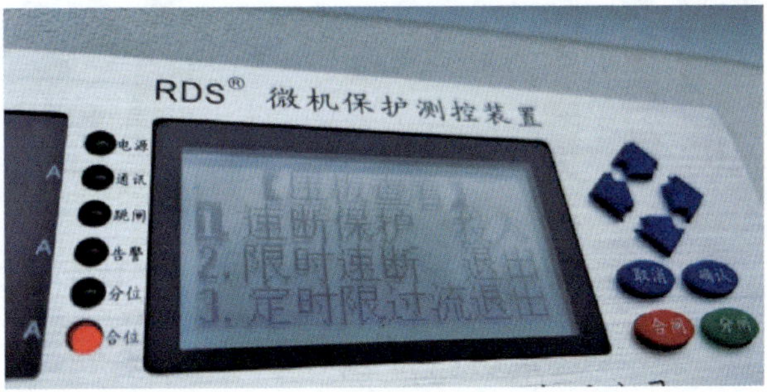

图 6–49　速断保护设置投入

② 速断延时设置 0s，如图 6–50 所示。

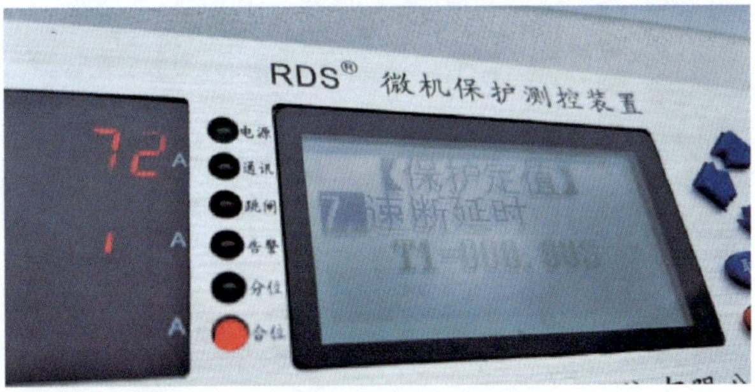

图 6–50　速断延时设置 0s

③ 速断保护电流设置 400A（3.3×600/5），如图 6–51 所示。

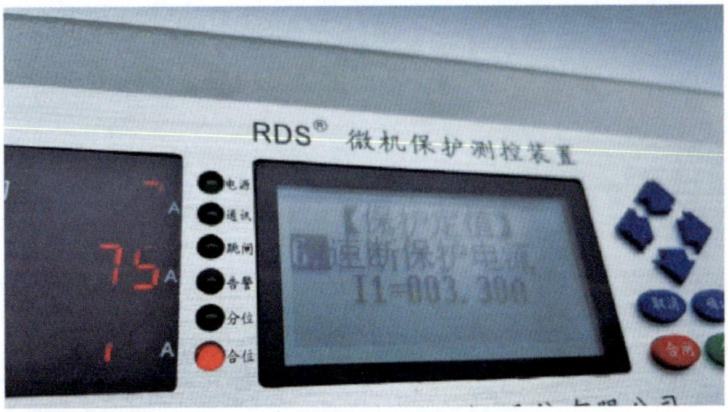

图 6–51　速断保护电流设置

④ 确认变比参数为 600/5=120，如图 6-52 所示。

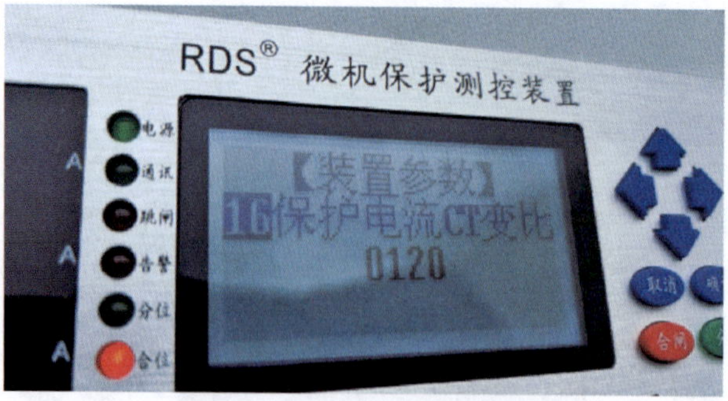

图 6-52　确认变比参数

⑤ 控制字 1 设置为十六进制数 01，如图 6-53 所示。

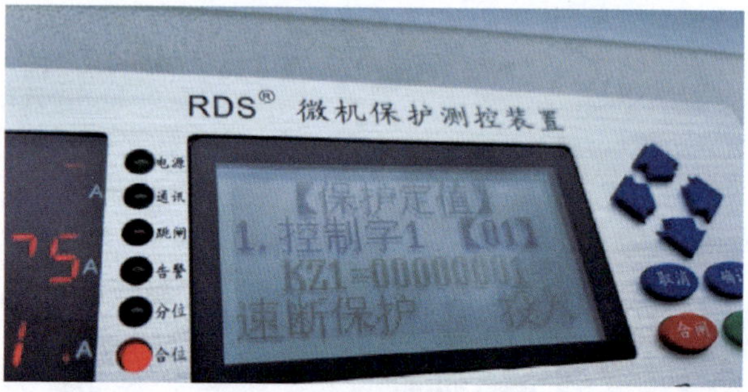

图 6-53　控制字 1 设置

⑥ 在倒负荷操作前完成舒绿 1 号环网单元舒绿 D612 开关保护定值调整。

2）舒绿 D612 线 22 号杆舒绿 D1128 遥控开关由热备用改为运行（合环），如图 6-54 所示。

	告警内容
1	2024-04-08 12:03:09　舒绿D612线 舒绿D1128遥控开关　合闸(遥控)

图 6-54　遥控开关由热备用改为运行

3）舒绿 1 号环网单元舒绿 D612 线跳闸，完成解环操作，如图 6-55 所示。

	告警内容
1	2024-04-08 12:03:09　舒绿D612线 舒绿1号环网单元 舒绿1号环网单元舒绿D612G02开关_1　分闸(调试)
2	2024-04-08 12:03:09　舒绿1号环网单元舒绿D612G02开关_1过流告警 舒绿D612线 舒绿1号环网单元　动作
3	2024-04-08 12:03:13　舒绿1号环网单元舒绿D612G02开关_1过流告警 舒绿D612线 舒绿1号环网单元　复归

图 6-55　完成解环操作

4）解环完毕，确认将舒绿 1 号环网单元舒绿 D612 开关保护退出，定值恢复，如图 6－56 所示。

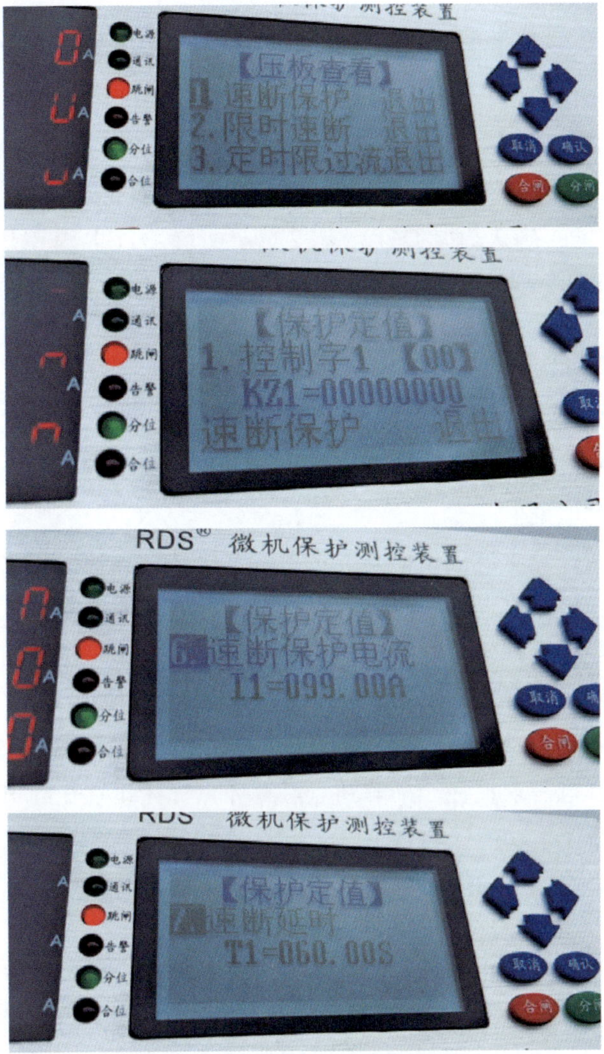

图 6－56　定值恢复

5）结果验证：确认舒绿 1 号环网单元舒绿 D612 线保护跳闸，且舒家变舒绿 D612 线开关与西坞变亭山 D833 线开关均未跳闸。

（2）舒绿 D612 线负荷从亭山 D833 线倒回：

1）对舒绿 D612 线 22 号杆舒绿 D1128 遥控开关进行保护整定：

① 将舒绿 D612 线 22 号杆舒绿 D1128 遥控开关保护整定为速断时间 0s，速断定值 400A。

② 在倒负荷操作前完成舒绿D612线22号杆舒绿D1128遥控开关保护定值调整。

2）舒绿1号环网单元舒绿D612线由热备用改为运行（合环）。

3）舒绿D612线22号杆舒绿D1128遥控开关跳闸，完成解环操作。

4）解环完毕，确认将舒绿D612线22号杆舒绿D1128遥控开关保护退出，定值恢复。

5）结果验证：确认舒绿D612线22号杆舒绿D1128遥控开关保护跳闸，且舒家变舒绿D612线开关与西坞变亭山D833线开关均未跳闸。

四、工作要求及注意事项

1. 仿真计算合环电流

（1）开展配电线路带角差合解环操作前，应先根据线路的相关参数仿真计算线路合环电流理论值。

（2）需根据合环电流理论值开展设备参数校核，评估对相关设备影响，是否满足带角差合解环要求。

（3）若合环电流理论值与变电站出线保护速断定值（0s）相近，应调整速断定值，防止带角差合解环操作过程中变电站开关误动。

2. 选择适当解环点

（1）根据倒电需求设置一个解环点，解环点优先设置在配电线路上，解环开关应配置速断保护功能。

（2）满足级差配合条件的可再设置一个备用解环点（宜设置在合环处）。

3. 设置保护定值

（1）解环开关投速断保护（相关功能压板、软压板、硬压板、控制字等均投入），定值应躲过正常负荷电流。

（2）若解环点设置在配网线路上，采用修改定值方式（若具备切区功能，优先采用切区方式）进行定值设置。

（3）若解环点设置在变电站内，采用保护切区方式进行定值设置。

（4）带角差合解环操作过程中，除解环开关投保护外，主线其余配网开关保护应全部退出，防止发生开关误动。

（5）若线路投入全自动FA功能，带角差合解环操作前应退出两条线路全自动FA。

4. 退出变电站侧重合闸

（1）为避免两侧变电站出线开关同时越级跳闸同时重合再跳闸引起失电，退出其中一侧变电站出线保护重合闸功能。

（2）一般选择出线保护时限较短或过流定值较小一侧。

（3）若两侧出线保护时限、定值均一致，需评估由哪一侧变电站带线路负荷，选择退出另一侧变电站出线保护重合闸。

5. 开展合解环操作

（1）开展线路运行情况核查。工作前需加大巡查力度，排查线路上否存在设备无法承受大电流缺陷，防止角差合环大电流引起设备击穿事件。

（2）做好设备损坏抢修准备。操作前，应做好抢修准备，应对可能造成的设备损坏事故。

（3）合解环操作采用遥控操作。

（4）若合环电流较小，达不到保护动作定值时解环开关无法跳闸，应及时拉开。

（5）操作结束后，保护及时恢复原样。

（6）做好风险分析及处置预案。应考虑到解环失败时，可能引起的单条线路跳闸和两条线路同跳的情况。单条线路跳闸时，应将解环开关由运行改为热备用，采用冷倒的方式转移负荷。两条线路同跳时，引起双线失电，应将解环开关由运行改为热备用后，对两条线路进行强送。

❖测一测

1. 30 度角差形成的原理是什么？
2. 微机保护装置具有哪些保护功能？

答案

1　如果一次侧是星形接线，二次侧是三角形接线，则两侧会存在一个30 度的相位差。

2　微机保护装置具有多种保护功能，如过流保护、过压保护、欠压保护、零序保护、差动保护等。

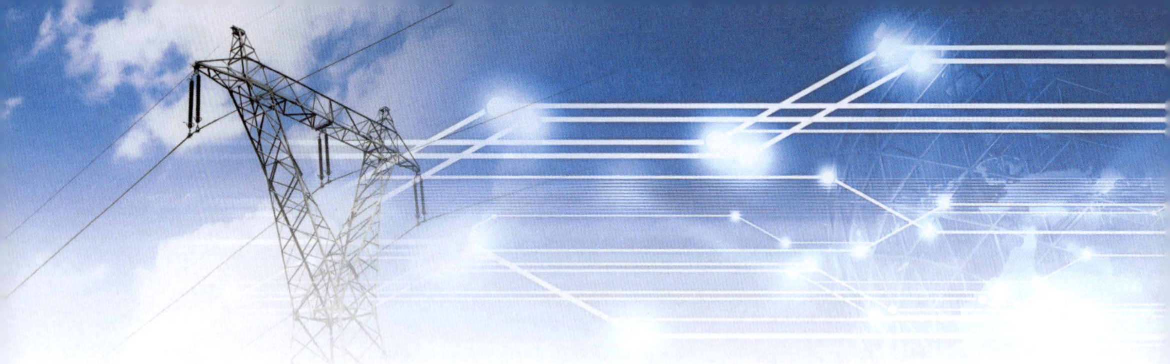

第七章 运维精益管控

本章聚焦

- 了解配电自动化Ⅳ区系统涉及的配电自动化实用化指标。
- 掌握精细化管控配电自动化建设、应用、运维情况。
- 掌握配电自动化提升指数、数据质量报表、终端通信工况三个板块取数过程和操作方法。

知识脉络

配电自动化提升指数

1. 配电自动化覆盖指数
2. 配电自动化运行指数
3. 配电自动化应用指数

数据质量报表

1. 数据质量综合指标
2. 数据质量分析
3. 有压无流明细

终端通信工况

1. 终端通信工况

第一节　配电自动化提升指数

路径：

导航 → 指标分析 → 指标管理 → 配电自动化提升指数

算法说明：

配电自动化提升指数=0.3×配电自动化覆盖指数+0.3×配电自动化运行指数+0.4×配电自动化应用指数，见图 7-1。

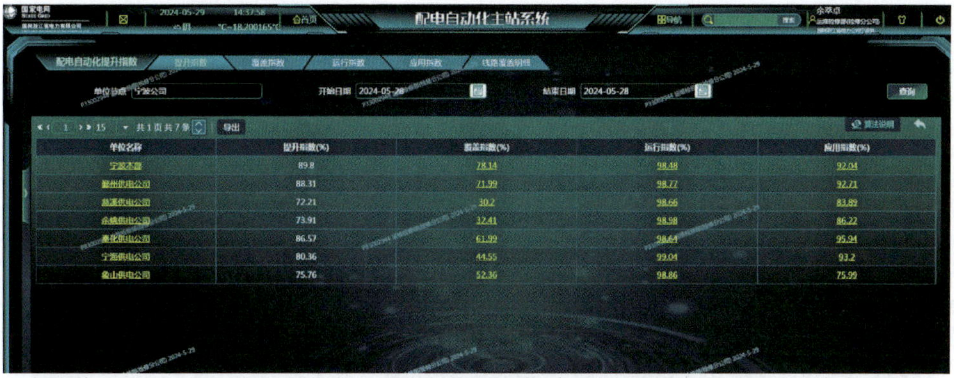

图 7-1　配电自动化提升指数系统界面

一、配电自动化覆盖指数

配电自动化覆盖指数着力于推动覆盖水平提升。包括“电缆线路覆盖数、架空线路覆盖数”2 项二级指标，评价配电自动化标准化建设水平。

二级指标：电缆线路覆盖数　架空线路覆盖数

算法说明：

1. 配电自动化覆盖指数=配电自动化标准覆盖指数/线路总数
2. 配电自动化标准覆盖指数=0.5×A 级覆盖数+0.5×B 级覆盖数
3. 配电自动化 A 级覆盖数=电缆线路 A 级覆盖数+架空线路 A 级覆盖数
4. 配电自动化 B 级覆盖数=电缆线路 B 级覆盖数+架空线路 B 级覆盖数

电缆线路 A 级覆盖定义：① 电缆线路站点（开关站、环网站、环网柜）任意一个进线间隔实现“三遥”则判断为站点实现三遥，满足覆盖。② 电缆线路主干线 80%以上站点（若没有站点，算未覆盖）实现三遥覆盖；③ 主干线至少一个联络站点（若无联络站点，则该条件满足）实现“三遥”覆盖。

电缆线路 B 级覆盖定义：① 电缆线路站点（开关站、环网站、环网柜）任意一个环进环出间隔实现“三遥”则判断为站点实现三遥，满足覆盖。② 电缆线路主干线 60%以上站点（若没有站点，算未覆盖）实现三遥覆盖。③ 主干线至少一个联络站点（若无联络站点，则该条件满足）实现“三遥”覆盖。

架空线路 A 级覆盖判断逻辑：① 架空线路主干线首端（1–10 号杆）安装远传型故障指示器或智能开关；② 主干线至少 2 个分段开关（必要有）实现“三遥”；③ 并且馈线至少 1 个联络开关（若有）实现“三遥”；④ 对与主干线相连的大分支线，80%以上首端（原则上在 1～10 号杆）安装智能开关“智能开关（三遥）或智能开关（二遥）”。

架空线路 B 级覆盖判断逻辑：① 架空线路主干线首端（1–10 号杆）安装远传型故障指示器或智能开关；② 主干线至少 1 个分段开关实现“二遥”或“三遥”；③ 并且馈线 1 个联络开关（若有）实现“二遥”或“三遥”；④ 对与主干线相连的大分支线，60%以上首端（原则上在 1～10 号杆）安装智能开关，见图 7–3。

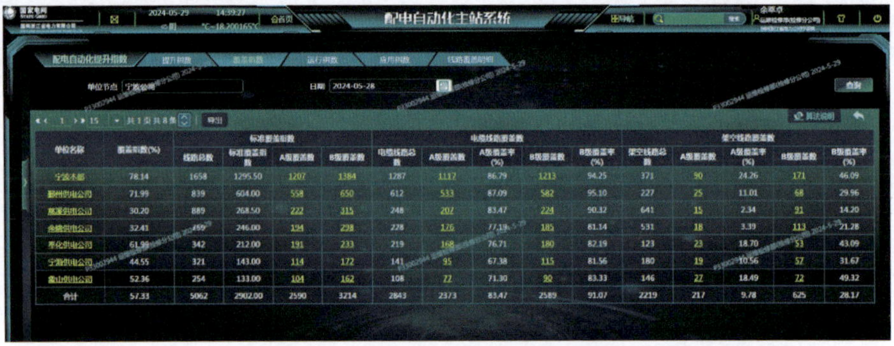

单位名称	覆盖指数(%)	标准覆盖指数				电缆线路覆盖数					架空线路覆盖数				
		线路总数	标准覆盖指数	A级覆盖数	B级覆盖数	电缆线路总数	A级覆盖数	A级覆盖率(%)	B级覆盖数	B级覆盖率(%)	架空线路总数	A级覆盖数	A级覆盖率(%)	B级覆盖数	B级覆盖率(%)
宁波本部	78.14	1658	1295.50	1207	1384	1287	1117	86.79	1213	94.25	371	90	24.26	171	46.09
鄞州供电公司	71.99	839	604.00	558	650	612	533	87.09	582	95.10	227	25	11.01	68	29.96
慈溪供电公司	30.20	889	268.50	222	315	248	207	83.47	224	90.32	641	15	2.34	91	14.20
余姚供电公司	32.41	759	246.00	194	298	228	176	77.19	185	81.14	531	18	3.39	113	21.28
奉化供电公司	61.99	342	212.00	191	233	219	168	76.71	180	82.19	123	23	18.70	53	43.09
宁海供电公司	44.55	321	143.00	114	172	141	95	67.38	115	81.56	180	19	10.56	57	31.67
象山供电公司	52.36	254	133.00	104	162	108	77	71.30	90	83.33	146	27	18.49	72	49.32
合计	57.33	5062	2902.00	2590	3214	2843	2373	83.47	2589	91.07	2219	217	9.78	625	28.17

图 7–2　配电自动化覆盖指数系统界面

点击“导出”按钮可将指标以 excel 格式呈现，如图 7–3 所示。

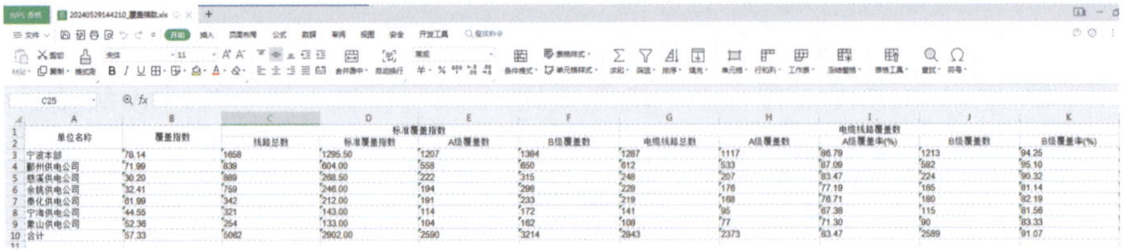

单位名称	覆盖指数	标准覆盖指数				电缆线路覆盖数				
		线路总数	标准覆盖指数	A级覆盖数	B级覆盖数	电缆线路总数	A级覆盖数	A级覆盖率(%)	B级覆盖数	B级覆盖率(%)
宁波本部	78.14	1658	1295.50	1207	1384	1287	1117	86.79	1213	94.25
鄞州供电公司	71.99	839	604.00	558	650	612	533	87.09	582	95.10
慈溪供电公司	30.20	889	268.50	222	315	248	207	83.47	224	90.32
余姚供电公司	32.41	759	246.00	194	298	228	176	77.19	185	81.14
奉化供电公司	61.99	342	212.00	191	233	219	168	76.71	180	82.19
宁海供电公司	44.55	321	143.00	114	172	141	95	67.38	115	81.56
象山供电公司	52.36	254	133.00	104	162	108	77	71.30	90	83.33
合计	57.33	5062	2902.00	2590	3214	2843	2373	83.47	2589	91.07

图 7–3　配电自动化覆盖指数 excel 表

二、配电自动化运行指数

配电自动化运行指数着力于推动运行水平提升。包括“三遥终端在线率、智能开关（二遥）一次采集成功率、故障指示器一次采集成功率、公变终端一次采集成功率”4 项二级指标，评价配电自动化标准化运行水平。

二级指标
- 三遥终端在线率
- 智能开关（二遥）一次采集成功率
- 故障指示器一次采集成功率
- 公变终端一次采集成功率

算法说明，见图 7－4：

配电自动化运行指数＝0.25×三遥终端在线率＋0.25×智能开关（二遥）一次采集成功率＋0.25×故障指示器一次采集成功率＋0.25×公变终端一次采集成功率

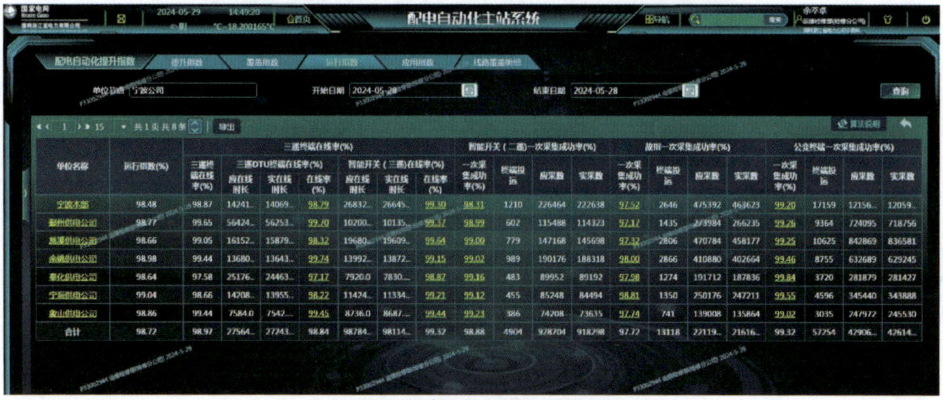

单位名称	运行指数(%)	三遥终端在线率(%) 三遥终端在线率(%)	三遥DTU终端在线率(%) 应在线时长	实在线时长	在线率(%)	智能开关（三遥）在线率(%) 应在线时长	实在线时长	在线率(%)	智能开关（二遥）一次采集成功率(%) 一次采集成功率(%)	终端投运	应采数	实采数	故指一次采集成功率(%) 一次采集成功率(%)	终端投运	应采数	实采数	公变终端一次采集成功率(%) 一次采集成功率(%)	终端投运	应采数	实采数
宁波本部	98.48	98.87	14241..	14069..	98.79	26832..	26645..	99.30	98.31	1210	226464	222638	97.52	2646	475392	463623	99.20	17159	12156..	12059..
鄞州供电公司	98.77	99.65	56424..	56253..	99.70	10200..	10135..	99.37	98.99	602	115488	114323	97.17	1435	273984	266235	99.26	9364	724095	718756
慈溪供电公司	98.66	99.05	16152..	15879..	98.32	19680..	19609..	99.64	99.00	779	147168	145698	97.32	2806	470784	458177	99.25	10625	842869	836581
余姚供电公司	98.98	99.44	13680..	13643..	99.74	13992..	13872..	99.15	99.02	989	190176	188318	98.00	2866	410880	402664	99.46	8755	632689	629245
奉化供电公司	98.64	97.58	25176..	24463..	97.17	7920.0	7830....	98.87	99.16	483	89952	89192	97.98	1274	191712	187836	99.84	3720	281879	281427
宁海供电公司	99.04	98.66	14208..	13955..	98.22	11424..	11334..	99.21	99.12	455	85248	84494	98.81	1350	250176	247211	99.55	4596	345440	343888
象山供电公司	98.86	99.44	7584.0	7542....	99.45	8736.0	8687....	99.44	99.23	386	74208	73635	97.74	741	139008	135864	99.02	3035	247972	245530
合计	98.72	98.97	27564..	27243..	98.84	98784..	98114..	99.32	98.88	4904	928704	918298	97.72	13118	22119..	21616..	99.32	57254	42906..	42614..

图 7－4　配电自动化运行指数系统界面

点击“导出”按钮可将指标以 EXCEL 格式呈现，如图 7－5 所示。

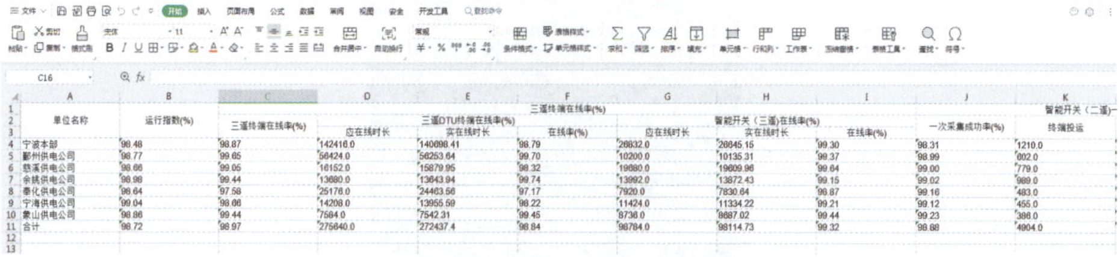

单位名称	运行指数(%)	三遥终端在线率(%)	三遥DTU终端在线率(%) 应在线时长	实在线时长	在线率(%)	智能开关（三遥）在线率(%) 应在线时长	实在线时长	在线率(%)	智能开关（二遥）一 一次采集成功率(%)	终端投运
宁波本部	98.48	98.87	142416.0	140698.41	98.79	26832.0	26645.15	99.30	98.31	1210.0
鄞州供电公司	98.77	99.65	56424.0	56253.64	99.70	10200.0	10135.31	99.37	98.99	602.0
慈溪供电公司	98.66	99.05	16152.0	15879.95	98.32	19680.0	19609.96	99.64	99.00	779.0
余姚供电公司	98.98	99.44	13680.0	13643.94	99.74	13992.0	13872.43	99.15	99.02	989.0
奉化供电公司	98.64	97.58	25176.0	24463.56	97.17	7920.0	7830.64	98.87	99.16	483.0
宁海供电公司	99.04	98.66	14208.0	13955.59	98.22	11424.0	11334.22	99.21	99.12	455.0
象山供电公司	98.86	99.44	7584.0	7542.31	99.45	8736.0	8687.02	99.44	99.23	386.0
合计	98.72	98.97	275640.0	272437.4	98.84	98784.0	98114.73	99.32	98.88	4904.0

图 7－5　配电自动化运行指数 excel 表

（一）三遥终端在线率

算法说明，见图 7－6：

1. 三遥终端在线率＝［三遥 DTU 实在线时长＋智能开关（三遥）实在线时长］/［三遥 DTU 应在线时长＋智能开关（三遥）应在线时长］

2. 三遥 DTU 终端在线率（%）＝三遥 DTU 实在线时长/三遥 DTU 应在线时长

3. 智能开关（三遥）在线率（%）＝智能开关（三遥）实在线时长/智能开关（三遥）应在线时长

三遥终端在线率(%)						
三遥终端在线率(%)	三遥DTU终端在线率(%)			智能开关（三遥)在线率(%)		
	应在线时长	实在线时长	在线率(%)	应在线时长	实在线时长	在线率(%)
98.87	14241...	14069...	98.79	26832...	26645...	99.30
99.65	56424...	56253...	99.70	10200...	10135...	99.37
99.05	16152...	15879...	98.32	19680...	19609...	99.64
99.44	13680...	13643...	99.74	13992...	13872...	99.15
97.58	25176...	24463...	97.17	7920.0	7830....	98.87
98.66	14208...	13955...	98.22	11424...	11334...	99.21
99.44	7584.0	7542....	99.45	8736.0	8687....	99.44
98.97	27564...	27243...	98.84	98784...	98114...	99.32

图 7－6　三遥终端在线率

（二）智能开关（二遥）一次采集成功率

算法说明：智能开关（二遥）一次采集成功率（%）＝实采数/应采数，见图 7－7。

智能开关（二遥)一次采集成功率(%)			
一次采集成功率(%)	终端投运	应采数	实采数
98.31	1210	226464	222638
98.99	602	115488	114323
99.00	779	147168	145698
99.02	989	190176	188318
99.16	483	89952	89192
99.12	455	85248	84494
99.23	386	74208	73635
98.88	4904	928704	918298

图 7－7　智能开关（二遥）一次采集成功率

（三）故指一次采集成功率

算法说明：故指一次采集成功率（%）=实采数/应采数，见图 7-8。

故指一次采集成功率(%)			
一次采集成功率(%)	终端投运	应采数	实采数
97.52	2646	475392	463623
97.17	1435	273984	266235
97.32	2806	470784	458177
98.00	2866	410880	402664
97.98	1274	191712	187836
98.81	1350	250176	247211
97.74	741	139008	135864
97.72	13118	22119...	21616...

图 7-8　故指一次采集成功率

（四）公变终端一次采集成功率

算法说明：公变终端一次采集成功率（%）=实采数/应采数，见图 7-9。

公变终端一次采集成功率(%)			
一次采集成功率(%)	终端投运	应采数	实采数
99.20	17159	12156...	12059...
99.26	9364	724095	718756
99.25	10625	842869	836581
99.46	8755	632689	629245
99.84	3720	281879	281427
99.55	4596	345440	343888
99.02	3035	247972	245530
99.32	57254	42906...	42614...

图 7-9　公变终端一次采集成功率

三、配电自动化应用指数

配电自动化应用指数着力于自动化成效统计，推动故障处理、主动工单等业务功能落地。包括“馈线自动化应用率、终端遥控使用率”2 项二级指标，评价配电自动化实用化应用水平，见图 7－10。

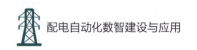

二级指标　馈线自动化应用率　终端遥控使用率

算法说明：

1. 配电自动化应用指数＝0.5×终端遥控使用率＋0.5×馈线自动化应用率

2. 终端遥控使用率＝遥控成功次数/遥信变位次数

3. 馈线自动化应用率＝0.5×馈线自动化综合投入率＋0.5×馈线自动化动作正确率

4. 综合馈线自动化投入率＝0.3×馈线自动化投入率＋0.7×全自动馈线自动化投入率

5. 馈线自动化投入率＝投入馈线自动化的线路数量/满足配电自动化 B 级覆盖标准的线路数量

6. 全自动馈线自动化投入率＝投入全自动馈线自动化的线路数量/满足配电自动化 B 级覆盖标准的线路数量

7. 投入馈线自动化的线路数量：投入集中型半自动＋集中型全自动＋就地型合闸速断＋就地型智能分布式 4 类馈线自动化的线路数量

8. 投入全自动馈线自动化的线路数量：投入集中型全自动＋就地型合闸速断＋就地型智能分布式 3 类馈线自动化的线路数量

9. 馈线自动化动作正确率＝ FA 启动成功次数/FA 启动总次数

10. FA 启动成功次数＝全自动 FA 启动成功次数＋半自动 FA 启动成功次数

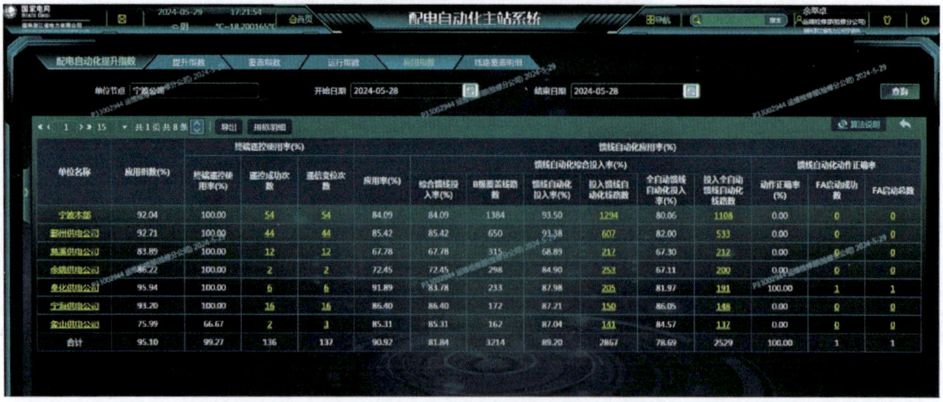

单位名称	应用指数(%)	终端遥控使用率(%)			馈线自动化应用率(%)									
						馈线自动化综合投入率(%)						馈线自动化动作正确率		
		终端遥控使用率(%)	遥控成功次数	遥信变位次数	应用率(%)	综合馈线投入率(%)	B级覆盖线路数	馈线自动化投入率(%)	投入馈线自动化线路数	全自动馈线自动化投入率(%)	投入全自动馈线自动化线路数	动作正确率(%)	FA启动成功数	FA启动总数
宁波本部	92.04	100.00	54	54	84.09	84.09	1384	93.50	1294	80.06	1108	0.00	0	0
鄞州供电公司	92.71	100.00	44	44	85.42	85.42	650	93.38	607	82.00	533	0.00	0	0
慈溪供电公司	83.89	100.00	12	12	67.78	67.78	315	68.89	217	67.30	212	0.00	0	0
余姚供电公司	86.22	100.00	2	2	72.45	72.45	298	84.90	253	67.11	200	0.00	0	0
奉化供电公司	95.94	100.00	6	6	91.89	83.78	233	87.98	205	81.97	191	100.00	1	1
宁海供电公司	93.20	100.00	16	16	86.40	86.40	172	87.21	150	86.05	148	0.00	0	0
象山供电公司	75.99	66.67	2	3	85.31	85.31	162	87.04	141	84.57	137	0.00	0	0
合计	95.10	99.27	136	137	90.92	81.84	3214	89.20	2867	78.69	2529	100.00	1	1

图 7－10　配电自动化应用指数系统截图

四、线路覆盖明细

线路覆盖明细主要是查看线路A、B级覆盖详情，每条线路是否达到A、B级覆盖，线路未达到A级覆盖或B级覆盖的原因，记录每条线路的FA投运情况，如图7－11所示。

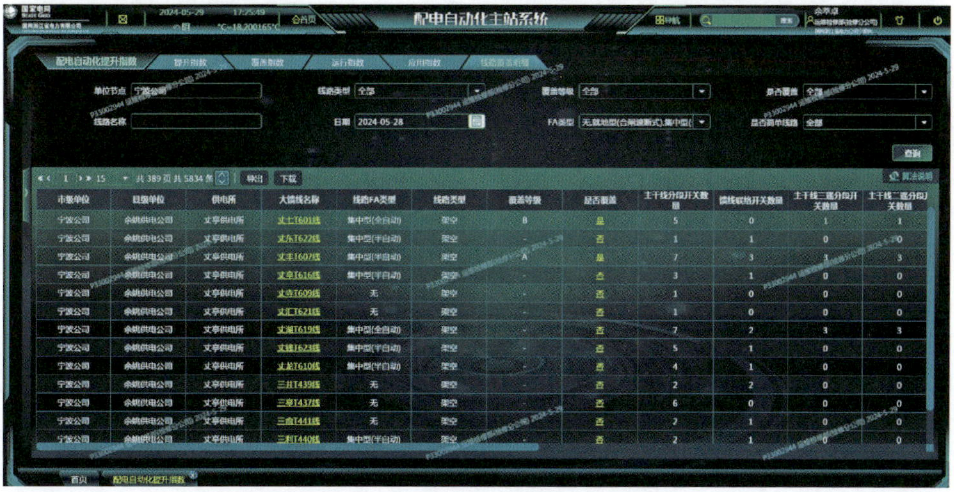

图7－11　线路覆盖明细系统界面

通过点击大馈线名称可查看该线路的单线图，如图7－12所示。

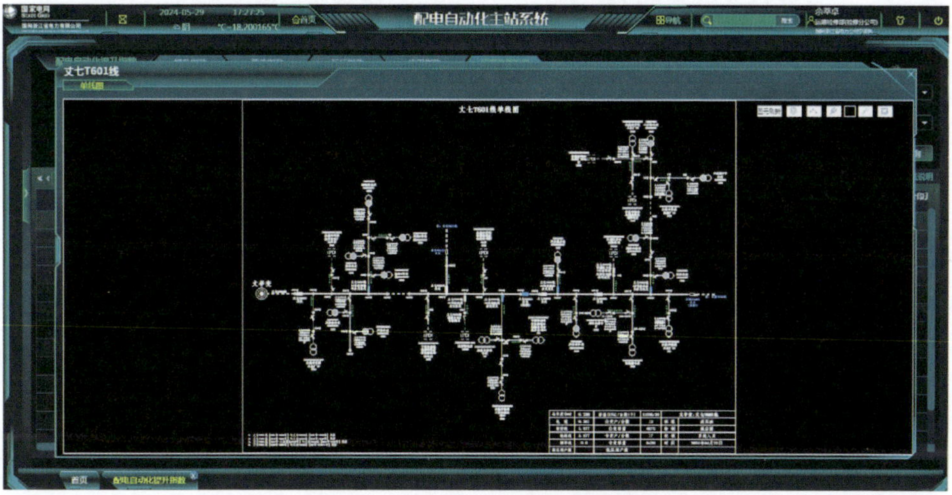

图7－12　丈七T601线的单线图

点击是否覆盖的“否”或“是”可查看该线路的具体覆盖情况，不满足覆盖的原因，如图 7－13 所示。

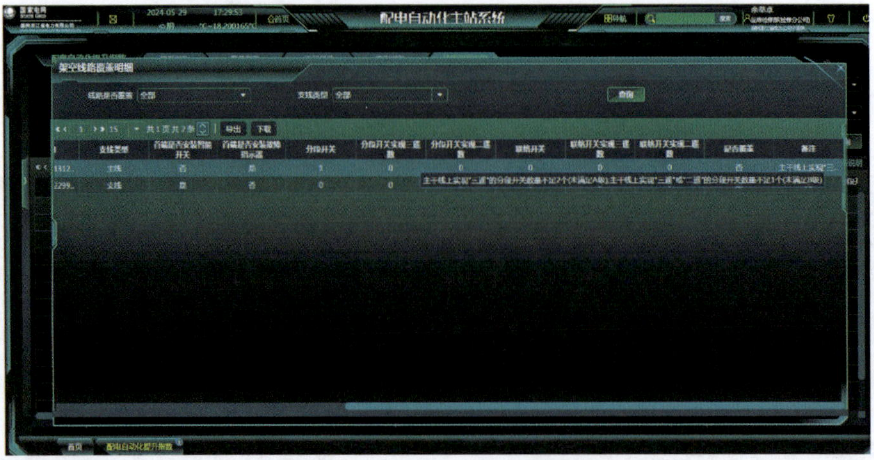

图 7－13　丈七 T601 线的覆盖明细

❖测一测

1. 配电自动化提升指数是如何计算的？

2. 配电自动化运行指数有什么作用？包括几项哪个等级的指标？

答案

1　配电自动化提升指数 = 0.3 × 配电自动化覆盖指数 + 0.3 × 配电自动化运行指数 + 0.4 × 配电自动化应用指数。

2　配电自动化运行指数着力于推动运行水平提升。包括“三遥终端在线率、智能开关（二遥）一次采集成功率、故障指示器一次采集成功率、公变终端一次采集成功率”4 项二级指标，评价配电自动化标准化运行水平。

第二节　数 据 质 量 报 表

路径：

导航 → 指标分析 → 指标管理 → 数据质量报表

该模块功能对各单位某一天的数据质量进行统计分析并进行数据质量综合指标计算，主要包含以下内容：

一、数据质量综合指标

通过数据质量综合指标分析各单位异常设备情况。指标越高的异常设备越多，见图 7－14。

算法说明：

数据异常总量：停电漏报＋复电漏报＋遥测曲线平直＋数据缺项＋短路告警漏报＋中压电流异常＋低压电流异常

数据质量综合指标＝数据异常总量/（公变终端总数＋故指总数＋小电流总数＋智能开关总数）

单位名称	公变终端总数	故指总数	小电流总数	智能开关总数	停复电漏报	数据异常总量	数据异常综合指标(%)
宁波本部	17161	2644	5	1319	0	318	1.5
鄞州供电公司	9365	1434	0	602	0	140	1.22
慈溪供电公司	10635	2805	5	779	0	87	0.61
余姚供电公司	8753	2865	2	988	0	130	1.03
奉化供电公司	3721	1268	0	483	0	59	1.07
宁海供电公司	4597	1350	8	453	0	66	1.02
象山供电公司	3036	738	3	386	0	33	0.79
汇总	57268	13104	23	5010	0	833	1.1

图 7－14　数据质量综合指标系统截图

二、数据质量分析

算法说明，见图 7－15～图 7－16：

停电漏报：当日有停电计划，但是未收到终端停电事件。

复电漏报：当日有计划复电，但是未收到终端复电事件。

遥测曲线平直：连续三天 150 个点三相电流未发生变化（电流值为 0 不纳入统计）。

数据缺项：当日连续 50 个点三相电压、三相电流其中一项缺失。

短路告警漏报：根据线路上下游关系，如果线路末端故障发生短路并主动上送告警，而上游故障未主动上送告警。

中压电流异常：根据线路上下游关系，计算故障指示器、智能开关下游电流大于上游电流 150%。

低压电流异常：根据公变终端和总保安装关系，总保三相电流总和超过公变终端三相电流总和的 150%。

图 7－15　数据质量分析系统截图

主界面上点击相关的统计数值，可以查看问题终端的清单，如图 7－16 所示。

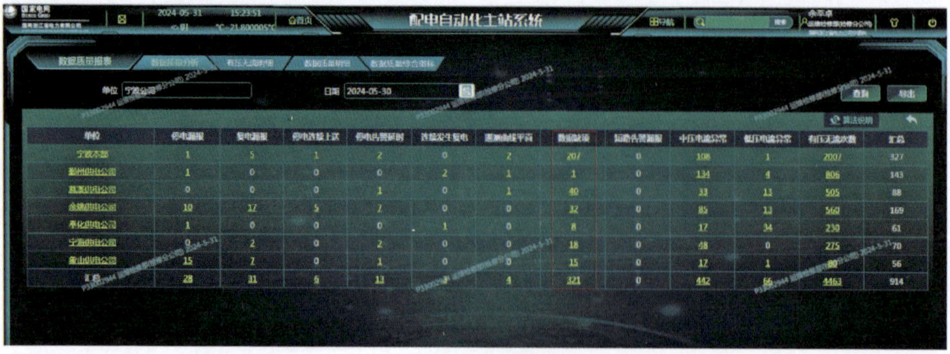

图 7－16　问题终端的清单（一）

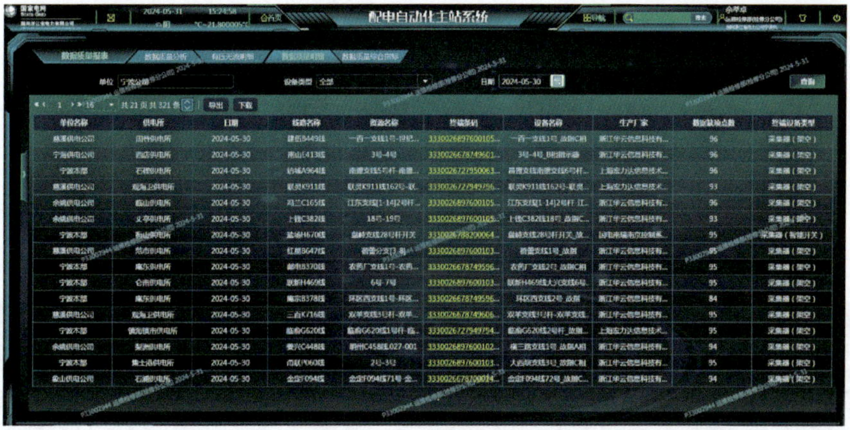

图 7－16　问题终端的清单（二）

选中清单中的设备条码，可以查看所选中的终端的详细信息及采集的遥测数据，如图 7－17 所示。

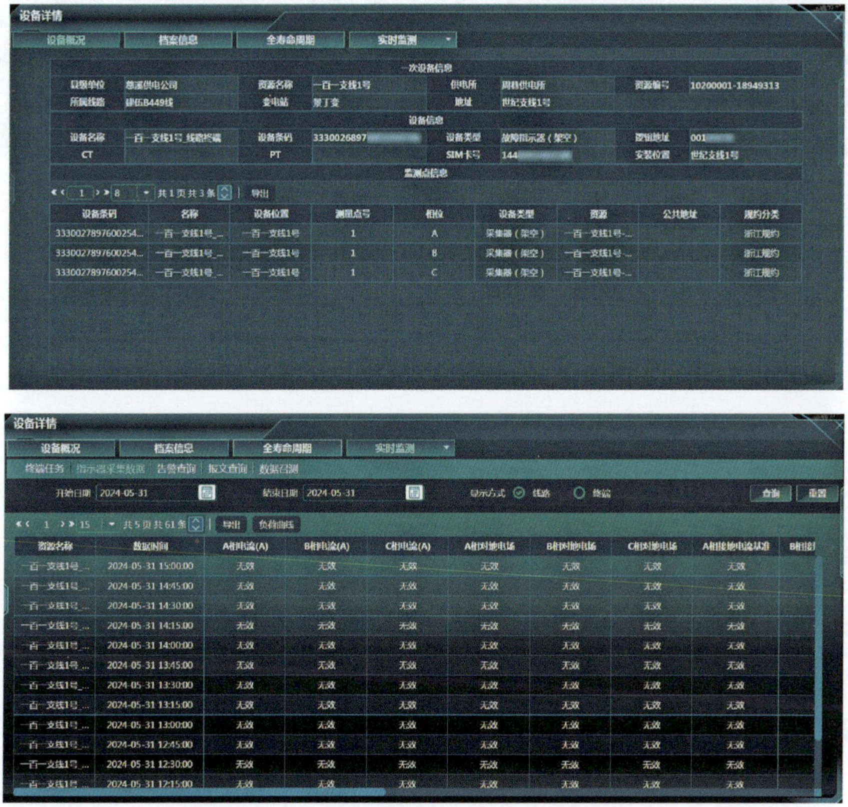

图 7－17　终端的详细信息及采集的遥测数据

三、有压无流明细

有压无流明细主要查看四区有电压无电流的设备情况，通过清单快速查看某一天某一台设备的电流数据采集情况，如图 7－18 所示。

图 7－18　有压无流明细系统截图

❖测一测

1. 数据质量综合指标如何计算的？
2. 什么情况可以判断为中压电流异常？

答案

1 数据质量综合指标＝数据异常总量/(公变终端总数＋故指总数＋小电流总数＋智能开关总数)。

2 根据线路上下游关系，计算故障指示器、智能开关下游电流大于上游电流150%。

第三节　终 端 通 信 工 况

路径：

导航 → 配网评估分析 → 终端运行 → 终端通讯工况

该模块功能对各类终端进行实时监控，记录各类终端与主站的通信情况。通信工况展示各类终端的 1h 无通信和 24h 无通信。目前主要关注的无通信终端类型为配变终端、故障指示器（架空）、智能开关（二遥）、小电流放大装置，见图 7－19。

1h 无通信终端数：只包含 1h 以上 24h 以下无通信的终端数；

1h 通信在线率（%）＝1h 有通信终端数/终端总数×100；

24h 通信在线率（%）＝24h 有通信终端数/终端总数×100。

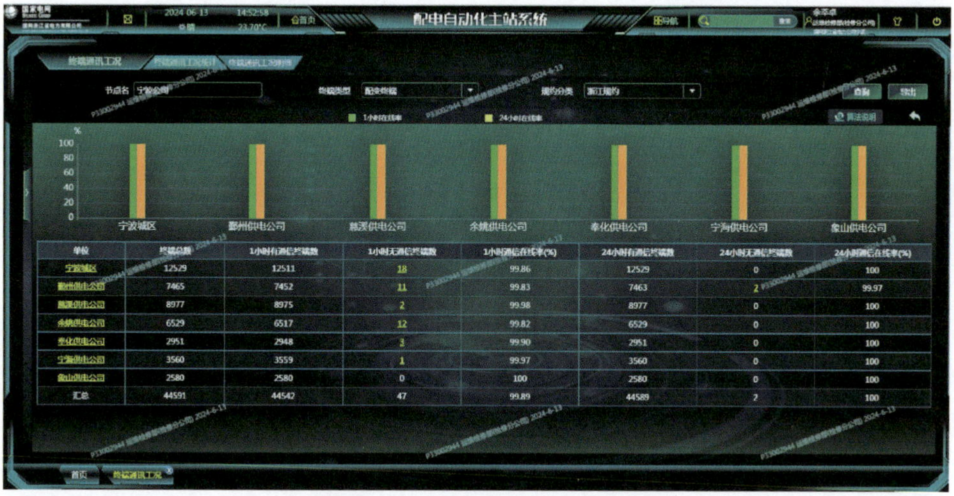

图 7－19　终端通信工况系统截图

通过点击无通信下的数字可以跳转到终端通信工况明细，在终端通信工况明细中也可以选择单位、终端类型、规约分类和无通信时长，点击导出按钮可以将无通信清单导出 EXCEL 文件，如图 7－20 所示。

图 7－20　终端通信工况明细

❖测一测

1. 目前主要关注的无通信设备类型有哪些？
2. 终端通信工况系统有什么作用？

答案

1　目前主要关注的无通信设备类型为配变终端、故障指示器（架空）、智能开关（二遥）、小电流放大装置。

2　终端通信工况系统对各类终端进行实时监控，记录各类终端与主站的通信情况。